普通高等教育“十三五”规划教材

压力容器

王学生　惠　虎　主编

華東理工大學出版社
EAST CHINA UNIVERSITY OF SCIENCE AND TECHNOLOGY PRESS
·上海·

图书在版编目(CIP)数据

压力容器/王学生,惠虎主编. —上海:华东理工大学出版社,2018.5(2025.1重印)

ISBN 978-7-5628-5454-8

(普通高等教育"十三五"规划教材)

Ⅰ.①压… Ⅱ.①王… ②惠… Ⅲ.①压力容器-高等学校-教材 Ⅳ.①TH49

中国版本图书馆CIP数据核字(2018)第081006号

内容提要

本书根据近年来压力容器安全技术规范以及设计技术标准的新变化,结合国内外压力容器先进技术研究成果,从压力容器设计基本要求、选材、设计、制造和检验以及安全附件几个方面进行了详细介绍与分析。本书共9章:第1章绪论;第2章压力容器基本结构与设计要求;第3章压力容器选材;第4章薄壁压力容器应力分析;第5章内压容器设计;第6章外压容器设计;第7章压力容器零部件;第8章压力容器超压泄放装置;第9章压力容器制造与检验。

本书可作为安全工程专业、过程装备与控制工程(化工机械与设备)等相关专业本科生教材或学习参考资料,也可供从事压力容器设计、使用管理人员和科研工程技术人员参考。

策划编辑/徐知今
责任编辑/徐知今
出版发行/华东理工大学出版社有限公司
地　址:上海市梅陇路130号,200237
电　话:021-64250306
网　址:www.ecustpress.cn
邮　箱:zongbianban@ecustpress.cn
印　刷/江苏凤凰数码印务有限公司
开　本/787 mm×1092 mm　1/16
印　张/13
字　数/336千字
版　次/2018年5月第1版
印　次/2025年1月第2次
定　价/48.00元

前　言

压力容器作为一种特种设备，是现代化生产常用的设备之一，广泛应用于石油化工、化工、煤化工、电力、制冷等行业。近年来随着国内外各流程工业规模的不断扩张，加工深度不断增加，用于高温、高压、危害介质等极端条件的压力容器也越来越多，压力容器的长周期安全生产保障显得非常重要。

我国对压力容器的设计、制造、安装、使用、检验、维修等各个环节改造及报废实行安全监察，颁布了一系列法律、法规、安全技术规范和设计制造标准，以保证压力容器的安全使用。随着材料、结构设计方法、焊接和无损检测等技术的不断进步，新的设计、建造方法不断涌现，压力容器的建造技术也取得了相应的进展。近年来，我国对压力容器的安全技术规范，相关的设计技术标准进行了修订与实施，如 TSG 21—2016《固定式压力容器安全技术监察规程》和 TSG R0005—2022《移动式压力容器安全技术监察规程》、GB/T 150.1～150.4—2024《压力容器》、GB/T 151—2014《热交换器》、NB/T 47042—2014《卧式容器》、NB/T 47041—2014《塔式容器》、GB 12337—2014《钢制球形储罐》、GB/T 34019—2017《超高压容器》等。压力容器常用材料、压力容器焊接规程以及承压设备无损检测标准也相应进行了修订。

本书根据近年来压力容器安全技术规范以及设计技术标准的新变化，结合国内外压力容器先进技术研究成果，从压力容器设计基本要求、选材、设计、制造和检验以及安全附件等几个方面进行了详细介绍与分析。从基于压力容器主要失效模式和相关设计准则入手，分析了压力容器设计的基本要求，阐述了压力容器常用材料以及选材原则，讨论了薄壁容器的应力分析以及压力容器分析设计基础知识，详细介绍了内压与外压容器的常规设计以及主要零部件的设计方法，针对压力容器安全附件，给出了压力容器安全泄放量的计算方法，最后对压力容器的制造及无损检测方法进行了论述。本书是作者多年来总结专业课程教学与科学研究工作经验，并结合安全工程与过程装备与控制工程本科专业特点后编写而成的。

本书由王学生、惠虎主编，参加编写的有王学生(第 1 章，第 2 章，第 4 章)、惠虎(第 6 章，第 8 章)、周帼彦(第 7 章)、洪瑛(第 4 章)、陈建钧(第 2 章)、高连新(第 9 章)。王学生负责全书统稿和最后修改工作。

限于编者水平，书中如有不妥甚至错误之处，望广大师生和读者给予批评指正，编者将不胜感激。

编者

2018 年 1 月

目　录

第1章 绪 论

压力容器作为一种特种设备，在国民经济的各个领域中占有十分重要的地位。我国对压力容器的设计、制造、安装、使用、检验、维修、改造的各个环节实行安全监察，颁布了一系列法律、法规、安全技术规范和设计制造标准，以保证压力容器的安全使用。

在基于失效模式设计的基础上，近年来压力容器设计又呈现出了新的发展趋势，如基于风险的压力容器设计，全弹塑性分析设计，根据使用环境和危害程度确定安全裕度的设计，压力容器轻量化设计等。

1.1 概 念

广义地讲，凡盛装有压力介质的密闭容器统称为压力容器(Pressure Vessel)，压力容器广泛地应用于国民经济工农业生产和人民生活的各个领域。

根据不同的用途，压力容器可以有各种不同的尺寸、容积和形状，可以承受大小不同的压力，适用于不同的温度条件下使用，所盛装的介质可以是各种不同的物态、物性或是具有特殊的化学腐蚀、易燃、易爆、毒性危害的物质，制造压力容器的材料可以是钢铁材料、有色金属或其他非金属材料。

压力容器的建造(包括材料、设计、制造、检验、验收的全过程)和使用涉及生产设备和生产安全，压力容器一般在高压、高温或低温下运行，而且介质具有危险性，一旦发生泄漏往往会引起爆炸、火灾、中毒或环境污染等灾难性后果。因此世界各国都有一套适合自身国情的压力容器安全监察管理法规和具有强制性的压力容器产品技术标准。

1.2 技术规范

安全技术规范(TSG)是政府对特种设备安全性能和相应的设计、制造、安装、修理、改造、使用和检验检测等环节所提出的一系列安全基本要求，以及许可、考核条件和程序的一系列具有行政强制力的规范性文件。其作用是把法规和行政规章的原则规定具体化，由国家质量监督检验检疫总局颁布。目前，与压力容器设计有关的基本安全技术规范为 TSG 21—2016《固定式压力容器安全技术监察规程》和 TSG R0005—2011《移动式压力容器安全技术监察规程》。另外，气瓶与氧舱也有各自相应的监察规程。

1.2.1 《固定式压力容器安全技术监察规程》

2016 年 2 月国家质检总局颁布了 TSG 21—2016《固定式压力容器安全技术监察规程》，规程是以原 TSG R0001《非金属压力容器安全技术监察规程》、TSG R0002《超高压容器安全技术监察规程》、TSG R0003《简单压力容器安全技术监察规程》、TSG R0004《固定式压力容器安全技术监察规程》、TSG R7001《压力容器定期检验规则》、TSG R5002《压力容器使用规则》、TSG R7004《压力容器监督监察规程》等七个规范为基础，整合形成的综合规范(大容规）。该规程对固定式压力容器的材料、设计、制造、安装、改造、修理、检查检验、使用管理、在用检验等环节提出了基本安全要求。

TSG 21《固定式压力容器安全技术监察规程》适用于同时具备下列条件的固定式压力容器：

（1）工作压力大于或者等于 0.1 MPa；

（2）工作容积大于 0.03 m^3 且内直径（非圆形截面指界面内边界最大几何尺寸）大于等于 150 mm；

（3）盛装介质为气体、液化气体或最高工作温度高于或者等于其标准沸点的液体。

1.2.2 《移动式压力容器安全技术监察规程》

考虑到影响移动式压力容器安全的因素比固定式压力容器更加复杂，以及罐式集装箱的国际流动性，同时为了更好地与国际接轨，中国将固定式压力容器和移动式压力容器分开，2011 年 11 月国家质量监督检验检疫总局颁布了 TSG R0005—2022《移动式压力容器安全技术监察规程》。该规程对移动式压力容器罐体材料、设计、制造、使用管理、充装与卸载、改造与维修、定期检验、安全附件和装卸附件都提出了基本的安全要求，适用于同时满足下列条件的移动式压力容器：

（1）具有充装与卸载介质功能，并且参与铁路、公路或者水路运输；

（2）罐体工作压力大于或等于 0.1 MPa，气瓶公称工作压力大于或者等于 0.2 MPa；

（3）罐体容积大于或者等于 450 L，气瓶容积大于或等于 150 L，且气瓶容积之和不小于 3 000 L；

（4）充装介质为气体以及最高工作温度高于或者等于其标准沸点的液体。

1.3 技术标准

压力容器的建造技术涉及材料、力学、机械加工、焊接、无损检测和安全防护等众多学科。随着材料、结构设计方法、焊接和无损检测等技术的不断进步，新的设计、建造方法不断出现，压力容器的建造技术也取得了相应的进步。为了生产和使用更安全、经济的压力容器产品，传统的设计、制造、焊接和检验方法正在逐步被新技术、新方法替代，我国的技术规范和标准的研究也在不断深入和更新。

1.3.1 GB/T 150.1～150.4—2024《压力容器》

GB/T 150—2011《压力容器》是我国压力容器设计、制造和检验的核心技术标准，在中国具有法律地位，其基本思路与 ASMEⅧ—1 相同，属常规设计标准。该标准规定了压力容器的建造要求，提出了许多新概念、新观点和新方法，体现了我国当前压力容器的建造技术水平，如引入提出风险评估的设计理念和以失效模式为基础的压力容器设计理念，修订了确定材料许用应力的安全系数等，其适用的设计压力（对于钢制压力容器）不大于 35 MPa，适用的设计温度范围为−269℃～900℃。

GB/T 150—2024《压力容器》不适用于以下压力容器：设计压力低于 0.1 MPa 或者真空度低于 0.02 MPa 的容器；直接火焰加热的容器；核能装置中存在中子辐射损伤失效风险的容器；旋转或往复运动的机械设备中自成整体或作为部件的受压器室（如泵壳、压缩机外壳、液压缸等）；内直径（对非圆形截面特指截面内边界的最大几何尺寸，如矩形中为对角线，椭圆中为长轴)小于150 mm的压力容器;搪玻璃容器;制冷空调行业中另有国家标准或者行业标准的容器。

GB/T 150—2024《压力容器》界定的范围除壳体本体外,还包括容器与外部管道焊接连接的第一道环向接头坡口端面、螺纹连接的第一个螺纹接头端面、法兰连接的第一个法兰密封面、专用连接件或管件连接的第一个密封面。其他如接管、人孔、手孔等承压封头、平盖及其紧固件,非受压元件与受压元件的焊接接头,直接连在容器上的超压泄放装置均应符合GB/T 150—2024《压力容器》的有关规定。

1.3.2 GB/T 4732.1~4732.6—2024《压力容器分析设计》

JB 4732《钢制压力容器——分析设计标准》是我国第一部压力容器分析设计的行业标准,其基本思路与ASMEⅧ—2相同。该标准与GB/T 150一起作为压力容器的设计标准并同时实施,在满足各自要求的前提下,设计者可选择其中之一使用,但不得混用。

与GB/T 150相比,GB/T 4732允许采用较高的设计应力强度,这意味着,在相同设计条件下,容器的厚度可以减薄,重量可以减轻。但是由于设计计算工作量大,选材、制造、检验及验收等方面的要求较严,有时综合经济效益不一定高,一般推荐用于重量大、结构复杂、操作参数较高和超出GB/T 150适用范围的压力容器设计。

该标准适用于设计压力大于或等于0.1 MPa且小于100 MPa、真空度高于或等于0.02 MPa的容器。其适用的设计温度应低于以钢材蠕变控制其许用应力强度的相应温度。下列容器不在本标准的适用范围内:核能装置中的容器;旋转或往复运动的机械设备中自成整体或作为部件的受压器室(如泵壳、压缩机外壳、液压缸等);经常搬运的容器;内直径(对非圆形截面特指截面内边界的最大几何尺寸,如矩形中为对角线,椭圆中为长轴)小于150 mm的任何长度的压力容器;直接火焰加热的容器等。

1.3.3 GB/T 34019—2017《超高压容器》

GB/T 34019《超高压容器》规定了非焊接单层超高压力容器在材料、设计、制造、检验和验收等方面的建造要求。该标准适用于设计压力大于或等于100 MPa,设计温度范围为−40～400℃的容器。下列容器不在本标准的适用范围内:直接火焰加热的容器;核能装置中存在中子辐射损伤失效风险的容器;旋转或往复运动的机械设备中自成整体或作为部件的受压器室(如泵壳、压缩机外壳、液压缸等);移动式容器;军事用途容器等。

1.4 基于失效模式设计

在外部载荷、服役环境、制造残余影响等因素单独或者共同作用下,往往会造成压力容器损伤。压力容器在规定的服役环境和寿命内,因尺寸、形状或者材料性能变化而危及安全或者丧失规定功能的现象,称为压力容器失效。虽然压力容器失效的原因多种多样,但失效的最终表现形式主要为过度变形、断裂和泄漏。掌握压力容器常见的失效模式及其原因,分析和预防压力容器失效,是压力容器设计的重要任务。

基于失效模式的压力容器设计的基本思想是:在设计阶段,识别压力容器在运输、吊装和使用中可能出现的所有失效模式,针对不同的失效模式确定相应的设计标准,提出防止失效的措施。其核心是失效模式的识别和设计准则建立。

1.4.1 压力容器失效模式

压力容器失效模式是指容器失效后可观察和测量的宏观特征，按失效原因分类，压力容器失效大致分为强度失效、刚度失效、屈曲失效和泄漏失效等四类。

1. 强度失效

因材料屈服或者断裂引起的压力容器失效，称为强度失效，包括塑性垮塌、局部过度应变、脆性断裂、疲劳、棘轮、蠕变、腐蚀等。

(1) 塑性垮塌　是指在单调加载条件下压力容器因过量总体塑性变形而不能承载导致的破坏，其特征是破坏后有肉眼可见的宏观变形，如整体膨胀，周长生长率可达10%～50%，破口处壁厚显著减薄，无碎片，在这种情况下，按实测厚度计算的爆破压力与实际爆破压力相当接近。

壁厚过薄和超压是引起容器塑性垮塌的主要原因。导致壁厚过薄的情况大致有两种，分别为厚度未经正确的设计计算和厚度因腐蚀、冲蚀等原因而减薄；操作失误、液体受热膨胀、化学反应失控等均可引起超压，例如压力较高的气体进入设计压力较小的容器空间、容器内产生的气体无法及时排出等。

严格按照标准进行设计、制造，并配备相应的超压释放装置，同时遵循有关规定进行运输、安装、使用、检验和检测，可以避免压力容器在设计寿命内发生塑性垮塌。

(2) 局部过度应变　是指压力容器结构不连续处因材料延性耗尽而产生的裂纹或者撕裂。在三向拉应力作用下，材料韧性(断裂应变)会下降。在压力容器结构的不连续区，如螺纹根部，有可能在容器没有塑性垮塌前，就因材料延性耗尽产生裂纹而失效。

(3) 脆性断裂　是指压力容器未经明显的塑性变形而发生的断裂，这种断裂是在较低应力水平下发生的，断裂时的应力远低于材料强度极限，故又称为低应力脆断。其特征是：断裂时容器没有明显的鼓胀；断口齐平并与最大主应力方向垂直，断裂速度极快，易形成碎片、由于脆性断裂时容器往往没有超压，爆破片、安全阀等超压释放装置不会动作，其危险性要比塑性垮塌大得多。

材料脆性和缺陷两种原因都会引起压力容器发生脆性断裂，除材料选用不当、焊接与热处理工艺不合理导致材料脆化外，低温、高压氢环境、中子辐照等也会使材料脆化。压力容器用钢一般韧性较好，但若存在严重的原始缺陷(如原材料的夹渣、分层、折叠等)、制造缺陷(如焊接引起的未熔透、裂纹等)或者使用中产生的缺陷也会导致脆性断裂发生。

(4) 疲劳　是指在交变载荷作用下，容器在应力集中部位产生局部的永久性损伤，并在一定载荷循环次数后形成裂纹或者裂纹进一步扩展至完全断裂，其特征是每次载荷循环的前半周和后半周在容器的同一部位相继产生方向相反的应变。

交变载荷是指大小和方向随时间周期性变化的载荷，它包括运行时的压力波动、开车和停车、加热或冷却时由温度变化引起的热应力变化、振动引起的应力变化、容器接管引起的附加载荷的交变而形成的交变载荷等。

焊接接头容易产生应力集中、焊接缺陷、残余应力和微裂纹。这些因素的综合作用，使得疲劳成为焊接接头的主要失效形式之一。疲劳断裂时容器的总体应力水平较低，断裂往往在容器正常工作条件下发生，没有明显的征兆，是突发性破坏，危险性很大。

(5) 棘轮　是指压力容器由于同时承受恒定载荷和交变载荷作用而产生且按逐个循环渐增的累积塑性变形。其特征是每次加载循环的前半周和后半周在容器的不同部位(两个不同部位的范围有部分重叠)轮流产生方向相同的塑性变形。各个循环产生的塑性变形将逐个累积,直至因产生过量塑性变形而失效。

(6) 蠕变 是指在保持应力不变的条件下,应变随时间延长而不断缓慢增加的现象。长期在高温下工作,蠕变会导致压力容器壁厚变薄、直径增大(鼓胀),甚至造成断裂。从断裂前的变形来看,蠕变具有韧性断裂的特征,而就断裂时的应力而言,蠕变断裂又具有脆性断裂的特征。

(7) 腐蚀 是指金属与其周围介质发生化学或者电化学作用而产生的破坏现象。因均匀腐蚀导致的厚度减薄,或局部腐蚀造成的凹坑。所引起的压力容器失效一般有明显的塑性变形,具有韧性断裂特征;因晶间腐蚀、应力腐蚀等引起的断裂没有明显的塑性变形,具有脆性断裂特征。

2. 刚度失效

由于压力容器的变形大到足以影响其正常工作而引起的失效,称为刚度失效。例如,露天安置的塔在风载荷作用下发生过大的弯曲变形,造成塔盘倾斜而影响塔的正常工作。

3. 屈曲失效

在压应力作用下,压力容器突然失去其原有的规则几何形状而引起的失效称为屈曲失效。容器弹性屈曲的一个重要特征是弹性挠度与载荷不成比例,且临界压力与材料的强度无关,主要取决于容器的尺寸和材料的弹性模量。但当容器中的应力水平超过材料的屈服强度而发生非弹性屈曲时,临界压力还与材料的强度有关。

4. 泄漏失效

压力容器本体或者连接件失去密封功能,称为泄漏失效。泄漏不仅有可能引起中毒、燃烧和爆炸等事故,而且会造成环境污染。设计压力容器时,应重视各个可拆式接头和不同压力腔之间连接接头(如换热管和管板的连接)的密封性能。

1.4.2 设计准则

压力容器设计准则大致可分为强度失效设计准则、刚度失效设计准则、屈曲失效设计准则和泄漏失效设计准则。

1. 强度失效设计准则

在常温、静载条件下,屈服和断裂是压力容器强度失效的两种主要形式。现介绍几种常用的压力容器强度失效设计准则。

(1) 弹性失效设计准则

弹性失效设计准则将容器总体部位的初始屈服视为失效。对于韧性材料,在单向拉伸应力 σ 作用下,屈服失效判据的数学表达式为

$$\sigma = R_{eL} \tag{1-1}$$

式中 R_{eL}——材料的屈服强度,MPa。

用许用应力 $[\sigma]^t$ 代替式(1-1)中的材料屈服强度,得到相应的设计准则

$$\sigma \leqslant [\sigma]^t \tag{1-2}$$

压力容器设计中,常用最大拉应力 σ_1 来代替式(1-2)中的应力 σ,建立设计准则,即

$$\sigma_1 \leqslant [\sigma]^t \tag{1-3}$$

式(1-3)为基于最大拉应力的弹性失效设计准则,简称为最大拉应力准则。

处于任意应力状态的韧性材料,工程上常采用的屈服失效判据主要有 Tresca 屈服失效

判据和 Mises 屈服失效判据。

Tresca 屈服失效判据又称为最大切应力屈服失效判据或第三强度理论，这一判据认为材料屈服的条件是最大切应力达到某个极限值，其数学表达式为

$$\sigma_1-\sigma_3=R_{eL}$$

相应的设计准则为

$$\sigma_1-\sigma_3\leqslant[\sigma]^t \tag{1-4}$$

式(1-4)为最大切应力屈服失效设计准则，简称为最大切应力准则。

Mises 屈服失效判据被称为形状改变比能屈服失效判据或第四强度理论，这一判据认为引起材料屈服是与应力偏量有关的形状改变比能，其数学表达式为

$$\sqrt{\frac{1}{2}[(\sigma_1-\sigma_2)^2+(\sigma_2-\sigma_3)+(\sigma_3-\sigma_1)^2]}=R_{eL}$$

相应的设计准则为

$$\sqrt{\frac{1}{2}[(\sigma_1-\sigma_2)^2+(\sigma_2-\sigma_3)+(\sigma_3-\sigma_1)^2]}\leqslant[\sigma]^t \tag{1-5}$$

式(1-5)为形状改变比能屈服失效设计准则，简称为形状改变比能准则。

(2) 塑性失效设计准则

弹性失效设计准则是以危险点的应力强度达到许用应力为依据的。对于各处应力相等的构件，如内压薄壁圆筒，这种设计准则是合理的；但是对于应力分布不均匀的构件，如内压厚壁圆筒，由于材料韧性较好，当危险点(内壁)发生屈服时，其余各点仍处于弹性状态，故不会导致整个截面的屈服，因而构件仍能继续承载。在这种情况下，弹性失效(一点强度)设计准则就显得有些保守。

假设材料是理想弹塑性的，以整个危险截面屈服作为失效状态的设计准则，称为塑性失效准则，对于内压厚壁圆筒，整个界面屈服时的压力就是全屈服压力 p_{so}，塑性失效判据可表示为

$$p=p_{so} \tag{1-6}$$

式中　p——设计压力。

引入全屈服安全系数 n_{so}，得相应的塑性失效设计准则为

$$p\leqslant\frac{p_{so}}{n_{so}} \tag{1-7}$$

(3) 爆破失效设计准则

压力容器用韧性材料一般具有应变硬化现象，爆破压力大于全屈服压力。爆破失效设计准则以容器爆破作为失效状态，相应的设计准则为

$$p=\frac{p_b}{n_b} \tag{1-8}$$

式中　p_b——爆破压力；

n_b——爆破安全系数。

(4) 弹塑性失效设计准则

弹塑性失效设计准则又称为安定性准则，适用于各种载荷不按同一比例递增、载荷大小反复变化的场合。当压力容器内最大应力点进入塑性时相对应的载荷称为初始屈服载荷。当容器承受稍大于初始屈服载荷的载荷时，容器内将产生少量的局部塑性变形。因局

部塑性区周围的广大区域仍处于弹性状态，会制约塑性变形，当载荷卸除后就形成残余应力场。若容器所受的载荷较小，即载荷引起的应力和残余应力叠加后总是小于屈服强度，则容器在载荷的反复作用下，始终保持弹性行为，不会产生新的塑性变形，处于“安定”状态。随着载荷的继续增大，卸载时的残余应力可能超过屈服强度而导致反向屈服，或者加载时的应力与残余应力之和也可能超过屈服强度，从而导致塑性变形的累积，于是容器就会丧失安定，出现渐增塑性变形。与安定和不安定的临界状态相对应的载荷变化范围称为安定载荷。

弹塑性失效准则认为只要载荷变化范围达到安定载荷，容器就失效。由于超过安定载荷后容器并不立即破坏，因而危险性较小。工程上一般取安定载荷的安全系数为1.0，即压力容器承受的最大载荷变化范围不大于安定载荷。

(5) 疲劳失效设计准则

压力容器疲劳一般属于低周疲劳，循环次数一般在10^5次以下。低周疲劳时，每次循环中材料都将产生一定的塑性应变。根据试验研究和理论分析结果，可以得到虚拟应力幅与许用循环次数之间的关系曲线，即低周疲劳设计曲线。由容器应力集中部位的最大虚拟应力幅，按低周疲劳设计曲线可以确定许用循环次数，只要该循环次数不小于容器所需的循环次致，容器就不会发生疲劳失效，这就是疲劳失效设计准则。

此外，按照断裂力学理论可以建立另一种带裂纹的压力容器疲劳设计准则，即按照疲劳裂纹扩展与断裂的规律对循环载荷作用下的容器做出安全评定。

(6) 蠕变失效设计准则

将应力限制在由蠕变极限和持久强度确定的许用应力以内，便可防止容器在使用寿命内发生蠕变失效，这就是蠕变失效设计准则。

(7) 脆性断裂失效设计准则

传统强度设计准则假设材料是无缺陷的均匀连续体，因而难以解释脆性断裂现象，脆性断裂属于断裂力学的研究领域。

断裂力学认为材料中存在缺陷，其目的是研究缺陷在载荷和环境作用下的破坏规律，建立缺陷几何参数、材料韧性和结构承载能力之间的定量关系。研究表明，压力容器是否发生脆性断裂主要取决材料韧性、缺陷处的应力水平和缺陷的几何参数。因此，防止压力容器发生脆性破坏也应从这三个方面着手。

在材料方面，通常根据受压元件的厚度、应力水平、最低金属温度、载荷性质、介质对材料韧性的影响等因素，提出材料夏比V形缺口冲击吸收功或断裂韧性验收指标。对于相同材料，薄钢板或钢带的性能(特别是韧性)比厚钢板和大型锻件好，因而采用多层结构可以提高抗脆断性能。

在缺陷方面，一是尽量减少焊接接头，二是提高无损检测技术，使之能发现更小的缺陷，不但使缺陷存在的可能性减少，而且使缺陷的尺寸减小。

在设计方面，根据无损检测水平，假设压力容器高应力区存在裂纹，利用断裂力学方法进行裂纹安全性评估，确保容器不发生低应力脆性破坏。

需要指出的是，采用防脆断设计方法，并不意味着容器在制造时允许存在假设中所说的裂纹，而是指容器万一有裂纹时(漏检或在使用中产生)要确保不发生脆性断裂事故，其实质是要求材料在使用环境下必须有足够的断裂韧性。

2. 刚度失效设计准则

在载荷作用下，要求构件的弹性位移和转角不超过规定的数值。于是，刚度设计准则为

$$\left.\begin{aligned} w &\leqslant [w] \\ \theta &\leqslant [\theta] \end{aligned}\right\} \tag{1-9}$$

式中 w——载荷作用下产生的位移；

$[w]$——许用位移；

θ——载荷作用下产生的转角；

$[\theta]$——许用转角。

3. 屈曲失效设计准则

压力容器设计中，应防止屈曲发生。例如，仅受均布外压的圆筒，外压应小于周向临界压力，由弯矩或弯矩和压力共同引起的轴向压缩，压应力应小于轴向临界应力。

4. 泄漏失效设计准则

上述提及的强度、刚度和屈曲失效设计准则都是基于压力容器结构完整性范畴内的失效形式而选定的设计准则。而泄漏失效不仅是由于压力容器遭受机械性损伤，也是容器本身或附件连接部件失去密封功能发生的失效形式，它是直接引发设备燃烧、爆炸、中毒和环境污染等事故的必要条件。

压力容器泄漏失效设计准则是指容器发生的泄漏率 L 不超过允许泄漏率$[L]$，即 $L\leqslant[L]$。一般根据容器内介质的价值、对人员和设备的危害性以及环境保护的要求，确定允许泄漏率。介质危害性越大，环保要求越高，要求的紧密性等级越高，密封设计的要求也越严格。

由于泄漏是一个受众多因素，包括安装、设计、制造和检验、运行和维护等影响的复杂问题，现有的设计规范中有关密封装置或连接部件的设计多数没有与泄漏发生定量的关系，而是用强度或刚度失效设计准则替代泄漏失效设计准则，并结合使用经验，以满足设备接头的密封要求，如 Waters 的法兰设计方法。而欧盟 EN13445 容器设计规范则从应力分析和密封分析两方面保证法兰组合件的使用和安全要求。

压力容器失效模式与结构、材料、载荷、制造、环境等因素有关。除上述单因素导致的失效模式外，有的是多种因素共同作用的结果，如高温和交变载荷联合作用引起的蠕变疲劳、腐蚀介质与交变载荷交互作用引起的腐蚀疲劳等。压力容器标准不可能囊括所有失效模式。因此在设计压力容器时，除考虑标准涵盖的失效模式外，还应当充分考虑容器可能出现的其他失效模式。

总之，在压力容器的建造和使用过程中，在压力容器的选材、结构设计、制造检验、安全附件、使用等各个环节，就应全面考虑压力容器的风险评估与控制，根据其可能出现的失效模式采取相应的防护措施，保障在使用过程中的安全。各环节的主要内容在本书各章中会一一讲述。

本书第 1 章介绍了我国压力容器安全技术规范以及主要压力容器设计标准，还有压力容器主要失效模式和相关设计准则。第 2 章在分析压力容器基本结构与组成的基础上，阐述了压力容器分类的方法，并进一步按照压力容器技术规范及设计标准，分析了压力容器设计的基本要求。第 3 章在介绍了压力容器常用材料以及选材原则基础上，介绍了材料的化学成分、性能、防腐蚀措施以及热处理要求等。第 4 章介绍了薄壁容器的应力分析方法以及压力容器常用回转壳体，并进一步分析了压力容器分析设计的方法与思路。第 5 章按常规设计标

准，介绍了压力容器设计参数确定，以及常用受压元件，如筒体、封头等的设计方法。第6章介绍了外压容器失稳的概念，以及用图解法设计外压容器。第7章为压力容器零部件，介绍了压力容器密封系统(法兰、螺栓、垫片)、开孔补强以及容器支座的设计方法。第8章介绍了压力容器的安全附件及仪表，以及压力容器安全泄放量的计算方法。第9章介绍了压力容器的制造工艺、焊接工艺以及无损检测方法。

习 题 一

1. 我国有哪些压力容器主要安全技术规范?
2. 国内外压力容器有哪些主要设计标准?
3. 压力容器的主要失效模式与设计准则是什么?

第2章　压力容器基本结构与设计要求

压力容器是盛装气体或者液体，承载一定压力的密闭设备。本章介绍压力容器的基本组成，阐述压力容器的分类方法。根据压力容器设计安全性与经济性的基本要求，依据安全技术规程和设计标准，提出压力容器设计的基本要求。

2.1　压力容器的基本结构

主要受压元件，如圆柱形筒体、球形封头、椭圆形封头、碟形封头、球冠形封头、锥形封头和膨胀节可以组合成各种压力容器结构形式，再加上密封元件、支座、安全附件等就构成了一台完整的压力容器。图2-1为一台卧式压力容器的总体结构图。

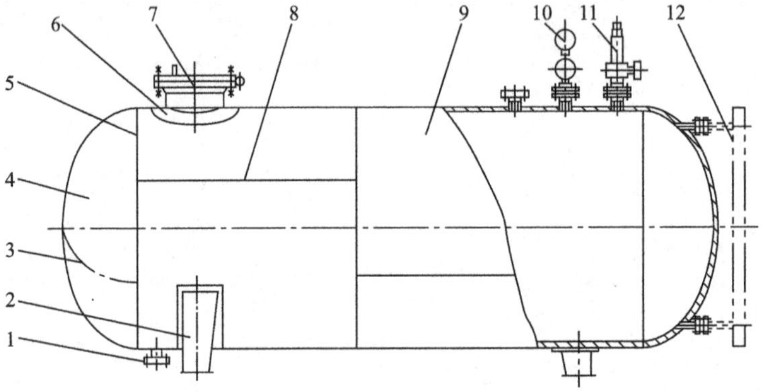

图2-1　压力容器的总体结构

1—法兰；2—支座；3—封头拼接焊缝；4—封头；5—环焊缝；6—补强圈；7—人孔；8—纵焊缝；9—筒体；10—压力表；11—安全阀；12—液面计

1. 筒体

筒体的作用是提供工艺所需的承压空间，是压力容器最主要的受压元件之一，其内直径和容积往往需由工艺计算确定。圆柱形筒体（即圆筒）和球形筒体是工程中最常用的筒体结构。圆筒按其结构可分为单层和多层两类。单层筒体主要有单层卷焊式、整体锻造式、锻焊式等，多层筒体可分为多层包扎式、热套式、绕板式、绕带式等。

2. 封头

根据几何形状的不同，封头可以分为球形、椭圆形、碟形、球冠形、锥壳和平盖等几种，其中球形、椭圆形、碟形和球冠形封头又统称为凸形封头。

当容器组装后不需要开启时（一般是容器中无内件或虽有内件但无须更换、检修的情况），封头可直接与筒体焊在一起，从而有效地保证密封、节省材料和减少加工制造的工作量。对于因检修或更换内件的原因而需要多次开启的容器的，封头和筒体的连接应采用可拆式，此时在封头和筒体之间就必须要有一个密封装置。

3. 密封装置

压力容器上需要有许多密封装置，如封头和筒体间的可拆式连接、容器接管与外管道间的可拆连接以及人孔、手孔盖的连接等，压力容器能否正常、安全地运行，在很大程度上取决于密封装置的可靠性。

螺栓法兰连接（简称法兰连接）是一种应用最广的密封装置，它的作用是通过螺栓连接，并通过拧紧螺栓使密封元件压紧而保证密封。法兰按其所连接的部件分为容器法兰和管道法兰。在高压容器中，用于顶盖和筒体连接并与筒体焊在一起的容器法兰，又称为筒体端部法兰。

4. 开孔与接管

由于工艺要求和检修的需要，常在压力容器的筒体或封头上开设各种大小的孔或安装接管，如人孔、手孔、视镜孔、物料进出口接管以及安装压力表、液面计、安全阀、测温仪表等接管开孔。

手孔和人孔是用来检查、装拆和洗涤容器内部的装置。手孔内径要使操作人员的手能自由地通过，因此手孔的直径一般不应小于 150 mm。考虑到人的手臂长约为 650～700 mm，所以直径大于 1 000 mm 的容器就不宜再设手孔，而应改设人孔。常见的人孔形状有圆形和椭圆形两种，为使操作人员能够自由出入，圆形人孔的直径至少应为 400 mm，椭圆形人孔的尺寸一般为 350 mm×450 mm。

筒体或封头上开孔后，开孔部位的强度被削弱，该处的应力增大。这种削弱程度随开孔直径的增大而加大，因而容器上应尽量减少开孔的数量，尤其要避免开大孔。对容器上已开设的孔，还应进行开孔补强设计，以确保所需的强度。

5. 支座

压力容器靠支座支承并固定在基础上。圆筒形容器和球形容器的支座各不相同。根据安装位置不同，圆筒形容器支座分立式容器支座和卧式容器支座两类，其中立式容器支座又有腿式支座、支承式支座、耳式支座和裙式支座四种。而球形容器多采用柱式或裙式支座。

6. 安全附件

由于压力容器的使用特点及其内部介质的化学工艺特性，往往需要在容器上设置一些安全装置和测量、控制仪表来监控工作介质的参数，以保证压力容器的使用安全和工艺过程的正常进行。

压力容器的安全附件主要有安全阀、爆破片装置、紧急切断阀、安全联锁装置、压力表、液面计、测温仪表等。

上述六大部件（筒体、封头、密封装置、开孔与接管、支座及安全附件）即构成了一台压力容器的外壳。对于储存用的容器，这一外壳即为容器本身，对于用于化学反应、传热、分离等工艺过程的容器，则需在外壳内装入工艺所要求的内件才能构成一个完整的产品。

上述各部件间的连接大多需要经过焊接，因而对焊接进行质量控制是整个容器质量体系中极为重要的一环。设计环节的主要任务是焊接结构设计和确定无损检测方法、比例及要求。焊接结构设计涉及接头的形式（对接、搭接、角接）、接头的坡口形式、几何尺寸等。具体的焊接结构设计问题将在本书第 9 章中进行讨论。

2.2 压力容器分类

压力容器的使用范围广、数量多、工作条件复杂，发生事故所造成的危害程度各不相同。危害程度与多种因素有关，如设计压力、设计温度、介质危害性、材料力学性能、使用场合和安装方式等。危害程度愈高，压力容器材料、设计、制造、检验、使用和管理的要求也愈高。因此，需要对压力容器进行合理分类。

2.2.1 介质组分

压力容器的介质分为以下两组：

(1) 第一组介质，毒性危害程度为极度、高度危害的化学介质，易爆介质，液化气体；

(2) 第二组介质，除第一组以外的其他介质。

2.2.2 介质危害性

介质危害性指压力容器在生产过程中因事故致使介质与人体大量接触，发生爆炸或者因经常泄漏引起职业性慢性危害的严重程度，用介质毒性危害程度和爆炸危害程度表示。

1. 毒性介质

综合考虑急性毒性、最高容许浓度和职业性慢性危害等因素，极度危害介质最高容许浓度小于 0.1 mg/m^3；高度危害介质最高容许浓度小于 0.1～1.0 mg/m^3；中度危害介质最高容许浓度小于 1.0～10.0 mg/m^3；轻度危害介质最高容许浓度大于或等于10.0 mg/m^3。

介质毒性程度愈高，压力容器爆破或泄漏所造成的危害愈严重，对材料选用、制造、检验和管理的要求愈高。

2. 易爆介质

指气体或者液体蒸气、薄雾与空气混合形成的爆炸混合物，并且其爆炸下限小于 10%，或者爆炸上限和爆炸下限的差值大于或者等于 20%的介质。

压力容器盛装的易燃介质主要指易燃气体和液化气体。易燃介质对压力容器的选材、设计、制造和管理等提出了较高的要求。

3. 介质毒性危害程度和爆炸危害程度的确定

按照 HG 20660—2017《压力容器中化学介质毒性危害和爆炸危害程度分类》确定。HG 20660 没有规定的，由压力容器设计单位参照 GBZ 230—2010《职业性接触毒物危害程度分级》的原则，确定介质组别。

2.2.3 压力容器分类

按《固定式压力容器安全技术监察规程》中的分类方法进行分类。

1. 按压力等级分类

按设计压力(p)大小分为四个压力等级，具体划分如下：

(1) 低压(代号 L)容器　0.1 MPa$\leqslant p<$1.6 MPa；

(2) 中压(代号 M)容器　1.6 MPa$\leqslant p<$10.0 MPa；

(3) 高压(代号 H)容器　10 MPa$\leqslant p<$100.0 MPa；

(4) 超高压(代号 U)容器　$p\geqslant$100.0 MPa。

2. 按容器在生产中的作用分类

根据压力容器在生产工艺过程中的作用，可分为反应压力容器、换热压力容器、分离压力容器、储存压力容器 4 种。具体划分如下：

(1) 反应压力容器(代号 R)，主要是用于完成介质的物理、化学反应的压力容器，如反应器、反应釜、聚合釜、高压釜、合成塔、蒸压釜、煤气发生炉等。

(2) 换热压力容器(代号 E)，主要是用于完成介质热量交换的压力容器，如管壳式余热锅炉、热交换器、冷却器、冷凝器、蒸发器、加热器等。

(3) 分离压力容器，如分离器、过滤器、集油器、缓冲器、干燥塔等。

(4) 储存压力容器(代号 C，其中球罐代号 B)，主要是用于储存、盛装气体、液体、液化气体等介质的压力容器，如液氨储罐、液化石油气储罐等。

3. 按安装方式分类

根据安装方式可分为固定式压力容器和移动式压力容器。

(1) 固定式压力容器　指有固定安装和使用地点，工艺条件和操作人员也较固定的压力容器，如生产车间内的卧式储罐、球罐、塔器、反应釜等。

(2) 移动式压力容器　指由罐体或者大容积气瓶与行走装置或者框架采用永久性连接组成的运输设备，包括铁路罐车、汽车罐车、长管拖车、罐式集装箱和管束式集装箱等。移动式压力容器需要考虑运输时的惯性力、液体的晃动，因而在结构、使用和安全方面均有其特殊的要求。

具有装卸介质功能，仅在装置或者场区内移动使用，不参与铁路、公路或者水路运输的压力容器不属于移动式压力容器。

4. 按安全技术管理分类

我国《固定式压力容器安全技术监察规程》根据介质、设计压力和容积等 3 个因素进行压力容器分类，将所适用范围内的压力容器分为第Ⅰ类压力容器、第Ⅱ类压力容器和第Ⅲ类压力容器。

压力容器分类应当先按照介质特性，选择相应的分类图，再根据设计压力 p(单位 MPa)和容积(单位 m^3)，标出坐标点，确定容器类别。

(1) 对于第一组介质，压力容器的分类见图 2-2。

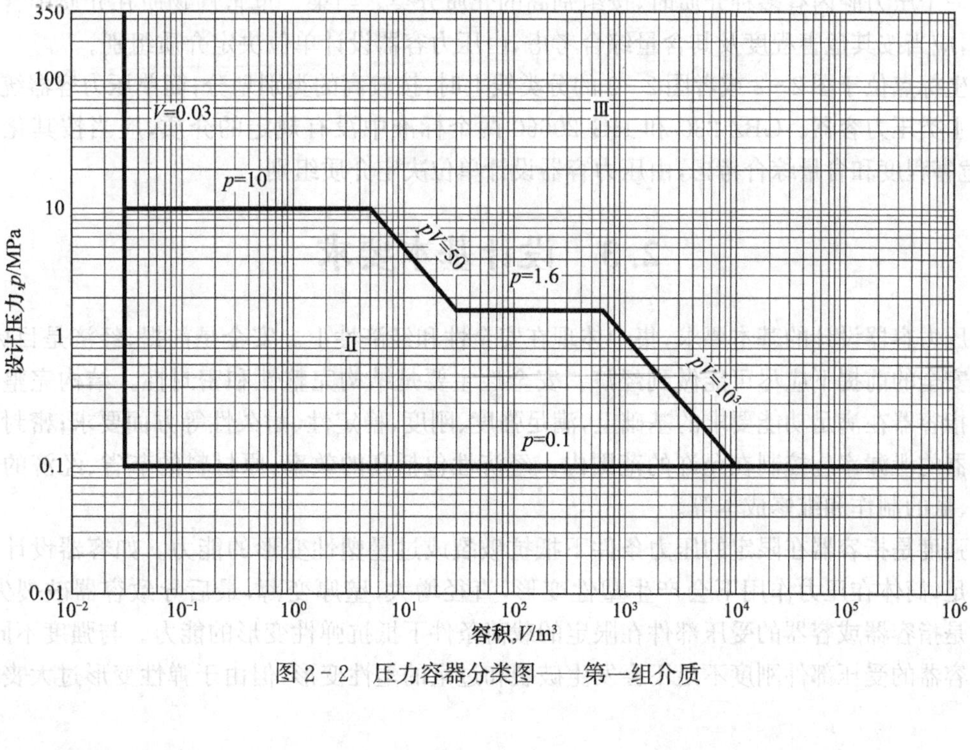

图 2-2　压力容器分类图——第一组介质

(2) 对于第二组介质，压力容器的分类见图 2-3。

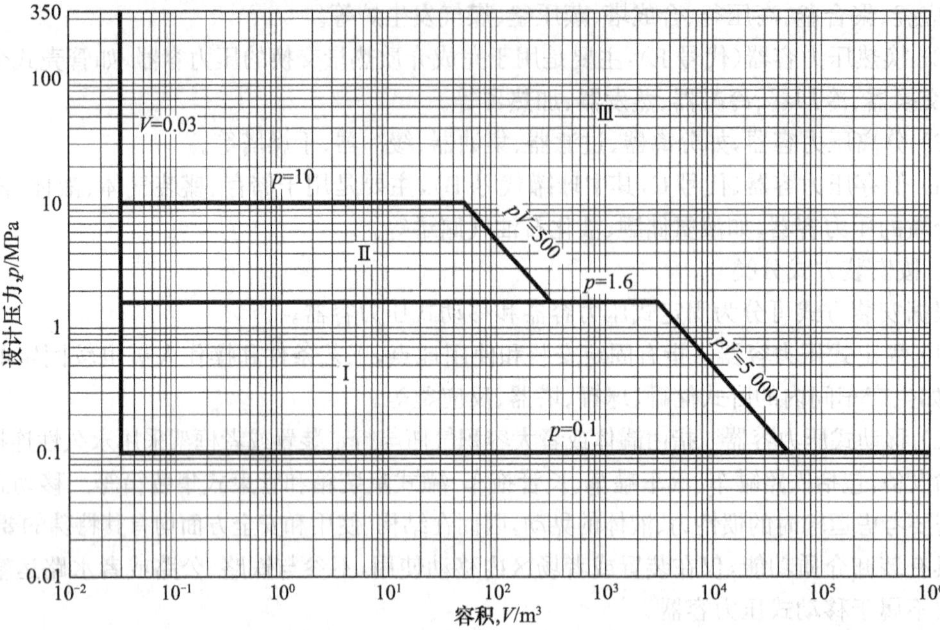

图 2-3　压力容器分类图——第二组介质

对于多腔压力容器(如换热器的管程和壳程、夹套容器等)，按照类别高的压力腔类别作为该容器的类别，并且按该类别进行使用管理。但应按照每个压力腔各自的类别分别提出设计、制造技术要求。对各压力腔进行类别划分时，设计压力取本压力腔的设计压力，容积取本压力腔的几何容积。

一个压力腔内有多种介质时，按组别高的介质分类。当某一危害性物质在介质中含量极小时，应当按其危害程度及其含量综合考虑，由压力容器设计单位决定介质组别。

坐标点位于图 2-2 或者图 2-3 的分类线上时，按较高的类别划分；简单压力容器统一划为第Ⅰ类压力容器。GBZ 230 和 HG 20660 两个标准中没有规定的介质，应当按其化学性质、危害程度和含量综合考虑，由压力容器设计单位决定介质组别。

2.3　设计基本要求

压力容器设计的基本要求，集中体现在安全性和经济性上。安全是前提，经济是目标，在确保安全的前提下应尽可能做到经济。安全性主要是结构完整性和密封性。结构完整性主要是指容器在满足功能要求的基础上，满足强度、刚度、稳定性、耐久性等方面要求；密封性是指容器的泄漏率应控制在允许的范围内。经济性包括高的效率、原材料的节省、经济的制造方法、低的制作和维修成本等。

强度是指容器在限定的压力条件下抵抗破裂或过量塑性变形的能力。如容器设计时强度不足，筒体在压力作用下会产生塑性变形，直径增大，壁厚变薄，最后导致容器破裂失效。刚度是指容器或容器的受压部件在限定的载荷条件下抵抗弹性变形的能力。与强度不同，容器或容器的受压部件刚度不足不会发生破裂和过量的塑性变形，但由于弹性变形过大丧失正常的工作能力，如容器法兰和接管法兰由于刚度不足而变形可能导致密封垫片发生泄漏，使密封结构失效。稳定性是容器在外载荷的作用下保持几何形状不发生突然改变的性能。常见的例子是薄壁圆筒在外压作用下，可能会突然被压瘪，使容器丧失工作能力。耐久性是指容器的使用寿命。压力容器的使用年限由设计确定，一般为 8～15 年，对重要的容器可以按 20 年或以上设计。容器的设计年限与容器的实际使用年限是不同的，如果检验、维护和保养得好，实际使用年限可以比设计年限长得多。压力容器的实际使用年限取决于容器的疲劳、腐蚀和磨蚀速率等。压力容器的密封不但指可拆连接处，如反应釜搅拌轴密封处的密封，而且也包括各种母材和焊缝的致密程度。对易燃、毒性程度为高度危害和极度危害介质的容器，对其密封性能要求更加严格，对盛装这类介质的容器不但要求采用可靠的密封结构，还要求进行整体泄漏性试验，而且对制造和检验有更多、更高的要求。

2.3.1　TSG 21—2016《固定式压力容器安全技术监察规程》对压力容器设计的基本要求

1. 设计单位及印章

设计单位应当对设计质量负责，压力容器设计单位的许可资质、设计类别、品种和范围应符合有关安全技术规范的规定。总体采用规则设计标准，局部参照分析设计标准进行压力容器受压元件分析计算的单位，可以不取得应力分析设计许可项目资格。压力容器的设计应当符合 TSG 21—2016《固定式压力容器安全技术监察规程》(简称《固容规》)的基本安全要求，对于采用国际标准或者境外标准设计的压力容器，进行设计的单位应当提供设计文件与本规程基本安全要求的符合性申明。压力容器的设计单位应向设计委托方提供完整的设计文件。

压力容器设计总图上，必须加盖设计单位压力容器设计许可专用印章(复印章无效)，设计许可专用印章失效的图样和已加盖竣工图章的图样不得用于制造压力容器。压力容器设计许可印章中至少包括设计单位名称、相应资质证书编号、主要负责人、技术负责人等内容。压力容器设计许可印章中的设计单位名称必须与所加盖的设计图样中的设计单位名称一致。

2. 设计参数

压力容器的设计委托方应当以正式书面形式向设计单位提供压力容器设计条件。设计条件至少包含操作参数(工作压力、工作温度范围、液位高度、接管载荷等)、压力容器使用地及其自然条件(环境温度、抗震设防烈度、风和雪载荷等)、介质组分与特性、预期使用年限、几何参数和管口方位、设计需要的其他必要条件。

设计压力是指设定的容器顶部的最高压力，与相应的设计温度一起作为设计载荷条件，其值不低于工作压力；计算压力是指在相应设计温度下，用以确定元件厚度的压力，并且应当考虑液柱静压力等附加载荷。装有超压泄放装置的压力容器，超压泄放装置的动作压力不得高于压力容器的设计压力；对于设计图样中注明最高允许工作压力的压力容器，允许超压泄放装置的动作压力不得高于该压力容器的最高允许工作压力。

常温储存液化气体压力容器的设计压力，应当以规定温度下的工作压力为基础确定，常温储存液化气体压力容器规定温度下的工作压力按液化石油气体临界温度以及有无保冷设施等条件确定，具体可根据《固容规》相关规定查取；常温储存液化石油气压力容器在规定温度下的工作压力，按照不低于 50℃时混合液化石油气组分的实际饱和蒸气压来确定，设计单位应当在图样上注明限定的组分和对应的压力；若无实际组分数据或不做组分分析，其规定温度下的工作压力应根据混合液化石油气 50℃时饱和蒸气压力和有无保冷设施等设计条件选择，详见《固容规》的相关规定。

设计温度是指压力容器在正常工作情况下，设定的元件金属温度(沿元件金属截面的温度平均值)，设计温度与设计压力一起作为设计载荷条件。设计常温储存压力容器时，应当充分考虑在正常工作状态下大气环境温度条件对容器壳体金属温度的影响，其最低设计金属温度不得高于历年来月平均最低气温(指当月各天的最低气温值相加后除以当月的天数)的最低值。

对于有均匀腐蚀的压力容器，腐蚀裕量根据预期的压力容器使用年限和介质对材料的腐蚀速率确定，同时，还应当考虑介质流动对受压元件的冲蚀、磨损等影响。

储存液化气体的压力容器应当规定设计储存量，在储存量较高的情况下，容器内部温度的升高和降低对内部压力影响极为显著，因此储存液化气体的压力容器一般取装量系数为0.9，最大不得大于0.95。

3. 设计方法

压力容器的设计可以采用规则设计方法或者分析设计方法。必要时也可以采用试验方法或者可对比的经验设计方法，但是应按照《固容规》的规定通过技术评审。

压力容器设计单位应当基于《固容规》所述的设计条件，综合考虑所有相关因素、失效模式和足够的安全裕量，以保证压力容器具有足够的强度、刚度、稳定性和抗腐蚀性，同时还应当考虑裙座、支腿、吊耳等与压力容器主体的焊接接头的强度要求，确保压力容器在设计使用年限内的安全。

对于第Ⅲ类压力容器，设计时应当出具包括主要失效模式和风险控制等内容的风险评估报告。

压力容器的设计应当充分考虑节能降耗原则，并且应充分考虑压力容器的经济性，合理选材，合理确定结构尺寸，对换热容器进行优化设计，提高换热效率，满足能效要求；对有保温或者保冷要求的压力容器，要在设计文件中提出有效的保温或者保冷措施。

确定压力容器材料许用应力(或者设计应力强度)的最小安全系数应参考室温下的抗拉强度、设计温度下的屈服强度、设计温度下持久强度极限平均值和设计温度下蠕变极限平均值等系数，需要注意的是，螺柱(螺栓)与承压部件母材的安全系数存在差异，考虑到螺柱(螺栓)的密封功能，其变形量应低于容器本体母材的变形量，此时安全系数较高。详见《固容规》中的相关内容和取值表。

压力容器最小厚度的确定应当考虑制造、运输、安装等因素的影响。

用焊接方法制造的压力容器，应当考虑焊接接头对强度的削弱，焊接接头系数的取值按照相应引用标准选取。不允许降低焊接接头系数而免除压力容器产品的无损检测。

对有特殊耐腐蚀要求的压力容器或者受压元件，例如存在晶间腐蚀、应力腐蚀、点腐蚀、缝隙腐蚀等介质环境时，应当在设计图样上提出相应的耐腐蚀试验方法以及必要的热处理要求。

4. 结构要求

焊接压力容器筒体的纵向接头，筒节与筒节(封头)连接的环向接头、封头的拼接接头，以及球壳板间的焊接接头，应当采用全截面焊透的对接接头形式。球形储罐球壳板不得拼接。钢制压力容器的接管(凸缘)与壳体之间的接头设计以及夹套压力容器的接头设计，可参照《固容规》引用标准进行。有下列情况之一的，应当采用全焊透结构：介质为易爆或者介质毒性极度危害和高度危害的压力容器；要求气压试验或者气液组合压力试验的压力容器；第Ⅲ

类压力容器；低温压力容器；进行疲劳分析的压力容器；直接受火焰加热的压力容器；设计图样规定的压力容器。

钢制压力容器管法兰、垫片、紧固件的设计应当参照行业标准 HG/T 20592～20635《钢制法兰、垫片、紧固件》系列标准的规定。盛装液化石油气、毒性程度为极度和高度危害介质以及强渗透性中度危害介质的压力容器，其管法兰应当按照行业标准 HG/T 20592～20635 系列标准的规定，至少应用高颈对焊法兰、带加强环的金属缠绕垫片和专用级高强度螺栓组合。

压力容器应当根据需要设置人孔、手孔等检查孔，开设装置、数量和尺寸等应当满足进行内部检查的需要。对不能或者确无必要开设检查孔的压力容器，设计单位应当提出具体技术措施，例如增加制造时的检测项目或者比例，并且对设备使用中定期检验的重点检验项目、方法提出要求。

压力容器上的开孔补强圈以及周边连续焊的起加强作用的垫板应当至少设置一个泄漏信号指示孔。

快开门式压力容器，是指进出容器通道的端盖或者封头和主体间带有相互嵌套的快速密封锁紧装置的容器。用螺栓（例如活节螺栓）连接的不属于快开门式压力容器。快开门式压力容器的设计应当考虑疲劳载荷的影响。

快开门式压力容器对安全联锁功能的要求是当快开门达到预定关闭部位，方能升压运行；当压力容器的内部压力完全释放，方能打开快开门。

5. 检验要求

压力容器设计单位应当根据《固容规》《固容规》引用标准和 NB/T 47013 的要求在设计图样上规定所选择的无损检测方法、比例、质量要求及其合格级别等。

当压力容器所盛装介质的毒性程度为极高、高度危害或者不允许有微量泄漏时，设计应当提出压力容器泄漏试验的方法和要求。铸造压力容器盛装气态介质时，应当在设计图样上提出气密性实验的要求。对于带有安全阀、爆破片等超压泄放装置的压力容器，如果设计时提出气密性试验要求，则设计者应当给出压力容器的最高允许工作压力。

对有隔热层的压力容器，如果设计时规定隔热层不允许拆卸，则应当在设计文件中提出压力容器定期检验的项目、方法。必要时，设计图样上应当提出制造时对所有焊接接头进行全部无损检测等特殊要求。

2.3.2 GB/T 150《压力容器》对压力容器设计的基本要求

1. 一般规定

容器设计单位（设计人员）应严格依据用户或设计委托方所提供的容器设计条件进行容器设计，应考虑容器在使用中可能出现的所有失效模式，提出防止失效的措施。容器受压元件的强度、刚度和稳定性计算按 GB/T 150.3 或规范性引用文件的规定。对于有成功使用经验的承受循环载荷的容器，经设计单位技术负责人批准，可按本标准进行设计，并按 GB/T 4732 附录 C 补充疲劳分析和评定，同时满足其相关制造要求。

2. 载荷

设计时应考虑的载荷主要有内压、外压和最大压差、液柱静压力（当液柱静压力小于设计压力的 5%时，可忽略不计）。需要时，还应考虑下列载荷：容器的自重（包括内件和填料等），正常工作条件下或耐压试验状态下内装介质的重力载荷；附属设备及隔热材料、衬里、管道、扶梯、平台等的重力载荷;风载荷、地震载荷、雪载荷;支座、底座圈、支耳及其他形式支承件的反作用力;连接管道和其他部件的作用力;温度梯度或热膨胀量不同引起的作用力;冲击载荷,包括压力急剧波动引起的冲击载荷、流体冲击引起的反力等;运输或吊装时的作用力。

3. 设计压力和计算压力的确定

容器上装有超压泄放装置时,应按照 GB/T 150.1《压力容器》附录 B 的规定确定设计压力。对于盛装液化气体的容器,如果具有可靠的保冷设施,在规定的装量系数范围内,设计压力应根据工作条件下容器内介质可能达到的最高温度确定;否则按相关法规确定。

对于外压容器(例如真空容器、液下容器和埋地容器),确定计算压力时应考虑在正常工作情况下可能出现的最大内外压力差。

确定真空容器的壳体厚度时,设计压力按承受外压考虑;当装有安全控制装置(如真空泄放阀)时,设计压力取 1.25 倍最大内外压力差或 0.1 MPa 两者中的低值;当无安全控制装置时,取 0.1 MPa。

由 2 个或 2 个以上压力室组成的容器,即多腔容器,应分别确定各压力室的设计压力;确定公用元件的计算压力时,应考虑相邻室之间的最大压力差。

4. 设计温度的确定

设计温度不得低于元件金属在工作状态可能达到的最高温度。对于 0℃以下的金属温度,设计温度不得高于元件金属可能达到的最低温度。

容器各部分在工作状态下的金属温度不同时,可分别设定每部分的设计温度。

2.4 压力容器设计文件

1. 通用要求

压力容器的设计文件包括强度计算书和应力分析报告、设计样图、制造技术条件、风险评估报告(适用于第Ⅲ类压力容器),设计单位认为必要时,还应当包括安装与使用维修说明。装设安全阀、爆破片装置的压力容器,设计文件还应当包括压力容器安全泄放量、安全阀排量和爆破片泄放面积的计算书,无法计算时,设计单位应当会同设计委托单位或者使用单位,协商选用超压泄放装置。

2. 设计总图

(1) 总图的审批

设计总图应当按照有关安全技术规范的要求履行审批手续。对于第三类压力容器,应当有压力容器设计单位技术负责人或者其授权人的批准签字。

(2) 总图的主要内容

压力容器的设计总图上,至少应当注明:压力容器名称、类别;设计、制造所依据的主要法规、标准;工作条件,包括工作压力、工作温度、介质毒性和爆炸危害程度等;设计条件,包括设计温度、设计载荷(压力在内的所有应当考虑的载荷)、介质(组分)、腐蚀裕量、焊接接头系数、自然条件等;对储存液化气体的储罐应当注明装量系数,对有应力腐蚀倾向的储存容器应当注明腐蚀介质的限定含量、主要受压元件材料牌号与标准、主要特性参数(如压力容器容积、换热器换热面积与程数等),压力容器设计使用年限(疲劳容器标明循环次数)、特殊制造要求、热处理要求、无损检测要求、耐压试验和泄漏试验要求、预防腐蚀的要求、安全附件的规格和订购特殊要求(工艺系统已考虑的除外);压力容器铭牌的位置;包装、运输、现场组焊和安装要求。

(3) 特殊要求

多腔压力容器分别注明多腔的试验压力,有特殊要求时注明共同元件两侧允许的压力差值,以及试验步骤和试验的要求;装有催化剂的压力容器和装有充填物的压力容器,注明使用过程中定期检验的技术要求;由于结构原因不能进行内部检验的压力容器,注明计算厚度、使用中定期检验的要求;不能进行耐压试验的压力容器注明计算厚度和制造与使用的特殊要求;有耐热衬里的压力容器,注明防止受压元件超温的技术措施;要求保温或者保冷的压力容器,提出保温或者保冷措施。

习　题　二

1. 压力容器主要由哪几部分组成?分别起什么作用?
2. 介质的毒性程度和易燃特性对压力容器的设计、制造、使用和管理有何影响?
3. 《固定式压力容器安全技术监察规程》在确定压力容器类别时,为什么不仅要根据压力高低,还要视容积、介质组别进行分类?
4. 《固定式压力容器安全技术监察规程》对压力容器设计提出哪些基本要求?
5. GB/T 150《压力容器》对压力容器设计提出哪些基本要求?
6. 压力容器设计文件有哪些基本内容?

第3章 压力容器选材

3.1 概 述

材料是构成压力容器的物质基础，要正确设计制造压力容器，合理选用材料是极重要的一环。现代生产条件很复杂：温度从低温到高温、压力从真空（负压）到超高压、物料有易燃、易爆、剧毒或强腐蚀等。不同的生产条件对设备材料有不同的要求。有的要求材料具有良好的力学性能和加工工艺性能，有的要求材料耐高温或低温，有的要求材料具有优良的物理性能，有的要求材料具有良好的耐腐蚀性等。因此，在设计制造压力容器时必须针对设备的具体操作条件，正确合理地选用材料，这对于保证压力容器的正常安全运行，完成生产计划以及节约材料，减轻设备自重，延长设备使用寿命与检修周期，都起着积极作用。综合考虑压力容器的制造工艺、操作条件和工作环境，选用的材料应满足以下基本要求。

3.1.1 力学性能要求

1. 强度

材料的强度是指材料抵抗永久变形和断裂的能力。常用的强度包括屈服强度（屈服极限σ_s或$\sigma_{0.2}$）和抗拉强度（强度极限σ_b），它们是决定材料许用应力的依据。显然，材料的强度越高，设备的截面尺寸越小，从而可以节省金属用量。但是强度较高的材料，一般塑性和韧性较低，制造困难。因此对于过程设备用材而言，将材料的屈服强度和抗拉强度之比称为屈强比（γ），屈强比高的钢材，承载能力也高，同时设备材料的塑性储备也将降低，缺口敏感性增加。因此，目前一般用作压力容器的材料，其屈强比$\gamma > 0.7$时，在设计与制造中应慎重；若$\gamma > 0.80 \sim 0.85$，在设备制造中则应有特殊考虑。

对于工作在交变载荷作用下的设备，由于设备材料承受交变应力的作用，材料的断裂与应力的循环次数有关，因此需要考虑材料的抗疲劳性能，使设备能承受规定的载荷循环次数。对于工作在高温下的设备还需要考虑材料的持久强度和蠕变强度。所谓持久强度是指材料在规定温度下达到规定时间而不断裂的最大应力，而蠕变强度是在规定温度下引起试样在一定时间内蠕变总伸长率或恒定蠕变速率不超过规定值的最大应力。

2. 塑性

塑性是指材料断裂前，发生不可逆永久变形的能力。工程上常用延伸率δ和断面收缩率ψ来表示。

延伸率是指试样拉伸试验后总伸长量与原标距长度之比的百分率，根据试验时试样的长度标距不同，将延伸率用δ_{10}和δ_5表示。在压力容器用钢中通常以δ_5来表示材料的延伸率。过程设备用钢必须有较高的δ_5值，一般要求大于16%，低强钢比较容易满足这一要求。为使材料塑性满足要求，必要时可采用热处理的方法调整钢材的强度和塑性，以保证满足基本要求。

断面收缩率ψ是指试样在拉伸后，其紧缩处横截面面积最大缩减量与原横截面面积的百分率。断面收缩率越大，材料的塑性越好。

除上述两项塑性指标之外，对于需通过冷弯成型的过程设备用钢还需考虑材料冷弯性能。冷弯性能是指材料在常温下承受弯曲而不产生裂纹类缺陷的能力。冷弯实验用以考察材料承受弯曲变形的能力，它可以模拟过程设备在卷制成型时的工艺情况。为考察钢管的塑性，通常采用压扁试验，它用以检验钢管压扁至规定尺寸而不产生裂纹类缺陷的变形性能。

3. 韧性

韧性是指材料断裂前吸收能量的能力。它是衡量材料对缺口敏感性的力学性能指标。韧性是材料强度和塑性的综合反映。塑性好的材料其韧性一般也较好，因而强度高且塑性好的材料，其韧性更好。材料的韧性指标通常用冲击韧度值 α_k 表示。材料的冲击韧性试验值主要与材料的化学成分、金相组织、试样的取向、材料的工作历史以及温度等因素有关。

设备的脆性破坏不仅与材料本身的脆性有关，而且与材料中的缺陷、加工状况、操作条件及载荷等因素有关。因此，目前我国通用的梅氏冲击试验值并不能全面反映设备的脆性断裂行为。对于压力容器用钢的韧性要求，应根据容器的设计参数、结构及制造情况来决定。从制造过程中对钢材韧性的要求来说，一般常温压力容器要求其材料的横向梅氏冲击值不低于 50(J/cm^2)。

材料在低温下，其强度指标往往升高，而它的冲击韧度值则陡降，材料由塑性转变为脆性，这种现象称为材料的冷脆性。材料的冷脆性使得过程装备在低温下操作时，容易产生脆性破裂，这种破裂发生前材料往往不产生明显的塑性变形，所以有较大的危险性和突发性。对于低温设备的设计和使用，应重视这一冷脆现象。为防止材料发生冷脆，要求材料的横向梅氏冲击值应不低于 30(J/cm^2)。

金属材料的其他机械性能视材料的用途有不同的要求，如用于受固体颗粒的冲击材料，则有硬度指标要求；用于制造压力容器的金属材料，由于钢板通常采用冷卷成型，故要求材料满足一定的冷弯性能指标和缺口敏感性指标。

3.1.2 加工性能要求

压力容器的加工制造方法包括铸造、塑性加工、切削和焊接，特别是焊接方法应用非常普遍。为保证制造质量，必须考虑材料的加工工艺性能。

材料制成铸件的难易程度称为可铸性，它主要是指液体金属的流动性和凝固过程中的收缩和偏析。收缩性大，容易造成铸件开裂，而偏析则会造成材料的化学成分不均匀，降低材料的性能。

过程设备常用塑性加工的方法来成型，这些方法包括锻造、压延、拉拔、轧制及压力加工等，塑性加工性表示材料塑性加工的难易程度。它取决于材料的变形能力和变形抗力，变形抗力小的材料变形能力强。对于变形抗力大的材料，在进行塑性加工时往往会对材料进行加热，以减少变形抗力，增加变形能力。

金属材料的切削性是指金属在切削加工时的难易程度，切削性好的金属，切削时消耗的动力小，刀具寿命长，切削物易于折断脱落，切削后表面粗糙度低。

过程设备用材要求具有很好的可焊性，可焊性是指用一定的焊接工艺焊接后能获得优质焊接接头的可能性。优质的焊接接头应具备良好的强度、塑性、韧性，且同时应满足不产生焊接缺陷和保持组织结构均匀的条件。决定材料可焊性好坏的主要是材料的化学成分，含碳量低的材料往往具有好的可焊性，材料中的合金元素对可焊性也有一定的影响，工程上常将合金元素的含量折合成碳当量来综合表示材料的可焊性。

3.1.3 耐腐蚀性

过程设备常在高温、高压及特定的介质中工作，构成过程设备的材料在这种恶劣的环境下工作会发生腐蚀。因此腐蚀问题是过程设备材料选用的主要依据之一，它的合理选用直接关系到设备的使用寿命、产品产量、产品质量和环境污染等。所以必须根据介质对材料的腐蚀特点，合理地选择材料，同时在设备的设计中，零部件的尺寸要根据设备使用年限和腐蚀速度留有一定的腐蚀裕度。

3.1.4 材料的物理性能

过程设备的工作条件和所承担的作用是非常复杂的，因此在材料的选用中还应考虑材料的物理性能，如换热设备应考虑材料的导热系数，高温下工作的零件要考虑材料的熔点，由多种材料制作的设备应考虑材料热胀系数的不同，为消除静电还需考虑材料的导电性等。

3.1.5 材料的经济性

在满足设备使用性能的前提下，选用材料还应注意其经济效果。由于碳素钢和普通低合金钢板价格低廉，因此在满足设备的耐腐蚀和力学性能的前提下应优先选用。在过程设备材料选用时还应考虑国家的生产和供应情况，要因地制宜地选取。同时对于同一台设备，所选用的材料品种应尽量少而集中，以便于采购和管理。

3.2 压力容器常用材料

压力容器材料的种类繁多，目前主要材料还是钢材及其合金材料，随着技术的进步非金属材料正逐步得到推广使用。钢材能获得广泛的应用是因为：(1)钢材有优良的力学性能，既有高的强度，又有好的塑性和韧性；(2)钢材具有优良的工艺性能(即铸造性、可锻性、可焊性、切削加工性等)，易于采用不同方法制成各种形式的零件和设备；(3)钢材具有其他材料所不能及的优良物理性能(导热性、导电性、磁性等)和特殊化学性能(对某些物料的耐蚀性等)以及耐热性；(4)钢材可通过热处理方法，即将金属加热到预定的温度保温，然后以预定的速度冷却，使其性能进一步改善和提高，以满足设计、制造和使用的要求。了解常用钢材的规格、性能、特点以及它们的主要应用范围，将为正确选择和使用钢材，发挥钢材本身性能的潜力创造有利条件。

钢和铸铁是工程上最广泛应用的金属材料，通常把钢和铸铁统称为铁碳合金，这是因为钢和铸铁的成分虽然复杂，但基本上是由铁和碳两种主要元素所组成的。一般含碳0.02%～2.1%的称为钢，含碳量大于2.1%的称为铸铁，而碳的含量对材料性质有决定性的影响。对铸铁而言，钢的含碳量低，其性质是强而韧；而普通铸铁的含碳量高，其性质是硬而脆。

3.2.1 钢

按化学成分的不同，钢可以分为碳素钢(非合金钢)、低合金钢与合金钢。现代冶金的基本产品是钢，其中碳素钢占90%左右，合金钢占10%左右，因此，工业上基本的金属材料是碳素钢。

1. 碳及常存杂质对钢材性能的影响

碳素钢的含碳量小于2.1%，在常用的碳素钢中，一般含碳量约0.05%～1.4%。同时，由于炼钢方法的限制，钢不可避免地含有硫、磷、锰、硅等杂质。碳及这些杂质对钢的性能的影响如下：

1）碳(C)

碳是钢中主要元素之一，对钢的性能影响也最大。一般来说随着含碳量的增加，钢的强度极限和硬度(HB)将不断提高，而塑性和韧性(Ak)则不断降低。但是对于碳素钢而言，当含碳量超过0.9%时，钢的强度极限反而会降低。

2）硫(S)

硫是炼钢时由矿石与燃料带到钢中的杂质，它是钢中的一种有害元素。硫在钢中与铁化合形成FeS，它的熔点低(985℃)，使钢材在热加工时容易开裂，这种现象称为“热脆”。因此，钢中硫的含量必须严格控制：普通钢，S的含量＜0.050%；优质钢，S的含量＜0.035%；高级优质钢，S的含量＜0.025%。

3）磷(P)

磷是炼钢时由矿石带到钢中的。一般来说，磷在钢中也是一种有害元素。磷虽能使钢的强度、硬度增加，但会引起塑性、冲击韧性显著降低，特别是在低温时使钢材显著变脆，这种现象称为“冷脆”。因此，钢中磷的含量也必须严格控制：普通钢，P的含量＜0.045%；优质钢，P的含量＜0.035%；高级优质钢，P的含量＜0.025%。

4）锰(Mn)

锰是炼钢时作为脱氧剂而加入钢中的元素。由于锰可以与硫形成高熔点(1 600℃)的MnS，能消除硫的有害作用，并能提高钢的强度和硬度，因此，锰在钢中是一种有益的元素。碳素钢中含锰量为0.25%～0.8%。

5）硅(Si)

硅也是炼钢时作为脱氧剂而加入钢中的元素。硅能使钢的强度、硬度增加。由于钢中硅的含量一般不超过0.4%，因此它对钢的性能影响不大。

碳素钢中这些元素的含量，直接影响钢材的力学性能。在一般情况下，适当提高碳、锰、硅的含量可以提高钢材的强度，但不同程度地降低塑性、冲击韧性和可焊性。硫、磷在大多数情况下是有害杂质，而在某些特殊用途的钢中，它们又是获得特殊性能的有利元素。例如含磷的铜钢，可以提高在大气中的耐蚀性，目前我国生产的C、W、Mn、Cu、P、Ti之类的低合金高强度钢就是其中的一个例子。不过在这些钢中，磷是合金元素，不再是杂质。

2. 碳素钢

根据实际生产和应用的需要，通常将碳素钢进行分类和编号。按钢的质量等级，碳素钢可分为普通钢、优质钢和高级优质钢。钢的质量等级主要是按有害杂质(P、S等)及非金属类杂质的含量多少而定。

1）普通碳素结构钢(普通质量非合金钢)

普通碳素结构钢的牌号以“Q”加三位数字表示，如Q215、Q235等。“Q”代表结构钢屈服点，后面的三位数字表示该钢种在厚度小于16 mm时的最低屈服点(MPa)。在钢的牌号尾部可用A、B、C、D表示钢的质量等级。其中，A为普通级(供货时不保证Ak的值)，B、C、D表示硫、磷含量较低的优等级别。D级质量最高，A级质量最低。在牌号的最后可用符号标志其冶炼时的脱氧程度，如对未完全脱氧的沸腾钢标以符号“F”；对已完全脱氧的镇静钢则标以“Z”或不标符号，“TZ”则为特别镇静钢的符号，也可不予标记。如Q235B表示最低屈服点235 MPa的B级碳素钢(镇静钢)；Q215AF表示最低屈服点215 MPa的普通等级碳素结构钢(沸腾钢)。所谓沸腾钢是指钢在冶炼末期，仅用弱脱氧剂脱氧，钢液中保留有相当数量的

FeO，在浇注和凝固时，由于碳和FeO发生下列反应：

$$FeO+C=Fe+CO\uparrow$$

钢液中不断析出CO，产生类似沸腾的现象，故称为沸腾钢。沸腾钢成本低，但某些力学性能比镇静钢差。

Q235是用途最广的碳素结构钢，属于低碳钢，因其铁素体含量多，故其塑性、韧性优良，通常热轧成钢板、型钢、钢管、钢筋等。Q235A钢是该类钢中最常用的一个钢号。它有良好的加工工艺性，其板材常用来焊制常温常压容器的外壳，棒料常用来制作螺栓、螺母和支架等。Q235B、Q235C可以用来制作不重要的压力容器。

2）优质碳素结构钢（优质非合金钢）

优质碳素结构钢与普通碳素结构钢不同之处在于前者必须同时保证钢材的化学成分和力学性能，而且保证化学成分中的有害元素S、P杂质较少（小于或等于0.04%），冶炼工艺也比较严格，故质量高，但成本较贵。

优质碳素结构钢的牌号仅用两位数字来表示，此两位数字表示钢中平均含碳量的万分之几。例如20钢的平均含碳量为0.20%，即万分之二十。对每一个牌号，国家标准都规定了化学成分范围和应达到的力学性能指标。牌号按顺序有：08、10、15、20、25、30、35、40、45、50等。较高含锰量（一般指含锰0.7%～1.0%）的优质碳素结构钢则在牌号后加注“Mn”，如15 Mn。并且根据材质不同，又可区分为：优质钢、高级优质钢（牌号后加标“A”，如50A）和特级优质钢（牌号后加标“E”）。

优质碳素结构钢按含碳量的不同分为三类：

（1）低碳钢　含碳量低于0.25%，牌号有08、10、15、20、25。这类钢强度较低，但塑性好，焊接性能良好。钢厂有圆钢、板材、无缝钢管、锻件等供应。压力容器中常用作垫片包皮（08、10）、换热器列管、设备接管（10、20）、法兰等。

（2）中碳钢　含碳量在0.30%～0.55%之间，牌号有30、35、40、45、50、55。这类钢强度和韧性较好，但焊接性能较差，不适合做设备的壳体。钢厂常以圆钢、锻件供应用户。其中35钢在压力容器上常用作管板，强度要求较高的螺栓、螺母等。45钢常用做传动轴。

（3）高碳钢　含碳量在0.6%以上，牌号有60、65、70、80。这类钢强度与硬度较高，60、65钢主要用来制造弹簧，70、80钢用来制造钢丝绳等。

为了适应各行各业用钢的特殊要求，我国冶金行业又发展了许多专门用途的钢材，如锅炉和压力容器用钢等。压力容器用钢在牌号末尾标上“R”字样。这类钢要求质地均匀，杂质含量较低，且需要进行某些力学性能方面特殊项目的检验。

由铸造而得的碳钢件，其材料牌号前须标注“ZG”字样，其后两组数字则是屈服极限与强度极限的数值（MPa），如ZG200－400、ZG310－570等。

3. 低合金高强度结构钢

低合金钢中的低合金高强度结构钢，是一类可焊接的低碳低合金工程结构用钢。其含碳量在0.1%～0.25%之间，含有少量合金元素（其总量一般不超过5%）。与相同碳含量的碳素结构钢相比，有较高的强度和屈强比，并有较好的韧性和焊接性，因此经常用来制造受压容器。其牌号有Q345、Q390、Q420、Q460、Q500、Q550、Q620、Q690等。牌号的表示方法与碳素结构钢相同。

压力容器常用的低合金高强度结构钢是在普通碳素结构钢的基础上加入少量或微量我

国富产的合金元素如Mn(锰)、Si(硅)、Mo(钼)、V(钒)、Nb(铌)、RE(混合稀土元素)等,从而使钢的强度和综合力学性能得到明显改善,用以代替碳素结构钢使用,将能大大节约钢材。近几年,我国还研制成功许多耐蚀、耐热、耐低温等具有特殊用途的低合金结构钢,从而大大扩大了它的使用范围。

低合金高强度结构钢在压力容器设计和制造中推广使用以来,已取得显著成绩。它不仅节约钢材,减轻设备自重20%～30%,而且提高负载能力,延长寿命,并满足一些特殊要求,因此愈来愈显示出它的经济效果。

用于压力容器的低合金结构钢,除要求强度外,还要有较好的塑性和焊接性,以利于设备的加工制造。用于化工容器的低合金结构钢板,其强度较高者,则其塑性和焊接性能将有所下降,这是由于强度较高,则其合金元素含量较多,硬化作用也就较大。因此必须根据容器的具体操作条件(如温度、压力)和制造加工条件(如卷板、焊接)来选用适当强度级别的钢材。

4. 合金钢

随着现代化工业和科学技术的不断发展,对钢铁材料也提出更高的要求。要求钢材有更高的强度,并且还具有耐高/低温、耐高压、耐腐蚀等特性。例如,大型氮肥厂中所用的金属材料,用天然气或石油气制氢的转化炉,其燃烧温度高达1 050℃,压力高达3 MPa,这就要求金属材料能耐高温氧化和具有高温强度等性能;用深冷法制氮的设备,则要求金属材料在－196℃时有冷韧性(即低温不脆)的特性;在氨合成塔中,氮和氢是在高温高压下进行反应而合成氨,因而制造合成塔的材料,必须具有高温高压下抗氢氮腐蚀的特性。大型氮肥厂的单机设备很大,如瓶式合成塔高达27 m,外径3.2 m,壁厚近200 mm,总质量有三百多吨,这种既重又大的设备,给制造、运输、安装造成很大困难,因而对制造这些大型设备的金属材料要求强度高,综合力学性能好,以减小设备的壁厚和自重。如果用碳素钢制造,无论怎样改善热处理工艺都无法达到良好的综合力学性能要求。至于高温抗氧化性、热强性、冷韧性、在高温高压下耐氢氮腐蚀的性能,碳素钢就更不具备了。为了解决上述问题,工程人员在碳素钢中加入除碳以外的一种或几种其他合金元素来改变钢的组织和性能,以满足工业上提出的各种要求。近年来已经成功地生产了大量的各种类型的钢材。例如在40号钢中加入0.80%～1.10%Cr,则这种铬钢在水中淬透的直径可以从40号钢的20 mm提高到45 mm。又如在低碳素钢中加入高于13%Cr,这种钢就具有不生锈的特殊性能。上述这些为改善钢的组织和性能而特意加入的元素,称为合金元素,含有合金元素的钢称为合金钢。由于合金元素的加入使钢的成本提高,因此合金钢只用于重要的、碳素钢不能满足其性能需要的工件上。

1) 合金钢的分类与牌号

(1) 分类

我国合金钢的有关标准一般是按用途来分类的。按钢材的用途可划分为:结构钢、工具钢、特殊性能钢三大类。

合金结构钢用于制作各种机器零件及钢结构。合金结构钢一般是低、中碳钢。合金工具钢用于制造工具,如切削刀具、量具和冷、热模具。特殊性能钢具有多种特殊的物理化学性能,如不锈钢、耐热钢、低温用钢等。

(2) 牌号标记方法

我国合金钢的标记方法一般是按钢材的含碳量、所含合金元素的种类和数量以及质量级别来进行,化工行业常用钢材的标记规则如下:

牌号的首部数字表示含碳量。对于合金结构钢，其含碳量的表示方法和优质碳素结构钢一样，以万分之一的碳作为一个数字单位，其数字是两位。如 35CrMo 表示这种钢的含碳量平均为万分之三十五，含铬和钼分别为 1%左右（含量低于 1.5%的合金元素不标注含量）。对于合金工具钢，则以千分之一的碳作为一个数字单位，其数字为一位。如 9CrSi，表示平均含碳量为 0.9%，各含有约 1%的铬和硅。如果有些合金工具钢含碳量超过 1%，这时在钢号中将会出现两位数字，为了避免与结构钢编号相混，对于含碳量超过 1%的合金工具钢，在牌号中不表示其含碳量，如 CrWMn，表示含碳量超过 1%的铬钨锰三种合金工具钢。

在表示含碳量的数字后面，标以所含合金元素的化学符号。当某一元素的上限含量超过 1.0%时，则在元素符号后面注出其近似百分比，否则只写上化学符号。例如，09Mn2V 表示平均含碳量为 0.09%，含锰量大约 2%，以及含有少量钒的低碳合金结构钢。

特殊性能高合金钢的编号方法视具体钢种而定，有些钢种的旧牌号曾与合金工具钢相似。例如 20Cr13（旧牌号为 2Cr13），表示其平均含碳量为 0.2%，含铬量为 13%的不锈钢；06Cr13（旧牌号为 0Cr13），表示含碳量低于或等于 0.08%，含铬量约为 13%的微碳铬不锈钢；022Cr17Ni14Mo2（旧牌号为 00Cr17Ni14Mo2），表示含碳量低于或等于 0.03%，并含有 17% Cr、14%Ni 和 2%Mo 的超低碳铬镍钼不锈钢。

对于含硫、磷较低的高级优质钢，在钢号末尾加一个“A”字例如 35CrMoA，表示平均含碳量为 0.35%的铬钼高级优质合金结构钢。

2) 不锈钢

不锈钢是合金钢中的一种特殊性能钢。由于在化学工业生产中，设备的制造材料不仅要求有一定的力学性能和工艺性能，而且还要求有耐蚀（不锈）性能。因为这些设备往往在酸、碱、盐以及各种活性气体等介质中工作，其失效的原因，多是由于腐蚀所致。在化学工业中广泛地应用各种类型的不锈钢。

在许多腐蚀性介质中，用铬、镍、钼、钒等合金元素合金化的不锈钢具有很高的化学稳定性，因而不锈钢是广泛使用的耐蚀材料。不锈钢不仅具有耐蚀性，还具备较好的耐热性（抗氧化性和高温强度），因此也是一种重要的耐热材料。稳定的奥氏体不锈钢，在液态氢低温（−253℃）下，仍能保持很高的韧性，所以又是很好的低温结构材料。高碳马氏体不锈钢不仅耐蚀，而且耐磨，故又是一种耐磨材料。总之，不锈钢具有许多优良性能，在化工、石油、原子能、航天、海洋开发、国防工业和其他科学技术领域，以及日常生活中都得到广泛的应用。

(1) 铬不锈钢

在铬不锈钢中，起耐蚀作用的主要元素是铬，铬能固溶于铁的晶格中形成固溶体。在氧化性介质中，铬能在金属表面生成一层稳定而致密的钝化膜，阻止腐蚀的进一步发展，对钢材起保护作用。但这种钢材耐腐蚀作用的强弱常与钢中的碳、铬的含量有关。当钢材的含铬量大于 11.7%时，钢材的电极电位开始迅速增加。电极电位的升高意味着耐蚀性有显著的提高，之后随着铬含量的增加电位的升高并不明显。为使碳钢耐蚀，其平均含铬量约在 12.5%。但是由于碳是钢中必须存在的元素，它能与铬形成铬的碳化物（如 $Cr_{23}C_6$ 等），因而可能消耗大量的铬，致使铁固溶体中的有效铬含量减少，钢的耐蚀性降低，故不锈钢中含碳量愈少则愈耐腐蚀。为了使铁固溶体中的铬含量不低于 11.7%，保证其耐腐蚀性能，总要把不锈钢的含铬量适当地提高一些，所以实际应用的不锈钢，其平均含铬量都在 13%以上。常用的铬不锈钢有：12Cr13（旧牌号 1Cr13，含碳量≤0.15%）和 20Cr13（旧牌号 2Cr13，平均含碳量 0.2%）

等钢种。该类不锈钢经调质后有较高的强度与韧性，并对弱腐蚀介质（如盐水溶液、硝酸、浓度不高的某些有机酸等）在温度低于 30℃时，有良好的耐蚀性。在淡水、海水、蒸气、潮湿大气条件下，也具有足够的耐蚀性；但在硫酸、盐酸、热硝酸、熔融碱液中的耐蚀性较低。故多用作化工机器中受力大的耐蚀零件，如轴、活塞杆、阀件、螺栓、浮阀（塔盘零件）等。

06Cr13（旧牌号 0Cr13）、06Cr11Ti（旧牌号 0Cr11Ti）等钢种，含碳量少（都小于 0.1%），含 Cr 多，常在退火状态下使用。它们具有较好的塑性，而且耐氧化性酸（如稀硝酸）和硫化氢气体腐蚀，故常用来部分代替高铬镍 18-8 型不锈钢用在过程设备上，如用于维尼纶生产中耐冷醋酸和防铁锈污染产品的耐蚀设备上。

(2) 铬镍不锈钢

铬镍不锈钢的典型钢号是 06Cr19Ni10（旧牌号 0Cr18Ni9），其中含 C<0.08%，Cr17%～19%，Ni8%～11%，故常以其 Cr、Ni 平均含量“18-8”作为该类钢的代号。为提高这类钢材的耐腐蚀能力，常将钢材加热至 1 100～1 150℃，并在水中快速冷却后，得到常温下单一的奥氏体组织，钢中的 C、Cr、Ni 全部固溶于奥氏体晶格中（这种热处理方法称为固溶处理）。该钢种具有较高的强度极限、较低的屈服极限、极好的塑性和韧性，它的焊接性能和冷弯成型等工艺性能也很好，是目前制造各种贮槽、塔器、反应釜、阀件等过程设备中应用最广泛的一类不锈钢。

18-8 钢的耐蚀性，除具有铬不锈钢所具有的氧化铬薄膜的保护作用以外，还因镍能使钢在常温下得到单一的奥氏体组织，故在很多介质中比铬不锈钢具有更高的耐蚀性。18-8 钢对浓度 65%以下、温度低于 70℃或浓度 60%以下、温度低于 100℃的硝酸，以及苛性碱（熔融碱除外）、硫酸盐、硝酸盐、硫化氢、醋酸等都很耐蚀，并且有良好的抗氢、氮腐蚀性能，而对还原性介质如盐酸、稀硫酸等则是不耐蚀的。18-8 钢在含有氯离子的溶液中易受腐蚀，严重时往往引起钢板穿孔。

另外，18-8 型不锈钢容易产生晶间腐蚀。18-8 型不锈钢在 400～800℃的温度下，碳元素会从过饱和的奥氏体中以碳化铬（$Cr_{23}C_6$）的形式沿晶界析出，若钢材在该温度下停留时间过长，会使奥氏体晶界附近有效铬的含量降低至不锈钢耐腐蚀所必需的最低含量（11.7%）以下，从而使腐蚀集中在晶界附近的贫铬区。这种沿晶界附近产生的腐蚀现象，称为晶间腐蚀。防止 18-8 钢晶间腐蚀的方法通常有以下有三种。

① 进行固溶处理（如在焊接之后），使 Cr、C 重新溶于奥氏体中。

② 减少钢中的含碳量，以减少碳化物的析出，从而减少晶间腐蚀的倾向，如 06Cr19Ni10 钢，含碳量<0.08%。当 C<0.03%时，即使在缓冷条件下，也不会析出碳化铬，这就是所谓的超低碳 18-8 钢（即 022Cr19Ni10，旧牌号 00Cr19Ni10）。一般超低碳不锈钢冶炼比较困难，价格更高。

③ 在钢中加入比 Cr 与碳亲和力更强的 Ti、Nb 等元素以形成稳定的 TiC 和 NbC，因而就能将碳固定住，以免形成碳化铬（$Cr_{23}C_6$），故可大大减少晶间腐蚀的倾向。如 06Cr18Ni11Ti（旧牌号 0Cr18Ni10Ti）等钢种就是根据上述原理而制成的。

18-8 型钢所含的高铬使不锈钢在强氧化性介质（如硝酸）中具有很高的耐蚀性，但在还原性介质（如盐酸、稀硫酸）中则不耐蚀。为了使不锈钢能耐更多介质的腐蚀，常在不锈钢中加入合金元素 Mo、Cu，如 06Cr17Ni12Mo2Ti（旧牌号 0Cr18Ni12Mo3Ti）、06Cr18Ni12Mo2Cu2（旧牌号 0Cr18Ni12Mo2Cu2）等。一般含 Mo 的钢对氯离子（Cl^-）的腐蚀具有较大抵抗力，而同时含 Mo

和 Cu 的钢在室温、浓度为 50%以下的硫酸中具有较高的耐蚀性，在低浓度盐酸中也比不含 Mo、Cu 的钢具有较高的化学稳定性。

(3) 节镍或无镍型不锈钢

我国镍资源贫乏，镍的价格高，为降低钢材的价格，我国研制并生产了多种节镍或无镍不锈钢，用容易得到的锰和氮替代不锈钢中的镍。例如 12Cr18Mn9Ni5N 可代替 06Cr19Ni10。

3) 高温用钢

高温用钢是指工作温度在 600～1 200℃下，具有优良的综合力学性能和抗腐蚀性能的一大类钢种，用于过程设备的高温用钢主要是指低合金耐热钢。这类钢之所以能耐高温是在钢中加入 Cr、Mo、V、Si、Al 等合金元素，以强化金属的金相组织、提高材料的再结晶温度。耐热钢按其使用性能的不同，大致可分为热强钢和抗氧化钢两大类。

热强钢由于需要在高温和高应力的工况条件下长期使用，不仅要求具有很好的热强性能，而且也要求具有优异的承受高温气体腐蚀的能力。这类钢主要用于汽轮机、燃气轮机的转子和叶片、锅炉过热器的螺栓和弹簧、内燃机排气阀以及化工高温设备中的压力容器和承压管道等等。常用的如 16Mo、15CrMo、12Cr1MoV、12Cr3MoVSiTiB 等。

抗氧化钢是指在高温下具有较好的抗氧化不起皮的特性，同时具有一定的热强特性。这类钢主要用于制造各类加热炉用零件、换热器、燃气轮机的燃烧室、锅炉的吊挂、加热炉炉底板及炉管等。常用的有 Cr5Mo、12Cr13Si3、12Cr13SiAl、12Cr18Si2、12Cr23Ni18、0Cr25Ni20 等。

4) 低温用钢

低温用钢是指工作温度在－20～－269℃的工程结构用钢。普通碳钢在低温下（－20℃以下）会变脆，冲击韧性显著下降。对低温用钢的基本要求是：具有良好的韧性，良好的加工工艺性和可焊性。为了达到这些性能，低温钢的含碳量应尽可能降低，其平均含量为 0.08%～0.18%，再加入适量的 Mn、Al、Ti、Nb、Cu、V、N 等元素以改善钢的综合机械性能。

目前国外低温设备用的钢材，主要是以高铬镍钢为主，其次是使用镍钢、铜、铝等。结合我国的资源情况，近年我国研制成功了无铬镍的低温钢系列，并逐步应用于生产。我国研制的无铬镍低温用钢的共同特点是：

① 综合利用我国富有的 Mn、Nb、V、Al、Ti、Cu 等合金元素；

② 合金元素少，冶炼加工工艺简单；

③ 含碳量较低，可焊性良好；

④ 一般为正火状态供货和使用，价廉。

3.2.2 铸铁

工业上常用的铸铁，其含碳量一般在 2.1%以上，另外还含有硫、磷、锰、硅等杂质。铸铁是一种脆性材料，不能锻造，但是铸造性较好。另外，铸铁不但有优良的减振性、耐磨性和易切削性，而且生产工艺和熔化设备简单，生产成本低廉，因此在工业生产上得到普遍的应用。铸铁可分为灰铸铁、可锻铸铁、球墨铸铁等。

1. 灰铸铁

这种铸铁中全部或大部分的碳以自由状态的片状石墨形式存在，断口呈灰色，故称灰铸铁。灰铸铁的抗压强度较大，抗拉强度却很低，冲击韧性也很低，不适于制造承受冷弯曲、拉伸、剪切和冲击载荷的零件，可用来铸造承受压力，要求消振、耐磨的零件，如支架、阀体、泵体、机座、管路附件，或受力不大的不重要的铸件。

灰铸铁的牌号以HT加数字表示。如HT100,HT150,HT200,HT250,HT300,HT350等。"HT"为"灰铁"两字汉语拼音的首字母;后面的数字代表最低抗拉强度(MPa),数字愈大,强度愈高。

2. 可锻铸铁

这种铸铁中全部或大部分的碳以团絮状存在。可锻铸铁实际上是不可锻的,"可锻"两字的含义只是说明它具有一定的延展性而已,所以也常称为"展性铸铁"。

可锻铸铁具有一定强度和较高的塑性和韧性,可用在承受冲击和振动的场合,例如汽车、拖拉机的后桥外壳、转向机构、低压阀门、管道配件、运输机、升降机、纺织机零件等。

可锻铸铁的代号为"KT",它是"可铁"两字汉语拼音的首字母;又因为有黑心、白心和珠光体的区分,故在"KT"后分别标以"H"或"B"或"Z";在后面两组数字中,第一组数字表示最低抗拉强度,第二组数字表示最低延伸率。如KTH300-06、KTB350-04、KTZ450-06等。

3. 球墨铸铁

在浇铸前往铁水中加入少量球化剂(如Mg、Ca和稀土元素等)和石墨化剂(硅铁或硅钙合金),以促进碳以球状石墨结晶存在,称为球墨铸铁。

球墨铸铁在强度、塑性和韧性方面大大超过灰铸铁,而且仍具有灰铸铁的许多优点(铸造性、耐磨性、易切削性等),用它来代替灰铸铁,可以减轻机器的自重。与锻钢相比,球墨铸铁的耐磨性较好,并可节约金属,缩短加工工时。与铸铁相比,它的屈服强度与抗拉强度比值$\left(屈强比\frac{\sigma_{0.2}}{\sigma_b}\right)$高达0.7~0.8,几乎为钢的屈强化(0.35~0.50)的两倍。在一般机械设计中,材料许用应力是按屈服强度来确定的,因此对于承受静载荷的零件,用球墨铸铁代替铸钢,就可以减轻机器的自重。与可锻铸铁相比,球墨铸铁不仅在强度和冲击韧性上超过它,而且生产周期短,生产成本比铸钢或可锻铸铁低。总之,球墨铸铁兼有普通铸铁及钢的优点,目前已成为一种很有前途的新型结构材料。

当然,球墨铸铁也不是十全十美的,它的明显缺点是凝固时收缩率较大,对铁水成分要求较严,因而熔炼工艺与铸造工艺要求较高,而且消振能力比灰铸铁要低。我国球墨铸铁的牌号中"QT"两字表示"球铁",后面两组数字的含义与可锻铸铁的表示法相同。

3.2.3 有色金属及其合金

在工业上,除铁、锰、铬外的金属,都称为有色金属或非铁金属。有色金属及其合金常常具有各种特殊性能。例如,良好的导电性和导热性,摩擦系数低,质轻、耐磨,在空气、海水及酸碱介质中的耐蚀性好,以及良好的可塑性及铸造性等。但是,有色金属及其合金大多稀有贵重,价格要比黑色金属及其合金高得多,因此,应在满足使用要求的条件下,尽量以黑色金属代替有色金属及其合金。

应用于化工机械及设备制造的有色金属,主要有铜、铝、铅、镍及其合金。

1. 铜及其合金

铜及其合金具有高的导电性、导热性、塑性、冷韧性以及在许多介质中具有高的耐蚀性,因此在化学工业中应用甚广。

1) 纯铜

纯铜又称紫铜,有很高的导电、导热性和塑性,在低温时可保持较高的塑性和冲击韧性,铜耐低浓度的硫酸、亚硫酸、稀的和中等浓度的盐酸、醋酸、氢氟酸及其他非氧化性酸等介质的腐蚀。对淡水、大气、碱类溶液的耐蚀能力很好。铜不耐任何浓度的硝酸、氨和铵盐溶液。

我国生产的工业纯铜其牌号为T1、T2、T3三种。"T"为"铜"的汉语拼音首字母。T1是高纯度铜,含杂质小于0.05%,用于制造电线和配制高纯度合金。T2、T3含杂质分别为0.1%、0.3%,用来制造深度冷冻设备(如制氧机)、有机合成和有机酸工业用的蒸发器、蛇型管等。但是,由于纯铜强度低,同时在多种介质中的耐蚀性不高,在化工上广泛应用的是它的合金——黄铜和青铜,其中青铜是经常选用的耐蚀结构材料。

2)黄铜

铜和锌的合金称为黄铜。铜锌二元合金称为普通黄铜。为了改善黄铜的性能,除锌以外,向其中加一定数量的Sn、Al、Si、Ni、Mn等其他合金元素的黄铜称为特种黄铜。

铜锌系合金的普通黄铜由于其价格较低,含锌量小于45%时又具有良好的压力加工性和较高的力学性能,同时耐蚀性和纯铜相似,特别是大气中耐蚀性要比纯铜好,因此,它在化工上应用很广。

不过普通黄铜在中性或弱酸性的溶液中,会出现脱锌的选择性腐蚀。这种现象是由于锌比铜更易于溶解在溶液中,因而使合金中的铜含量相对增多,并且使这种脱锌形成的海绵态铜覆于黄铜表面,它与内部黄铜(阳极)构成微电池,加速电解,使黄铜进一步被腐蚀。为了防止脱锌作用,可在黄铜中加入0.01%~0.02%砷(As)。

普通黄铜的牌号用H加数字表示。"H"是黄铜的"黄"字汉语拼音首字母,其后面的数字代表平均含铜量的百分数。如H62即表示含铜62%的铜锌合金。化工上常用的普通黄铜牌号是H80、H68、H62等。H80、H68牌号黄铜塑性好,可在常温下冲压成型,做容器的零件。H62牌号黄铜在常温下塑性较差,机械性能较高,价格低廉,可做深冷设备的简体、管板、法兰及螺母等。

特种黄铜具有比普通黄铜好的力学性能和耐蚀性、抗磨性。特种黄铜可分为压力加工黄铜和铸造黄铜两种。压力加工黄铜加入的合金元素较少,塑性好,具有较高塑性变形能力,常用的有铅黄铜HPb59-1、铝黄铜HAl59-3-2等。HPb59-1为加入1%铅的黄铜,其含铜量为59%,其余为锌。铅黄铜有良好的切削加工性能,常用来制作各种结构零件,如销子、螺钉、衬套、垫圈等。HAl59-3-2含3%铝、2%镍、59%铜,其余为锌,其耐蚀性较好,用于制造耐腐蚀零件。常用的铸造黄铜有ZHSi80-3-3和ZHAl67-2.5等。ZHSi80-3-3为加入3%硅、3%铅,其含铜量为80%,其余为锌的铸造黄铜,具有很好的减摩性,可用作轴承衬套等。ZHAl67-2.5为加入2.5%铝、含铜量67%,其余为锌的铸造黄铜,其耐蚀性好,可用于压力容器制造中的耐蚀零件。

3)青铜

青铜是人类历史上最早使用的一种合金。铜合金中除紫铜、黄铜、白铜外,其余的均称为青铜。一般按铜中第一添加元素(如锡、铝、铍等)分别命名为锡青铜、铝青铜、铍青铜等,如QSn4-3、QAl9-2等。按生产方式又可分为压力加工青铜(变形青铜)和铸造青铜。

锡青铜中主要合金元素为锡。压力加工锡青铜通常锡含量在10%以下,常又加入Zn、Pb、P等元素以改善其耐磨性和切削性。

压力加工青铜的牌号用青铜的"青"字汉语拼音首字母"Q"加第一个主添加元素符号及除基础元素铜外的成分数字组(百分数)表示。如QSn4-3表示含锡4%,锌3%,其余为铜的青铜,铸造青铜的牌号表示方法,除相应按上列标记规定表示外,并在代号前冠以铸造的"铸"

字的汉语拼音第一个字母“Z”。如 ZQSn10－1 表示含锡 10%，磷 1%，其余为铜的铸造青铜。

锡青铜有和纯铜相类似的化学稳定性，在大气和海水中耐蚀性较好。在普通大气中腐蚀率为 0.001 mm/a。在滨海和工业大气中腐蚀率分别为 0.002 mm/a 和 0.002～0.006 mm/a。在常温静海水中腐蚀率为 0.004～0.012 mm/a。锡青铜耐冲刷腐蚀，常用于制造耐腐蚀的各种零件，如泵、阀门中的某些零件等；在海水中，锡青铜的耐蚀性能比紫铜和黄铜优良；由于它还具有良好的减摩性与耐磨性，所以常用于制造涡轮或其齿圈，以及轴瓦与轴套等。

2. 铝及其合金

铝的特点是相对密度小（2.72×10^3 kg/m^3）、导电性、导热性、塑性、冷韧性都很好，强度低，可承受各种压力加工。铝在氧化性介质中极易生成 Al_2O_3 保护膜，因此铝在干燥或潮湿的大气中、在有硫化物存在的大气或溶液中、在氧化剂的盐溶液中、在浓硝酸以及干氯化氢和氨气中都是稳定的。含有卤素离子的盐类、氢氟酸以及碱溶液都会破坏铝表面的保护膜。如在碱中，Al_2O_3 与碱作用而生成能溶解的 $NaAlO_3$；在 HCl 中，Al_2O_3 生成挥发的 $AlCl_3$，使保护膜受到破坏。所以铝不宜在上述介质中使用。

显然，铝对许多介质有良好的耐蚀性，但是其强度低，不宜做结构材料，为此多采用铝合金。

纯铝及其合金的牌号用数字及字母表示。牌号的第一位数字表示纯铝及其合金的不同组成的“1”至“9”系列。例如“1”表示铝含量不少于 99.00%的纯铝，“2”表示以铜为主要合金元素的铝合金，“3”为以锰为主要合金元素的铝合金，等等。牌号的第二位字母表示原始纯铝或铝合金的改型情况；如字母“A”表示原始纯铝或原始合金，字母 B-Y 则表示已改型。牌号的最后两位数字用以标示同一组中不同的铝合金或表示铝的纯度。

化工上常用的铝及其合金的种类及用途如下。

1）工业纯铝

工业纯铝不像化学纯铝那么纯，它或多或少含有杂质，最常见的杂质为铁和硅。铝中所含杂质的数量愈多，其导电性、导热性、塑性以及抗大气腐蚀性就愈低。

工业纯铝广泛应用于制造硝酸、含硫石油工业、橡胶硫化和含硫的药剂等生产所用设备（反应器、热交换器、槽车、管件），同时也用于食品工业和制药工业中要求耐蚀而不要求强度的用品。

2）硬铝

基本上是 Al-Cu-Mg 合金，还含有少量的 Mn。按照所含合金元素数量的不同与热处理强化效果的不同，大致可将各种硬铝再分为三类：

低合金硬铝，如 2A01。这类硬铝中 Mg-Cu 含量较低，因而具有很好的塑性，但其强度较低。这类合金主要用来制作铆钉，故有“铆钉硬铝”之称。

标准硬铝，如 2A11。这是一种应用最早的硬铝，其中含有中等数量的合金元素。其强度、塑性和抗蚀性均属中等水平。经退火后，工艺性能良好，可以进行冷弯、轧压等工艺过程，切削加工性也比较好。这类合金主要用于制造各种半成品，如轧材、锻材、冲压件等。

高合金硬铝，如 2A12。其中含有较多的 Cu 和 Mg 等合金元素。强度和硬度较高，但塑性和承受冷热压力加工的能力较差。高合金硬铝可以制作航空模型锻件和重要的销轴等。

硬铝合金由于含有较多的铜，而含铜的固溶体和化合物的电极电位比晶粒边界高，促成晶间腐蚀，因此抗蚀性差，在海水中尤甚。因此需要防护的硬铝部件，其外部都包一层高纯度铝，制成包铝硬铝材。但是包铝的硬铝热处理后强度较未包铝的低。

3）防锈铝

常用防锈铝有3A21，是含有1.0%～1.6%锰的Al-Mn合金，锰能消除杂质铁，降低材料塑性的有害作用，而且在加入锰后，能形成高熔点的(Mn，Fe)Al_6，其耐蚀性比纯铝高，故称防锈铝，它可用作空气分离的蒸馏塔、热交换器等。5A02是含2%～2.8%的镁、0.15%～0.4%锰的Al-Mg-Mn合金。它的特性是强度高，在海水中能形成不溶性的$Mg(OH)_2$和MnO的保护膜，从而提高对海水的耐蚀性。它也能耐潮湿大气腐蚀，常用来制造各式容器、热交换器、防锈蒙皮等。

4）铸铝

是铝硅合金，其典型牌号是ZL107。它具有优良的铸造性：流动性好、线收缩率小、生成裂纹倾向小等。另外还具有比重小、耐蚀性好(由于表面生成SiO_2、Al_2O_3的保护膜)、焊接性能好等优点。可用来铸造形状复杂的耐蚀零件，如化工管件、气缸、活塞等，其典型牌号是ZAlSi12Cu2Mg1。

3. 铅及其合金

铅在许多介质中，特别是在80%的热硫酸以及在92%的冷硫酸中，具有很高的耐蚀性。由于铅的强度和硬度低，不耐磨，非常软，比重大等，不适宜单独制作压力容器，只能做设备衬里。

铅耐硫酸、亚硫酸、磷酸(低于85%)、铬酸、氢氟酸等介质腐蚀，不耐蚁酸、醋酸、硝酸和碱溶液等的腐蚀。

铅中加锑，会增加铅的硬度、强度和在硫酸中的稳定性，因此，加入不同含量锑(4%，6%，8%)的铅锑合金称为硬铅，其牌号为PbSW，PbSb6，PbSb8。

铅和硬铅在化肥、化学纤维、农药、电器设备中作为耐酸、耐蚀的防护材料。铅在工业上还用作X射线和γ射线的防护材料、配制低熔点合金(保险丝)、焊接、印刷合金和轴承合金。

4. 镍及其合金

镍具有高强度、高塑性的特性。它能压延成很薄的板和拉成细丝。它在许多介质中有很好的耐蚀性，尤其是在碱类中。在各种温度、任何浓度的碱溶液和各种熔碱中，镍具有特别高的耐蚀性。无论在干燥或潮湿大气中，镍总是稳定的。氨气和氨的稀溶液对镍也没有作用。镍在氧化物、硫酸盐、硝酸盐的溶液中，在大多数有机酸中，以及染料、皂液、糖等介质中也相当稳定。但是镍在含硫气体、浓氨水和强烈充气氨溶液、含氧酸和盐酸等介质中，耐蚀性很差。

由于镍的稀有，在化工上主要用于制造在碱性介质中的工作设备，如苛性碱的蒸发设备，以及铁离子在反应过程中会发生催化影响而不能采用不锈钢的过程设备，如有机合成设备等。

在化工中应用的镍合金是含有21%～29%Cu、2.0%～3%Fe、1.7%～1.8%Mn的Ni-Cu合金(NCu28-2.5-1.5)，通常被称为蒙乃尔合金。它有很好的力学性质，σ_s为180～280 MPa，δ为25%～40%，在750℃以下的大气中是稳定的，在500℃时还保持足够的高温强度。它在熔融的碱中，在碱、盐、有机物质的水溶液中，以及在非氧化性酸中也是稳定的。高温高浓度的纯磷酸和氢氟酸，对这种合金也不腐蚀。但有硫化物和氧化剂存在时，它是不稳定的。此种合金主要用于高温并有载荷下工作的耐蚀零件和设备。

含有28%Mo、5%Fe、1%Si、0.1%C的Ni-Mo合金NS321(0Ni65Mo28FeV)，具有好的

力学性质，σ_s为 390 MPa，δ为 50%，以及良好的工艺性，便于铸造和焊接，也可冷轧。这种合金在室温下对所有无机酸和有机酸都耐蚀，但是在 70℃时，只有在盐酸和硫酸的介质中是稳定的。这种材料性能很好，但镍、钼都昂贵稀缺，一般情况使用较少。

5. 钛及其合金

钛是地球上蕴藏量占第四位的金属元素。钛中加入 Al、Sn、V、Mn 等固溶强化及稳定元素，形成钛合金。

钛的特点是密度低、强度高，其相对密度是 4.4～4.6，比钢轻 43%，强度比铁高一倍，比纯铝几乎高出 7 倍。钛的耐腐蚀性强，尤其是抗氯离子的孔蚀能力近乎或超过不锈钢。钛合金能耐高温，在 300～400℃的高温下，它的比强度(强度/密度)优于别的合金；其低温性能好，在－253℃的超低温(液氢温度)下，钛合金不仅强度升高，还保持良好的塑性及韧性。由于钛及其合金具有上述的重量轻、强度高、耐腐蚀、耐高温及良好的低温韧性等优点，因而在化工、航天、医疗工业中得到广泛应用。但是钛及其合金的切削加工及焊接性能较差，价格比较昂贵。

3.2.4 非金属材料

非金属材料具有优良的耐腐蚀性能，原料来源丰富，品种多样，适于因地制宜，就地采材，是有广阔发展前途的化工材料。非金属材料既可以单独做设备材料，又可做金属设备的保护衬里、涂层，也可做设备的密封材料和保温材料。

1. 无机非金属材料

1) 化工陶瓷

化工陶瓷稳定性很高，除氢氟酸和强碱等介质外，对各种介质都是耐蚀的，具有足够的不透性、耐热性和一定的机械强度。其缺点是脆性大，不耐冲击，在骤冷下容易开裂。常用它来制作塔、泵、管道、耐酸瓷砖和设备衬里等。在连接时可采用承插式或用金属法兰连接。这类材料来源极为丰富，制造简便，成本低，可以大大缩短建厂周期。

2) 玻璃

耐蚀性好，除氢氟酸和盐酸、碱液等介质外，对大多数酸类、稀碱液和有机溶剂等耐蚀，而且具有表面光滑、流动阻力小、容易清洗、质地透明、便于检查内部情况、价廉等优点。但质脆、耐温度急变性差，不耐冲击和振动。

在化工生产上常见的为硼-硅酸玻璃(耐热玻璃)和石英玻璃，用来制造管道、离心泵、热交换器、精馏塔等设备。采用较高的 SiO_2玻璃料喷涂于设备里面，再经高温灼烧后制成的搪玻璃设备，如聚合釜和高压釜等，表面光滑、容易清洗，由于无结垢现象，从而提高了传热效率。由于不存在铁离子污染问题，特别适用于有机及制药用的压力容器。

铝镁玻璃制的玻璃纤维，具有优良的耐蚀性能，可用来做滤布或制作如玻璃钢等增强塑料。

3) 水泥

水泥为较容易实现就地取材的非金属材料之一。由水泥、碎石、砂、水和其他配料搅拌制成的各类混凝土可用于化工生产设备，如脱气塔、气柜、丙烯腈装置中的氨中和塔等，从而节约大量钢材。

耐酸水泥是由结合剂(水玻璃)、填充剂(辉绿岩)和凝固硬化加速剂(硅氟酸钠)所组成，它用来衬砌设备时作为黏结剂。耐酸水泥要求随调随用，一般要求调好后 15 分钟以内用完，能耐温 200℃。

耐酸混凝土比耐酸水泥有更多大粒填料(砂子和碎石),它具有较大的力学强度、化学耐蚀性能和不渗透性能等。耐酸混凝土的最适宜硬化温度为 20～30℃。常用的耐酸混凝土设备有:塔、贮酸槽、结晶器、沉降槽等。

耐热混凝土的填料可采用耐火黏土、中性长石、铬铁矿、石英、高岭土及含有大量氧化铝的高炉渣。耐热混凝土可以采用整体捣灌和小块砌。如化肥厂的沸腾炉(800～1 000℃)采用了耐热混凝土和珍珠岩的耐热保温层,使用效果好,可节约大量钢材。

4) 天然耐酸材料

化工厂常用的有花岗石、中性长石和石棉等,它们对任何浓度的无机酸(氢氟酸除外)和在一定温度下都是耐蚀的,我国这方面的资源极为丰富。

花岗石耐酸性高,对硝酸和盐酸具有很高的耐蚀性,常用以砌制硝酸和盐酸吸收塔,以替代不锈钢和某些贵重金属。石砌的设备要求在周向加箍防止开裂,耐温 200～250℃。

中性长石有良好的热稳定性,耐温 800～900℃,硬度低,容易加工,在硫酸、盐酸和硫酸/硝酸的混酸中具有很高的耐蚀性。可以衬砌设备或作为配制耐酸水泥和耐酸混凝土的原料。

铸石是由天然岩石(辉绿岩、玄武岩等)或工作废渣经熔化、浇注、结晶、退火而成。铸石具有耐磨、耐酸、耐碱和比原石料组织致密性大的特点。据计算,5 万吨的铸石制品可以代替 100 万吨的钢材,可见以铸石制造设备的潜力很大。

石棉常见的品种有保温石棉和角闪石石棉。前者耐稀酸、耐碱,一般作为绝热(保温)和耐火材料。后者耐酸性能良好,多作为耐酸衬里材料。石棉也可制成板、绳等形式,用于设备密封上的衬垫和填料。

2. 有机非金属材料

1) 工程塑料

工程塑料一般都具有良好的耐腐蚀性能、一定的力学强度、相对密度不大及容易加工制造等特点,因而在化工生产中得到广泛应用。工程塑料品种很多,主要有耐酸酚醛、硬聚氯乙烯、聚乙烯、聚四氟乙烯塑料和玻璃钢等。

(1) 耐酸酚醛塑料。它是以酚醛树脂作黏结剂,以耐酸材料(石墨、玻璃纤维等)作填料的一种热固性塑料。它有良好的耐腐蚀性,能耐多种酸、盐和有机溶剂的腐蚀,使用温度为 −30～130℃。它可以卷制或模压成型,制作搅拌器、管件、阀门、设备衬里等,目前在氯碱、染料、农药等工业上应用较多。它的主要缺点是冲击韧性低,易损坏。

(2) 硬聚氯乙烯塑料。它是由氯乙烯和稳定剂硬脂酸铅在 155～163℃下加压而成。它有良好的耐蚀性,能耐稀硝酸、稀硫酸、盐酸、碱、盐。它的加工成型方便,可以进行机械加工和焊接,也有一定的机械强度。它的缺点是冲击韧性低、导热系数小、耐热性较差。使用温度为 −15～60℃,当温度在 60～90℃时,强度显著下降。它是化工生产中应用最广的一种有机材料,可以制造塔器、储槽、尾气烟囱、离心泵、管道、管件、阀门等。

(3) 聚乙烯塑料。它是乙烯的高分子聚合物,有优良的绝缘性、防水性、化学稳定性。它在室温下除硝酸外,对各种酸、碱、盐溶液均稳定,对氢氟酸特别稳定。

(4) 聚四氟乙烯塑料。它具有优异的耐蚀性,能耐强腐蚀介质(硝酸、浓硫酸、王水、盐酸、苛性钠等)的腐蚀,耐蚀性能超过贵重金属和银,而且耐磨性能和机械性能较好,有塑料王之称。它的使用温度为 −100～25℃,常用做耐蚀、耐低温的密封元件,无油润滑的轴承、活塞环及管道。

(5) 玻璃钢。又称玻璃纤维增强塑料，它是用合成树脂为黏结剂，以玻璃纤维为增强材料，按各种方法成型，在一定的温度及压力下使树脂固化而制成。

玻璃钢是新型的非金属防腐蚀材料，它强度高，耐腐蚀性好，并具有良好的耐热性及加工工艺性能。玻璃钢的耐腐蚀性能及其他性能随所采用的树脂而异，如酚醛玻璃钢耐酸、耐溶剂性好，成本低；环氧玻璃钢耐水、耐碱性、耐酸、耐溶剂性较好，与金属黏结力强，机械强度高；呋喃玻璃钢耐酸、耐碱、耐溶剂性好，耐高温较好；聚酯玻璃钢耐稀酸、耐油性好，施工方便(冷固化)，韧性好。

在化工生产中，玻璃钢可用来制作整体设备、设备零件及管道；也可作为设备的贴衬材料和增强材料，使聚氯乙烯塑料、玻璃、陶瓷等非金属制品增加强度，延长使用寿命。

2) 不透性石墨

用各种树脂浸渍石墨消除孔隙得到不透性石墨。它具有特别高的化学稳定性，在有机溶剂中和无机溶剂中均不溶解，酸和碱在通常条件下对它也不起作用，并且它具有高的导电性和导热性，热膨胀系数小，耐温度急变性能好，不污染介质，以保证产品纯度，加工工艺性好，比重小等优点。其缺点是机械强度低、性质脆。不透性石墨可作换热设备，如氯乙烯车间的石墨换热器等。

3. 涂料

涂料是一种高分子胶体混合液，涂在设备表面，固化成薄涂层后，用来保护设备免遭腐蚀。它品种多、选择范围广、适应性强、价格低廉、使用方便，可用于现场施工。常用涂料有漆、底漆、大漆、酚醛树脂漆、环氧树脂漆以及聚乙烯涂料、聚氯乙烯涂料等。

3.3 金属的结晶组织

在自然界，一切物质都是由原子构成的。而物质内部的原子，则可能是紊乱地堆置(如玻璃、塑料等)或呈一定规律排列(如金属材料)。所有的固体金属，其原子均按一定的规律排列，被称为晶体。为了便于描述和分析晶体中原子排列的规律，可以用假想的线条将各原子中心连接起来，使之构成一空间格子，每个原子中心均位于空间格子的各个结点上。这种用以描绘原子在晶体中排列方式的空间格子称为“结晶格子”，简称“晶格”[图 3－1(a)]。用晶格来描述晶体结构还很不方便，为了简便起见，通常从晶格中选取一个能反映晶格特征的最小几何单元来描述各种晶体结构，这个最小几何单元称为“晶胞”，即晶格是由晶胞在空间重复排列而成。

金属的晶格形式最常见的有两种，即体心立方晶格和面心立方晶格。图 3－1(b)和图 3－1(c)分别表示这两种晶格的晶胞。

(1) 体心立方晶胞。它是一个立方体，在立方体的顶角上各有一个原子，而在立方体的中心又有一个原子[图 3－1(b)]。具有体心立方晶格的金属有 910℃以下的铁(称为 α-Fe)，室温下的铬、钨、钼、钒、铌等。

(2) 面心立方晶胞。它也是一个立方体，在立方体的八个顶角上也各有一个原子，此外，在立方体的六个面的中心也各有一个原子[图 3－1(c)]。具有面心立方晶格的金属有 910～1 390℃的铁(称为 γ-Fe)、铜、铝、金、银、镍、铅等。

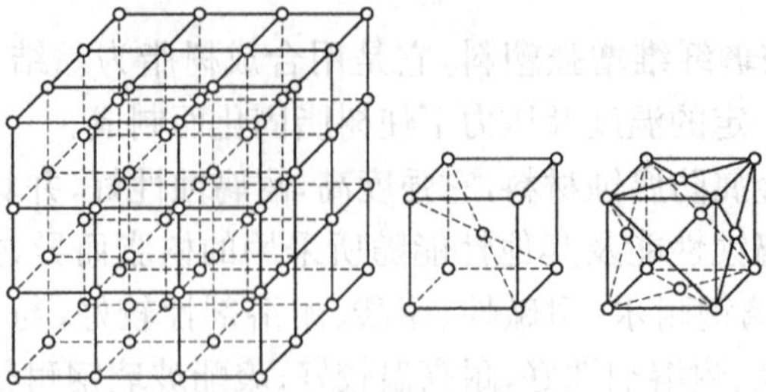

图 3－1　金属的结晶组织

由于晶体结构的不同，晶体在晶体性能上也必然表现出某些不同的特性。一般来讲，具有面心立方晶格的金属均具有良好的塑性和韧性，特别是没有冷脆性（冷脆性是指在低温下金属的塑性和韧性随温度降低而急剧降低的性能）。因此，像铜、铝、金、银等面心立方结构的金属可轧成很薄的金属箔，拉成很细的金属丝，像铜、铝、镍等也是良好的低温材料；具有体心立方晶格的金属均具有较高的硬度、强度和熔点，但是塑性和韧性较低，且具有冷脆性。因此，像 α-Fe、铬、钨、钼等体心立方结构的金属均可作为高强度、高温合金的基础。

3.3.1　金属的结晶过程

如同其他晶体一样，金属也有一定的熔点。当某一种金属的温度处于熔点以上时，就熔化成液态。其所以成为液态，是由于高温时，该金属的原子活动能力强，原子就没有严格的排列规则。当温度下降到熔点以下时，原子的活动能力减弱，原子间的吸引力使原子各就各位，按其一定的晶格形式进行结晶。

金属的实际结晶温度可以用热分析法进行测定。热分析法大致的过程如下：将纯金属加热熔化后，使其缓慢冷却，在冷却过程中，每隔一定时间测一次金属的温度，最后，根据测得的数据，在坐标图上绘制温度与时间关系的曲线，该曲线称为冷却曲线。如图 3－2 所示为纯铁的冷却曲线。

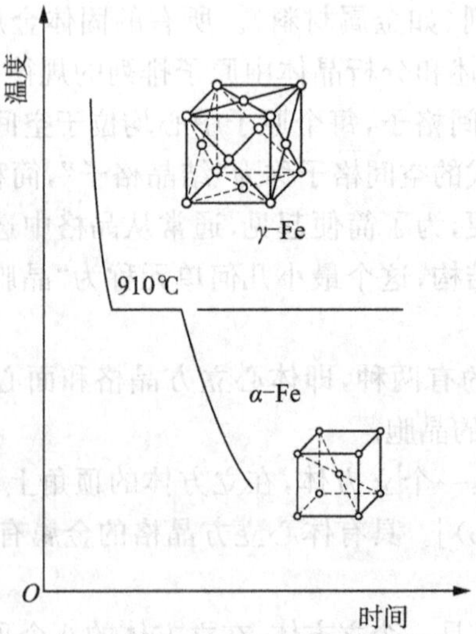

图 3－2　纯铁的冷却曲线

当金属开始结晶时，由于放出的结晶潜热补偿了金属冷却时向外释放的热量，在冷却曲线上便出现水平线段。水平线段所对应的温度即实际结晶温度。实际上，液态金属只有冷却到低于熔点温度才开始结晶。结晶温度与熔点温度之差称为过冷度。对某一种金属来讲，过冷度不是固定不变的，它与冷却速度有关，冷却速度愈大，过冷度亦愈大。

3.3.2 铁的同素异构转变

多数的金属一旦凝固以后，其晶格形式保持不变。但铁则不同，其晶格形式随着所处的温度而变化。纯铁在910℃以上时呈面心立方晶格结构，常称为γ-Fe，在910℃以下则呈体心立方晶格结构，常称为α-Fe。

当将常温下的纯铁加热到910℃以上，或由910℃以上的温度冷却下来时，在其内部要发生原子的重新排列，即晶格结构的变化。这种在固态下的金属由于加热或冷却而引起晶格结构的转变，称为同素异构转变。

固态金属的同素异构转变过程与液态金属的冷却结晶过程很相似，也包含着晶核的形成与成长这两个过程，故常把同素异构转变过程称为重结晶。在重结晶的过程中，也类似于金属的结晶过程，在冷却曲线中出现水平段，也就说明在重结晶过程中有放出或吸收潜热的现象。图3-2为纯铁冷却曲线。同时，在γ-Fe转变为α-Fe过程中，若加快冷却速度，即增大过冷度，也可以使新核迅速生成，达到细化晶粒的目的，从而改善钢材的机械性能。由于铁的同素异构转变现象，才使钢铁材料可以通过热处理工艺来改变它的力学性能，故实用意义很大。

3.3.3 加热、冷却过程中铁-碳合金组织的转变

纯铁在加热或冷却过程中，总是在910℃时发生同素异构转变。由于纯铁的强度太低，在工业上实用意义不大。通常应用的钢铁，在铁元素中还含有碳等其他元素，这些元素对钢铁的组织结构与力学性能都带来极大的影响。

碳在铁中存在的状态可能是溶解在铁中形成固溶体，或与铁化合而成化合物Fe_3C(称为渗碳体)。所谓溶解，就是在固体状态下，铁的晶格空隙处容纳碳原子。在一种元素的晶格中溶入他种元素形成的结构称为固溶体(见图3-3)。我们把含量较多的铁元素称为溶剂，而溶入的碳元素称为溶质。固溶体保持基本金属(铁)的原有晶格形式。由于原子间的空隙地位有限，所以容纳碳原子的数量也有限度，即铁中的溶碳量有一定的限度。在α-Fe或γ-Fe中，都可以溶入碳原子而成为固溶体。对于α-Fe的间溶体称为铁素体，对于γ-Fe的固溶体称为奥氏体。由于α-Fe原子间的空隙较小，故铁素体的溶碳能力较差，在常温时铁素体的溶碳量仅0.006%，随着温度升高，溶碳量略增。在723℃时溶碳量最大，但也只有0.025%。所以铁素体的显微组织与纯铁体没有多大区别。它的力学性能特点是强度、硬度低，而塑性、韧性

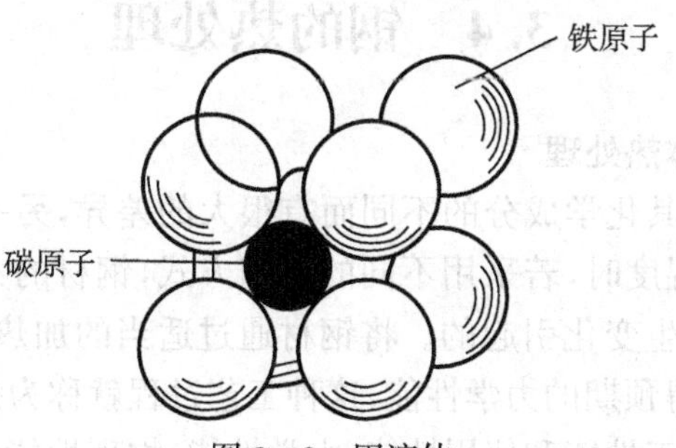

图3-3 固溶体

好。由于γ-Fe原子间的空隙较大，故奥氏体的溶碳能力较大，在723℃时为0.8%。随着温度升高，溶碳量不断增加，在1 147℃时溶碳量最大，可达2.06%。

由上述可见，铁中的溶碳量随温度的变动而改变，尤其是奥氏体溶碳量的变化范围较大。如铁中的含碳量超过了溶碳量，则多余部分的碳即与铁化合成Fe_3C，所以当钢材自高温逐渐冷却时，因奥氏体的溶碳量随之逐渐降低，奥氏体内过剩的碳即逐渐析出，而化合成Fe_3C。反之，当将钢材逐渐加热，则Fe_3C分解，碳又重新溶入奥氏体内。

需要指出的是铁中含碳所形成的铁碳合金，其冷却曲线与纯铁是不同的。在研究系统中，凡是化学成分均匀、结构和性质相同的物质称为相。当铁碳合金从高温逐步冷却至相变线以下时，合金虽然仍保持奥氏体的晶格形式，但由于溶碳量下降，便有部分碳形成碳化铁而析出，被排挤在奥氏体晶粒之外，积聚在晶界上，因此Fe_3C被称渗碳体。这种析出是与奥氏体向铁素体转变同时发生的，形成的渗碳体与铁素体均呈片状又相互间隔的机械混合物，称为珠光体。含碳量愈低，出现的珠光体愈少，就愈显得强度低而塑性好。如含碳量极微的工业纯铁，极软而塑性极大，其显微组织就呈铁素体单一相组织。

3.3.4 冷却速度对钢材组织及力学性能的影响

应该注意的是，要让碳从固溶体中析出，必须给予足够的时间，上面讨论的各种组织结构，均必须在冷却速度很慢的情况下才能获得。在冷却速度很慢的条件下得到的各种组织称为“平衡组织”。正由于冷却速度缓慢，在平衡组织中生成的往往是粗片状的珠光体。在冷却速度较快的条件下，生成的珠光体也就比较细密，这跟前面讨论过的，在同素异构转变过程中，冷却速度愈快晶粒愈细的道理一样，冷却速度愈快，生成的珠光体就愈细密。细密的珠光体组织其综合力学性能要比粗片状珠光体得到更大的改善。

如果过冷度很大，使奥氏体以极快的速度冷却下来，碳就可能来不及从奥氏体中析出，这样，虽然奥氏体已迅速转变为铁素体，但碳仍然溶于铁素体内，形成了一种过饱和的固溶体，它在显微镜下呈针状组织，称为马氏体。在马氏体中，过量的碳原子充塞在α-Fe晶格的间隙中，引起晶格的胀大和严重畸变，故其硬度极高，可达66HRC，而且极脆，塑性与韧性接近于零。

由于马氏体处于过饱和状态，很不稳定，只要稍微受热升温，原子获得一定的扩散能力，碳又化合成碳化铁而析出。这时析出的碳化铁往往呈点状或微粒状，所加的温度愈高，生成的碳化铁粒度就愈大，马氏体的硬、脆特征也随之逐步消失。此时，其组织结构虽类似于珠光体，但由于碳化铁成细粒或球状，以及组织细密，故其力学性能更为优越。

3.4 钢的热处理

3.4.1 金属材料整体热处理

钢的力学性能不仅因其化学成分的不同而有很大的差异，另一方面，即使化学成分相同的钢材，当加热到一定的温度时，若采用不同的冷却方式，钢材的力学性能也有很大差异，这是由钢材内部组织结构发生变化引起的。将钢材通过适当的加热与冷却使钢材内部组织按照一定的规律变化，以获得预期的力学性能，这种工艺过程就称为钢的热处理。

热处理以改善钢的加工性能和使用性能(力学性能、物理性能和化学性能)。例如正火状态的45号钢经调质处理后，抗拉强度可由600 MPa提高到850 MPa，而且其冲击韧性也从

40 J提高到64～96 J，因此经常用来制造重要的机器零件。又如正火状态的含碳1.2%的碳素工具钢，经淬火处理后，其硬度由20～30 HRC提高到60 HRC以上，可制作刀具。由于热处理强化了金属材料，使它们得以充分发挥金属材料的潜力，减轻机器结构的自重，并且保证机器的安全性和延长使用寿命，所以在现代化工业中，热处理已成为极其重要的工艺方法。

在工业生产中，常常运用钢材因加热与冷却过程不同而得到不同显微组织的变化规律来改变钢材的力学性能。例如制造一个压力级别较高的法兰联结螺栓，为了使加工时切削方便，希望钢材的硬度较低；当加工完成后，为了使用时能承受较大的载荷，又希望它的强度较高，韧性较好。这就要求在加工前后采取不同的热处理方法，才能达到上述要求。

钢制压力容器绝大多数是钢板卷焊和锻焊结构，许多热处理过程是结合热成型（如钢板热轧后余热淬火或正火、筒体热卷、封头及球片热冲压等）工艺进行的。总的来说压力容器用钢热处理类别是不多的，常见类型有正火、淬火、回火及消除应力退火等。奥氏体不锈钢有固溶化处理和稳定化处理两种方法。

在实际生产中，热处理过程是比较复杂的，它的全过程可能由多次加热和冷却过程所形成，但其基本工艺过程是加热、保温和冷却，所不同的是加热温度的高低、保温时间的长短和冷却速度的快慢。

下面介绍几种最常用的热处理方法。

1. 退火

将钢加热到高于或低于奥氏体化临界点，保温一段时间，然后缓慢冷却（一般随炉冷却），以获得接近平衡组织的热处理工艺称为退火。根据钢的成分、退火目的及不同要求，退火可分为完全退火、再结晶退火和低温退火。

1）完全退火

这种退火主要用于含碳量低于0.8%的钢材热加工后及切削加工前，其目的在于消除组织缺陷、降低硬度、消除内应力。它的工艺过程是：将钢件加热到相变温度以上30～50℃，并保温一定时间后，随炉缓慢冷却至500℃以下，然后在空气中冷却。

完全退火时加热到钢材的相变临界点以上30～50℃，一方面是因为加热温度必须超过上临界点才能保证钢件组织转变为奥氏体；另一方面，加热温度也不宜超过上临界点太多，否则钢材的晶粒就有互相合并的趋向，致使晶粒粗大，这会对力学性能带来不利的影响。而保温一定时间则是为了让钢件内部也达到足够的温度，且保证有足够的时间使钢件的组织充分转化为奥氏体。但如保温时间过长，就容易造成晶粒长大，所以保温时间既不可太长，又不可太短。

经过保温以后，钢件组织已转化为奥氏体，然后随炉冷却，其冷却速度是很缓慢的，因此经过完全退火以后，钢材呈平衡组织，其强度降低而塑性增大。

这种退火不能用于含碳量高于0.8%的钢材，因含碳量高于0.8%的钢材加热到相变温度以上炉冷，会形成新的网状渗碳体，使钢的性能变脆。

2）再结晶退火

这种退火主要用于经过冷加工的钢，如冷拉、冷冲压及冷轧等的低碳钢件。将钢件加热到600～700℃，经保温一定时间后随炉冷却。由于加热温度在相变温度以下，所以钢件在加热后并不转变为奥氏体，也不易发生晶粒长大现象。再结晶退火常用来消除焊接件内应力，以及消除因塑性变形以后发生的冷作硬化现象。

钢材在焊接或冷加工塑性变形后，钢材的晶体组织也将发生变化。由于应力超过钢材屈服极限，使晶格发生滑移。在滑移面附近，原子受到扰动而使原子有规则的排列受到破坏，造成晶格歪扭，形成滑移面凹凸不平，若滑移量大时，则在滑移面上产生许多碎块（碎晶）。此时，若要使滑移面继续滑移，就困难得多，从而需要提高钢材抵抗破坏和变形的能力，这就是冷作硬化的基本原因。

这种晶格歪扭，晶粒破碎的状态是不稳定的。在室温下由于原子扩散能力不足，尚不致发生明显的变化。但若加热到一定温度，原子的扩散能力提高，晶格就消除了歪扭，破碎的晶粒变成整齐的晶粒。这个变化过程也是一个重排及成长过程，称为再结晶。但应注意，在这个过程中，并未发生同素异构转变。经过再结晶以后，钢材的强度、硬度下降而塑性升高，恢复到塑性变形以前的性能，即消除了冷硬现象及内应力。

3）低温退火

主要用来消除铸件、锻件、焊接件、热轧件及冷拉件等的内应力，若这些应力不消除，将会使钢件经一定时间以后，或在切削加工过程中产生变形或裂纹。消除内应力退火一般是将钢件随炉缓慢加热至500～600℃，保温后随炉缓慢冷却至300～200℃以下出炉。钢在退火过程中并无组织变化，内应力主要是通过钢在500～600℃保温后的缓冷过程消除的。如化工设备经焊接后常采用这种低温退火处理，以消除焊接应力。对大型设备可采用红外线加热，以进行这种低温退火。

4）再热裂纹

压力容器用钢，特别是含Nb的奥氏体不锈钢、铁素体耐热钢、低合金高强钢，在焊后去应力退火过程中往往在焊缝热影响区接近熔合线的粗晶区产生细小断续的裂纹，通常称为去应力退火裂纹（也称再热裂纹，简称SR裂纹）。

产生这种裂纹的原因，主要是钢内存在较多的碳化物形成元素，有较高的沉淀硬化倾向；其次是钢在焊接时，热影响区处在较高的奥氏体化温度下，碳化物全部溶解于奥氏体中，并且奥氏体晶粒急剧长大，为碳化物在以后去应力退火加热过程中产生晶内沉淀创造了条件。另外，钢焊接后存在较大的内应力也是原因之一。产生裂纹的再加热温度范围为500～700℃，特别是在600℃附近最显著。

为防止去应力退火时形成裂纹，可以严格控制和排除V、Nb、Ti等再热裂纹敏感性元素；采用低氢焊条，小能量、小焊条焊接，适当提高焊接预热、后热温度；选用合适的去应力退火规范。

2. 正火

正火的目的与退火基本相同，具有减小钢的内应力、均匀组织和细化晶粒，为最终热处理做好组织准备等作用。另外，对于低碳钢也可以作为最终热处理，因为正火使其晶粒细化，并使碳化物分布更均匀，以获得优良的综合性能。

正火是把钢件加热到相变温度以上30～50℃，经适当保温后从炉中取出，在空气中冷却。因冷却速度比退火快，这样，得到的晶粒较细，同时珠光体也较细密，与完全退火相比，钢材的强度与韧性均有适量提高。这是比较简便而经济地提高钢材力学性能的方法，所以在生产中运用得很多。锻造的法兰及换热器的管板等常经过正火处理。

压力容器常用的碳钢和低合金钢通过正火，可以提高力学性能、细化晶粒、改善组织（如消除魏氏组织、带状组织、大块铁素体等）。压力容器用钢的正火一般在钢厂进行，目的在于改善热轧状态(非控制轧制)钢板的力学性能,主要是提高其塑性和韧性。对于一些低温容器用钢,通过正火可细化晶粒,达到低温韧性要求(如 16MnDR、09MnNiD 等)。这对于生产冷卷压力容器和冷压制造球壳是很有意义的。

在压力容器制造过程中,碳钢和 Q345R 等低合金钢的正火很多都结合工件热成型(热卷、热校圆、热冲压等)进行,要求热成型温度尽可能接近正火温度。这种热成型与正火相结合的工艺,可以获得良好的综合力学性能,而且节约能源。但对 Cr-Mo 钢等中温抗氢钢,一般不能以热成型代替正火,需在热成型后重新进行正火。对于采用电渣焊焊接的焊缝,一般需多次正火,即多次重结晶正火,细化焊缝晶粒,改善组织,达到提高和改善力学性能的目的。

3. 淬火

所谓淬火,就是把钢材加热到相变温度以上,保温后快速冷却使奥氏体转变为马氏体的操作过程。淬火的目的是增加工件的硬度、强度和耐磨性。

选择加热温度的基本原则是确保获得均匀且细小的奥氏体组织。具体选用标准是:对于含碳量不超过 0.8%的钢材,应选择在奥氏体开始析出铁素体的转变线以上的温度;而对于含碳量超过 0.8%的钢材,则应选择在奥氏体共析转变线以上 30～50℃的温度进行加热。选择临界点以上的温度,目的是确保向奥氏体的转变能够充分完成。但温度不宜过高,过高会使奥氏体晶粒长大,淬火后得到粗针状马氏体,不仅使淬火钢的脆性加大,而且容易造成变形开裂。对含碳量小于 0.8%的钢材,如加热温度不足(低于奥氏体相变温度),则淬火后组织中将有铁素体被保留下来,使钢的强度和硬度降低,达不到淬火的目的。含碳量大于 0.08%的钢材加热到相变温度以上 30℃～50℃淬火后的组织为马氏体与渗碳体,渗碳体本身就是一个硬度高、耐磨性好的组织,因而会增加钢材的耐磨性。反之,如加热温度过高时,奥氏体固然能较快形成,但渗碳体颗粒也全部溶入奥氏体。这时奥氏体容易粗化,温度愈高,晶粒愈粗,淬火后就得到粗针状马氏体,对钢的力学性能不利,而且没有渗碳体存在,也降低了耐磨性。

合理选择淬火的冷却介质是淬火工艺的重要问题。工业上常用的冷却剂有水、盐水、油等。水有很强的冷却能力,而且成本低,易得到,因此,水是最常用的淬火冷却剂。

4. 回火

回火是将经过淬火后的钢件,重新加热到相变温度以下某一温度,经较长时间保温后,在油中或空气中冷却。回火的目的是降低或消除钢件的内应力,使内部组织趋于稳定,并可通过控制回火温度获得不同的力学性能。在回火过程中,回火温度是决定回火后钢件力学性能的主要因素。因此,常按回火温度的不同分为低温回火、中温回火、高温回火三种。

1) 低温回火

淬火后在 150～250℃范围内的回火,称为低温回火。这种回火主要是为了降低钢件的内应力和脆性而保持钢在淬火后所得到的高硬性和耐磨性。回火后得到回火马氏体组织,硬度一般为 58—64 HRC。各种高碳钢工模具,经常采用低于或等于 200℃的低温回火。

2) 中温回火

淬火后在 350～500℃范围内的回火,称为中温回火。中温回火时,马氏体完全分解,细小点状的碳化铁增多,密布于铁素体组织中,硬度下降而韧性显著提高。中温回火主要用于各种弹簧处理。

3) 高温回火

淬火后在 500～650℃范围内的回火,称为高温回火。高温回火时,马氏体全部消失,碳化铁呈球状，硬脆特征也消除。与粗片珠光体相比，强度、塑性与韧性均有所提高，这对于提高中碳钢的力学性能很有实用意义。淬火加高温回火的热处理叫做调质处理，广泛应用于各种重要的结构零件，特别是在交变负荷下工作的连杆、螺栓、齿轮及轴类等。压力容器用低碳钢和低合金钢采用调质处理，可以提高钢材的强度和韧性，以更好地发挥材料的潜力。

这里还需要指出，淬火必须在极快的冷却速度下才能完成。如果钢件的尺寸很大，那么放到水中或油中淬火时，有可能在表面上受到快速冷却而形成马氏体，而钢件芯部由于冷却得慢，仍然得不到马氏体；或者因芯部热量散发而减缓表面的冷却速度，甚至连表面上也得不到马氏体。从实践得知，35 号钢在水中淬火的最大直径为ϕ 8 mm～ϕ 13 mm，在油中淬火的最大直径为ϕ 4 mm～ϕ 8 mm，否则在芯部就得不到马氏体。所以大尺寸的钢件要进行淬火或调质处理就有困难。为解决这个问题，通常在钢中加入某些合金元素，即使冷却速度慢一些，仍能得到马氏体组织。

压力容器用钢回火一般采用高温回火处理，回火后的组织一般为回火马氏体或回火马氏体＋回火贝氏体。而对于正火后获得铁素体＋珠光体组织的钢种一般没有必要进行高温回火。

4）回火脆性与回火脆化

随着回火温度的升高，一般钢的硬度和抗拉强度都降低，延伸率和断面收缩率则增加，但冲击韧性却不一定随着回火温度升高而简单地增加，因为有一些钢在某一温度区域回火时，其冲击韧性随回火温度提高反而降低，这种现象称为“回火脆性”。

回火脆性基本上分为两类，即第一类回火脆性和第二类回火脆性。

在 250～400℃回火时出现的脆性，称为第一类回火脆性。凡是淬火后形成马氏体组织的钢，在此温度区间回火都有可能发生这种脆化现象。由于这类回火脆性一旦出现就不易消除，所以也称为不可逆回火脆性。

在 450～600℃或在更高温度（600～700℃）回火后缓冷时出现的脆性称为第二类回火脆性。第二类回火脆性主要产生于铬钢、锰钢及铬镍钢，出现这类回火脆性时，可用重新加热至回火温度（稍高于脆化温度范围），然后快冷至室温的方法来消除，所以这类回火脆性又称为可逆回火脆性，在钢中加入 0.3%～0.5%的钼可有效抑制这类回火脆性的产生。

总之，产生第一类回火脆性的钢件，需重新加热淬火或正火才能消除脆性；产生第二类回火脆性的钢件，应重新回火并快速冷却，就可以消除脆性。

钢制压力容器在 380～570℃温度范围内长时间使用，会使钢材脆化的现象称为“回火脆化”，这并不是上面所讲的回火热处理后产生的脆性，而是钢在长时间高温使用过程中产生的，要注意两者的区别。

一般碳钢不会出现回火脆化，仅在铬镍钢、铬钼钢、铬镍钼钢中才出现。合金元素锰和硅及钢中杂质元素磷、砷、锡、碲等会促使钢脆化。

为防止压力容器用钢高温长期使用发生脆化，一般通过控制钢的化学成分来减小回火脆化倾向。

5. 稳定化处理

含稳定化元素的奥氏体不锈钢在 850～900℃加热，并保温一段时间，然后空冷，使碳充分与稳定化元素（如钛）形成碳化物，并使奥氏体晶内元素扩散均匀，从而提高晶间腐蚀抗力的处理方法称为稳定化处理。

6. 固溶化处理

将奥氏体不锈钢加热至1 100℃左右并保温，使所有碳化物充分溶入奥氏体中，然后以较快的速度冷却(一般采用水冷或风冷)，以获得碳化物完全固溶于奥氏体基体内均匀的单相组织，从而提高抗晶间腐蚀性和延展性的工艺方法称为固溶化处理。

对于奥氏体不锈钢，碳化物完全溶入奥氏体的温度一般高于900℃，奥氏体不锈钢的碳化物主要是铬的碳化物，它在奥氏体中的溶解相当缓慢，欲使之在较短时间内完全溶解并均匀化，必须采用更高的温度。但温度太高又会使晶粒过分粗大，影响钢的使用性能。故在实际生产中一般采用加热温度为1 000～1 150℃，保温时间一般按1～1.5 min/mm计算。

3.4.2 化学热处理

化学热处理是将钢件放在一定的介质中加热和保温，使介质中的活性原子渗入工件表层，改变表层的化学成分以获得预期的组织和性能的一种热处理过程。当一个零件需要表面和芯部具有不同的成分、组织和性能时，采用化学热处理是一种十分有效的方法。按照渗入元素的不同，化学热处理可分为渗碳、氮化、氰化和渗金属等。

渗碳是向钢的表层渗入碳原子的过程，即把钢件放入渗碳氛围中，在900～950℃加热、保温，使钢件表层增碳的过程。其目的是使钢件在热处理后，表面具有高硬度和耐磨性，而芯部仍保持一定强度和较高的韧性和塑性。如对齿轮、活塞销的处理等。

氮化是向钢件表层渗入氮原子的过程，其目的是提高表面硬度和耐磨性，以及提高疲劳强度和耐蚀性。它广泛应用于各种高速传动精密齿轮、高精度机床主轴、在变向负荷工作条件下要求很高疲劳强度的零件，以及要求变形很小和在一定耐热、耐蚀工作条件下的耐磨零件，如阀门、挤出机的螺杆等。

氰化是向钢件表层同时渗碳和渗氮的过程，也称为碳氮共渗。氰化可用于低碳钢和中碳钢零件，以提高表面硬度、耐磨性和疲劳强度，也可用于高碳合金钢以提高表面硬度和热硬性。

渗金属是利用价格便宜的碳素钢和低合金钢制成零件，然后在高温下向零件表层渗入各种合金元素使表面合金化，从而获得某些特殊性能，不仅满足了零件的使用要求，而且可以代替某些高合金钢，如不锈钢、耐热钢等。化工上常用的有渗铬、渗铝、渗硅等。渗铬可以提高钢件表面硬度、耐磨性和抗腐蚀性；渗硅可以提高钢件表面的耐酸性能；渗铝可提高零件的耐热和抗氧化性等。化学热处理与金属镀层的根本区别在于金属镀层是把金属均匀镀在钢材表面而不进入钢材金属晶格之中，而化学热处理则使合金元素扩散渗入钢材金属晶格之中，从而改善零件表面层的性能。

3.5 金属材料的腐蚀与防护

材料的腐蚀是指材料在周围介质的作用下发生物理-化学的相互作用而引起变质和破坏。金属材料会由于腐蚀而造成表面形态的改变，非金属材料则可由于腐蚀而发生性能的变化。在过程工业中，制造设备的主要材料为金属(特别是黑色金属)，由于其经常要和强烈的腐蚀性介质，如各种酸、碱、盐、有机溶剂及腐蚀性气体等接触，常常会发生腐蚀现象。腐蚀不仅会给金属及其合金材料造成巨大的损失，影响设备的使用寿命，而且会使得设备的检修周期缩短，增加非生产时间和修理费用；腐蚀还会使设备及管道的跑、冒、滴、漏现象更为严重，对原料和成品造成大量损失，影响产品质量、污染环境、损害人体的健康；特别是腐蚀会引起设备爆炸、火灾等事故，使设备遭到破坏而导致生产停止甚至会危及人的生命。因此，对于过程设备应该正确地选材，使其具有较好的耐介质腐蚀的能力，或通过采取有效的防腐蚀措施，使之不受腐蚀或减少腐蚀，以保证设备的正常运转，延长使用寿命，节约金属材料。

根据腐蚀介质是电解质和非电解质的不同，腐蚀可分为电化学腐蚀和化学腐蚀。根据腐蚀破坏形式的不同定义，可分为全面腐蚀和局部腐蚀。全面腐蚀是指在整个金属的表面均匀地发生的腐蚀，所以又称为均匀腐蚀；局部腐蚀是指发生在构件的不同区域的腐蚀，如发生于构件的某个区域、某一点或者发生在金属及其合金的晶粒边缘上的腐蚀，根据其发生的区域的不同，它们又分别被称为区域腐蚀、点腐蚀和晶间腐蚀。

3.5.1 金属材料的化学腐蚀与电化学腐蚀

1. 化学腐蚀

金属在干燥的气体和非电解质溶液中发生化学作用所引起的腐蚀叫做化学腐蚀。化学腐蚀的产物存在于金属的表面，腐蚀过程中没有电流产生。

如果化学腐蚀所产生的化合物很稳定，即不易挥发和溶解，且组织致密，与金属母体结合牢固，那么这层腐蚀产物就会附着在金属表面上，可以对金属母体起到保护作用。

如果化学腐蚀所产生的化合物不稳定，即易挥发和溶解，或与金属结合不牢固，则腐蚀产物就会一层层脱落（氧化皮即属于此类），这种腐蚀产物会使金属继续受到腐蚀。

1）高温氧化及脱碳

对于在高温下工作的设备，如氨合成塔、硫酸氧化炉、石油裂解炉等，会发生高温氧化和脱碳，这是过程设备中常见的化学腐蚀之一。

一般当钢材和铸铁的温度高于 300℃时，在其表面就会出现肉眼可见的氧化皮。随着温度的升高，其氧化的速度也大大提高。在 570℃以下氧化时，氧化所形成的氧化物中不含 FeO，其氧化层是由 Fe_2O_3 和 Fe_3O_4 构成。这两种氧化物所构成的氧化层组织致密、稳定，附着在钢材表面上不易脱落，能起到保护膜的作用。在 570℃以上氧化时，钢材表面所形成的氧化物有三种，即 Fe_2O_3、Fe_3O_4、FeO，其厚度比大约为 $Fe_2O_3 : Fe_3O_4 : FeO = 1 : 10 : 100$，由于 FeO 的结构疏松，晶体内部缺陷多，因此容易剥落，大大降低了氧化层对材料的保护作用。

因此，为了提高钢材的高温抗氧化能力，必须设法阻止或减弱钢材表面 FeO 的形成。在冶金工业中，通过在钢里加入适量的合金元素如铬、硅或铝，可以使钢材具有抗氧化的能力。

当温度高于 700℃时，钢材在有氧化剂存在的情况下，还会产生脱碳，脱碳作用的化学反应如下：

$$Fe_3C + CO_2 \longrightarrow 3Fe + 2CO$$

钢材脱碳使材料表面的碳含量降低，力学性能下降，特别是降低了表面硬度和抗疲劳强度，因而高温工作的零件要注意这一问题。

2）氢腐蚀

在合成氨工业、石油加氢和裂解及其他一些化工工艺中，常遇到氢在反应介质中占有很大比例的混合气体，而且这些化学反应过程又多是在高温、高压下进行的，例如合成氨的压力通常在 31.4 MPa，温度一般在 470～500℃左右。

在较低温度和压力（温度≤200℃，压力≤4.9 MPa）下，氢气对普通碳钢及低合金钢不会有明显的腐蚀作用。但是，在高温高压下则会对材料产生腐蚀，结果使材料的机械强度和塑性显著下降，甚至鼓泡和开裂，形成氢腐蚀。

氢腐蚀过程可分为氢脆阶段和氢侵蚀阶段。

第一阶段为氢脆阶段，在该阶段，氢在与钢材直接接触时被钢材所吸附，并以原子状态向钢材内部扩散，溶解在铁素体中。随着氢原子不断向钢中扩散，氢原子可能会在晶格缺陷处会合，形成氢气，氢气的不断积聚使钢材内发生很高的内应力。但是，在此阶段溶在钢中的氢并未与钢材发生化学作用，也未改变钢材的组织，钢材的强度极限和屈服极限也无大改变，但它使钢材的塑性和韧性降低。钢材的这种脆性与氢在其中的溶解量成正比。材料处于氢脆阶段时只要将材料进行消氢处理，其性能又可恢复为原来状态。

第二阶段为氢侵蚀阶段，在该阶段，溶解在钢材中的氢气与钢中的渗碳体发生化学反应，生成甲烷气体，从而改变了钢材的组织，其化学反应式为

$$Fe_3C+2H_2 \longrightarrow 3Fe+CH_4\uparrow$$

该化学反应常常在晶界处发生，生成甲烷气体，也通常聚集在晶界原有的微观孔隙内，形成局部高压，引起应力集中，使得晶界变宽，从而使钢材开裂；或者在钢材表面夹杂等缺陷中聚集，形成气泡，使钢材的力学性能降低。另一方面，由于渗碳体在还原为铁素体时，其体积也将减小，因此，钢材内部由于组织的体积变化而产生相应的组织应力，该应力与前述的内应力叠加在一起，将使得裂纹进一步扩展，而裂纹的扩展又为氢和碳的扩散与反应提供了更加有利的条件。如此这样反复不断地进行下去，最后导致钢材内部形成网状裂纹，力学性能严重下降，甚至开裂破坏。

因为高压有利于氢气在钢中的溶解，而高温则增加了氢在钢的组织中的扩散速度及脱碳反应的速度，因此，铁碳合金的氢腐蚀随着压力和温度的升高而加剧。通常铁碳合金产生氢腐蚀都有一个起始温度和起始压力，它是衡量钢材抵抗氢腐蚀能力的一个指标。铁碳合金氢腐蚀开始的温度和压力间的关系如表3－1所示。

表3－1　铁碳合金氢腐蚀的开始温度和压力关系

压力/MPa	2.94～9.8	9.8～19.6	19.6～29.4	29.4～39.2	39.2～58.8	58.8～78.4
温度/℃	300～280	270～240	230～220	220～210	210～200	200～190

通过降低钢中的含碳量，减少钢中碳化物（Fe_3C）的析出，可以有效地防止氢腐蚀的发生。另外，在钢中加入某些合金元素如铬、钼、钛、钨、钒等，与钢材组织中的碳元素形成稳定的碳化物，使其不易与氢作用，也可以避免氢腐蚀的发生。

2. 电化学腐蚀

电化学腐蚀是指金属与电解质溶液间产生电化学作用而引起的破坏，其特点是在腐蚀过程中有电流产生。在水分子作用下，电解质溶液中金属本身呈离子化，当金属离子与水分子的结合能力大于金属离子与其电子的结合力时，一部分金属离子就从金属表面跑到电解液中，而形成了电化学腐蚀。

1）腐蚀原电池

金属在电解质溶液中的腐蚀过程，与电池中的电化学反应过程完全类同。

图3－4所示是一组铜-锌电池的示意图。因为锌的电位较铜低而成为阳极，而铜则成为阴极。在阳极，锌被溶解并释放出电子，即 $Zn \rightarrow Zn^{2+}+2e$，所放出的电子经过外部导线流动到阴极。在铜的阴极上，从阳极流来的电子被溶液中的阳离子（H^+）所吸收，并释放出氢气，

即 $2H^+ + 2e \rightarrow H_2 \uparrow$ 。

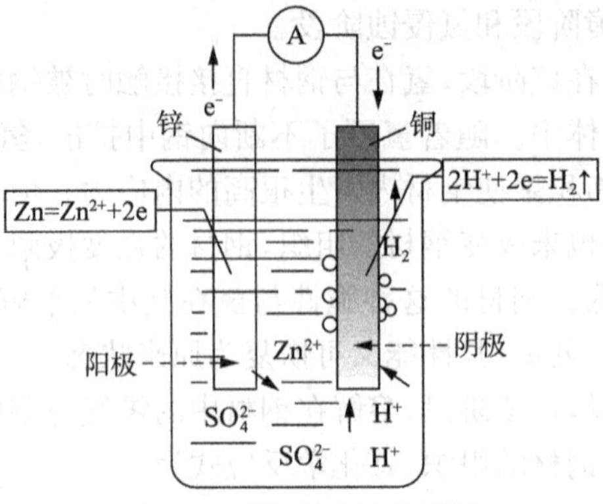

图 3-4 铜-锌电池示意图

在实际腐蚀过程中,类似于腐蚀电池的腐蚀形式是最常见的,只要在材料的表面存在电位差,就有可能产生腐蚀电池。如同一设备由两种不同金属组成,或者同一材料内部存在不同的相,或者材料各部分的物理性能不同、受力不均等都可能会导致材料各部分的电位不相同,从而形成这类腐蚀电池。

2) 微电池和电化学腐蚀

如前所述,金属表面组织常常存在不同的相(如钢中的铁素体和渗碳体),在同一介质中相邻两个区域可能具有不同的电位,这些区域往往是直接接触的,故形成了许多局部的微电池,如图 3-5 所示。

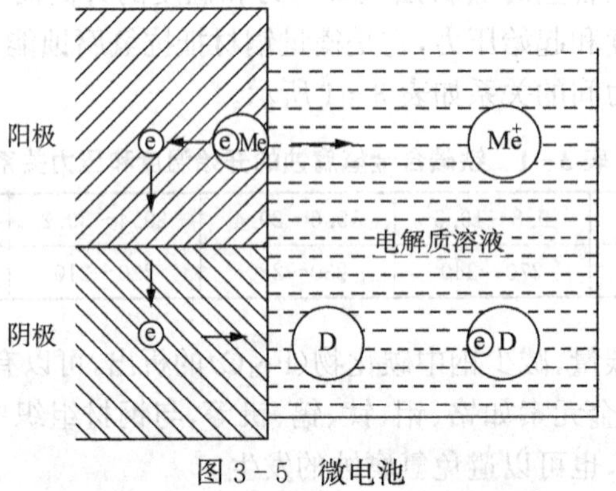

图 3-5 微电池

利用微电池的原理,可以说明电化学腐蚀的化学反应过程。

① 阳极反应,金属溶解:

$$Me \longrightarrow Me^+ + e^-$$

② 电子移动,阳极过剩的电子流向阴极:

$$e_{阳} \longrightarrow e_{阴}$$

③ 阴极反应,电子在阴极被吸收电子的物质所吸收:

$$e_{阴} + D^+ \longrightarrow (D_e)$$

在阴极区的反应,由于吸收电子的物质不同,有几种不同的反应情况:

当溶液中有电位较高的金属离子(如 Cu^{2+})存在时,这种金属离子就吸收电子,还原为金属：

$$Me^{+}+e_{阴}\longrightarrow Me$$

当溶液呈酸性时，溶液中有氢离子 H^{+} 存在时，H^{+} 吸收电子变成氢原子，再结合成氢分子：

$$H^{+}+e\longrightarrow H$$

$$H+H\longrightarrow H_2\uparrow$$

当溶液为中性时，溶液中含有的氧吸收了电子，和水一起变成了 OH^{-} 离子，其反应为

$$O_2+2H_2O+4e\longrightarrow 4OH^{-}$$

在腐蚀过程中，金属常常不是在含有电位较高的金属离子的溶液中，电位较高的金属离子吸收电子的阴极反应是不常发生的。而后两种化学反应所代表的阴极反应意义较大，特别是第二种化学反应更为常见。但应该指出，阴极反应往往是后两种化学反应同时存在。

3）电化学腐蚀的条件

由上述电化学腐蚀过程原理可以发现，电化学腐蚀过程是由阳极反应过程、电子流动及阴极反应过程三个环节组成，三者缺一不可。其中阻力最大的环节决定着整个腐蚀过程的速度。也可以看出，电化学腐蚀进行的过程必须具备下列三个条件：(1)同一金属上有不同电位的部分存在或不同金属之间存在着电位差；(2)阴极和阳极互相连接；(3)阳极和阴极处在互相连通的电解质溶液中。

3.5.2 影响腐蚀的因素

1. 合金元素的影响及 $n/8$ 定律(塔曼定律)

钢中的合金元素主要是指铬、镍、钼、锰、铝、硅等。钢中加入这些合金元素不但使其机械性能得到改善，而且还提高了钢材的抗腐蚀能力。

合金元素对钢材抗腐蚀性能的影响可以包含两个方面：一是它的含量多少的影响，二是它在钢材中形成的组织形式。如果形成的是单相固溶体合金钢，它的耐蚀性是随耐蚀合金组分的原子分数 $n/8(n=1,2,3,\cdots)$ 突变，即只有合金钢中的耐蚀合金组分原子分数达到 $n/8$ 时，腐蚀速度才突然下降，这种现象称为 $n/8$ 定律。不锈钢中的铬含量要求在13%以上就是按照这一规律确定的。

对于多相合金，由于是由具有不同组织的晶粒所组成的机械混合物，因此在电解溶液中材料表面会形成很多腐蚀微电池。所以大多数多相合金一般都不耐腐蚀。但也有例外，如硅铸铁、硅铝合金，由于其表面可以形成致密的氧化层，阻止了腐蚀的进一步进行，所以具有较高的耐蚀性。

2. 腐蚀介质酸碱性的影响

溶液的酸碱性对金属腐蚀的影响有两种类型。对于像铝、锌、铅、铜等金属，当处于 pH 值等于 7 的中性溶液中时，腐蚀最慢。随着溶液 pH 值的减小或增加，也就是随溶液变酸性或变碱性都使腐蚀速度加快。这是由于这些金属的氧化物在强酸或强碱中都是可溶的，不能形成保护膜的缘故。而对于像铁、镍、镁、锆等金属在碱性溶液中腐蚀速度较低，是耐蚀的；在酸性溶液中是不耐蚀的。这是由于这类金属在碱性溶液中能形成不溶性氢氧化物薄膜的缘故。

对于氧化性的酸，如硝酸、浓度大于60%的硫酸等能与铁生成保护膜，所以碳钢的耐蚀性随酸浓度的增加而增大。

3. 温度与压力的影响

温度升高，腐蚀加快。如碳钢在18%盐酸溶液内的腐蚀是随着温度的提高，腐蚀速度成抛物线性关系上升。

压力增加，腐蚀速度增加。如对高压锅炉用水进行脱氧就是为了避免高压下少量的氧所引起的强烈腐蚀。

4. 应力对腐蚀的影响

过程装备在加工过程和工作承载过程中都会产生应力，在这些应力的作用下，设备金属材料内部晶格扭曲，或产生微裂纹，从而降低了这些部位材料的电位，当它们和电解液接触时，这些部位就形成腐蚀微电池的阳极，造成腐蚀。随着腐蚀的进行，裂纹很快扩展，以致最终产生破裂。这种在应力和腐蚀性介质联合作用下产生的腐蚀叫应力腐蚀。

为防止应力腐蚀，必须采取热处理方法消除加工应力，同时合理地采用保温措施以避免温差应力的产生。

3.5.3 腐蚀评定和防护方法

1. 金属腐蚀的评定方法

评定金属腐蚀的方法很多，用于全面腐蚀的评定方法有：

1）根据金属质量的变化评定金属的腐蚀

根据金属质量损失或增加来评定金属腐蚀的方法应用极为广泛。它是通过实验的方法测出金属试件在单位表面积、单位时间腐蚀而引起的质量变化。当测定试件质量减少之后，可用下式表示腐蚀速度。

$$K=\frac{W_0-W_1}{A\cdot t}$$

式中 K——腐蚀速度，$g/(m^2\cdot h)$；

W_0——腐蚀前试件的质量，g；

W_1——腐蚀后试件的质量，g；

A——试件与腐蚀介质接触的面积，m^2；

t——腐蚀作用的时间，h。

这种方法只能用于均匀腐蚀的情况，并且只有当能很好地除去腐蚀产物而不致损害试件主体金属时，结果才能准确。

2）根据腐蚀深度评定金属的腐蚀

根据质量变化表示腐蚀速度时，一方面没有考虑金属的相对密度，因此当质量损失相同时，相对密度不同的金属其截面尺寸的减少也不同；另一方面质量表示法只能用于实验室的腐蚀评定中，对现场实际设备的腐蚀评定并不适用。为了表示材料腐蚀前后尺寸的变化，常用金属厚度的减少量，即腐蚀深度来表示腐蚀速度，它与质量的关系为：

$$K_a=\frac{24\times 365K}{1\,000\gamma}=8.76\,\frac{K}{\gamma}$$

式中 K_a——用每年金属厚度的减少量表示的腐蚀速度，mm/a；

γ——金属的相对密度，g/cm^3。

工程上比较粗略的按腐蚀深度评定金属的耐腐蚀性能可分四级标准，如表3-2所示。

表 3-2 金属耐腐蚀性能四级标准

级 别	腐蚀速率/(mm/a)	评 价
一	<0.05	优良
二	0.05~0.5	良好
三	0.5~1.5	可用,但腐蚀较重
四	>1.5	不适用,腐蚀严重

2. 金属腐蚀破坏的形式

根据腐蚀的破坏形式,可分为均匀腐蚀与局部腐蚀。而局部腐蚀又可分为区域腐蚀、点腐蚀、晶间腐蚀、应力腐蚀、电偶腐蚀等。各种腐蚀形式如图 3-6 所示。

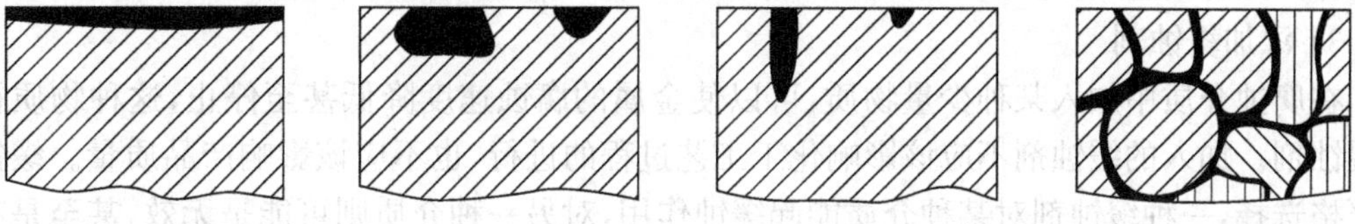
(a) 均匀腐蚀　(b) 区域腐蚀　(c) 点腐蚀　(d) 晶间腐蚀

图 3-6 金属腐蚀的破坏形式

均匀腐蚀也称全面腐蚀,是指金属在腐蚀介质的作用下,整个表面发生均匀的腐蚀破坏。这种腐蚀由于发生在整个金属表面,设备截面尺寸减小是均匀的,在定期厚度检测中很容易被发现,因此,这是一种危险性较小的腐蚀破坏形式。为减少腐蚀破坏所带来的严重后果,保证设备的使用寿命,在设备设计时可通过适当增加设备厚度的方法来解决这一问题。

局部腐蚀是指只是在金属表面上局部发生的腐蚀破坏,而其他绝大部分区域不腐蚀或腐蚀非常轻微。由于腐蚀是发生在材料的局部区域,设备绝大部分区域的厚度减薄并不明显,通过常规厚度检查的方法无法检测到腐蚀的严重程度,另外由于这类腐蚀通常具有小阳极大阴极的特征,腐蚀速度非常快,因此该类腐蚀的危害性特别大。

晶间腐蚀是局部腐蚀中的一类,也是一类很危险的腐蚀破坏形式。因为该类腐蚀沿晶粒边界发展,使晶粒间的连续性受到了破坏,因而材料的机械强度和塑性剧烈降低。而且晶间腐蚀从外表不易被发现,因此,其导致的破坏常常突然发生。18-8 型不锈钢与含氯离子介质接触,有可能会产生晶间腐蚀。

3. 金属设备的防腐蚀措施

为了防止化工生产设备被腐蚀,除选择合适的耐腐蚀材料制造设备外,还可以采用多种防腐蚀措施对设备进行防腐。具体措施有以下几种。

1) 涂覆保护层

金属保护层是用耐腐蚀性能较强的金属或合金覆盖在耐腐蚀性能较弱的金属上。常见的有电镀法(镀铬、镀镍等)、喷镀法及衬不锈钢等。非金属保护层常用的有金属设备内部衬以非金属衬里或涂防腐涂料。在金属设备内部衬砖、板是行之有效的非金属防腐方法。常用的砖板衬里材料有:酚醛胶泥衬瓷板、瓷砖,不透性石墨板,水玻璃胶泥衬辉绿岩板、瓷板、瓷砖。除砖砌衬里之外,还有橡胶衬里和塑料衬里等。

2) 电化学保护

(1) 阴极保护又称牺牲阳极保护法。近年来在我国已经开始应用到石油和化工生产中,主要用来保护受海水、河水腐蚀的冷却设备和各种输送管道，如卤化物结晶槽、制盐蒸发设备等。

把盛有电解液的金属设备和直流电源的负极相连，电源正极和一个辅助阳极相连。当电路接通后，电源便给金属设备通以阴极电流，使金属设备的电位向负的方向移动，当电位降至腐蚀电池的阳极起始电位时，金属设备的腐蚀即可停止。

外加电流阴极保护的实质是整个金属设备被外加电流极化为阴极，而辅助电极为阳极，称为辅助阳极。辅助阳极的材料必须是良好的导电体，在腐蚀介质中耐腐蚀，常用的有石墨、硅铸铁、废钢铁等。

(2) 阳极保护是把被保护设备接阳极直流电源，使金属表面生成钝化膜，起到保护作用。阳极保护只有当金属在介质中能钝化时才能应用，且技术复杂，应用不多。

3) 添加缓蚀剂

在腐蚀介质中加入某种少量物质，可以使金属的腐蚀速度降低甚至停止，这种物质被称为缓蚀剂。加入的缓蚀剂不应该影响化工工艺过程的进行，也不应该影响产品质量。缓蚀剂要严格选择，一种缓蚀剂对某种介质能起缓蚀作用，对另一种介质则可能是无效，甚至是有害的，选择缓蚀剂的种类和用量，需根据设备所处的具体操作条件通过试验来确定。

常用的缓蚀剂有重铬酸盐、过氧化氢，磷酸盐、亚硫酸钠、硫酸锌、硫酸氢钙等无机缓蚀剂和生物碱、有机胶体、氨基酸、酮类、醛类等有机缓蚀剂。

缓蚀剂按使用情况分三种：在酸性介质中常用硫脲、若丁（二甲苯硫脲）、乌洛托平（六亚甲基四胺）；碱性介质中常用硝酸钠；中性介质用重铬酸钠、亚硝酸钠、磷酸盐等。

4) 合理的结构设计

过程设备的腐蚀在很多场合下与它们的结构有关，不合理的结构通常会引起机械应力、热应力、液体的停滞、局部过热等，它们都能引起金属的腐蚀或加剧金属的腐蚀。因此，设计较合理的设备结构，往往也是减轻腐蚀的一种有效措施。表 3-3 为一些容易出现腐蚀部位的结构要求。

表 3-3 容易出现腐蚀部位的结构要求

结构部位	不合理结构	改进后的结构	原因
高温气体入口管	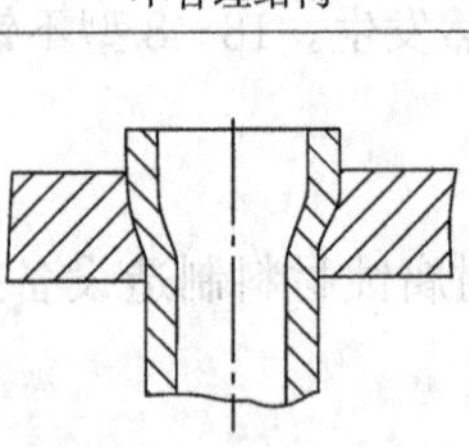	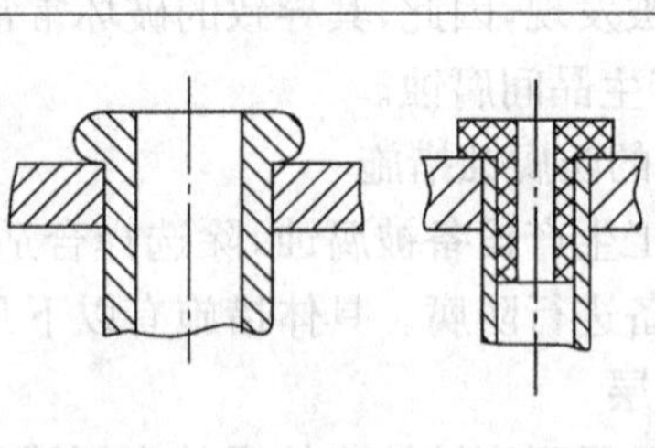	管口易局部过热
储槽器壁与底部的联结	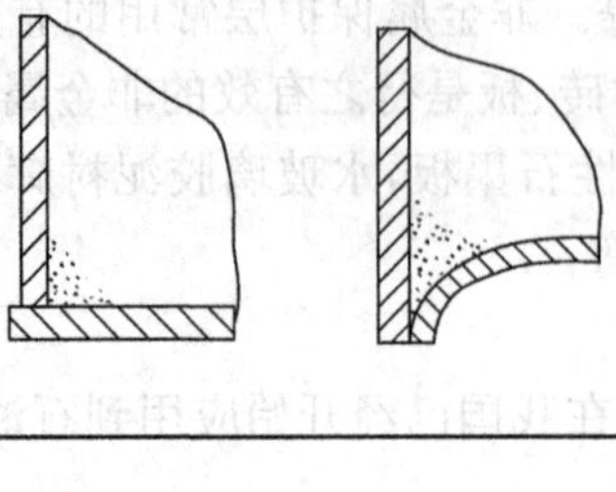	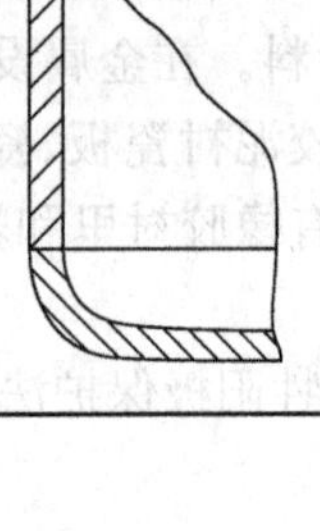	容易积料

续表

结构部位	不合理结构	改进后的结构	原因
不同厚度的换热器壳体与管板的联结	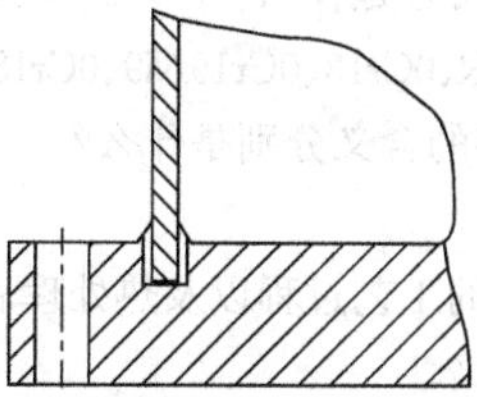	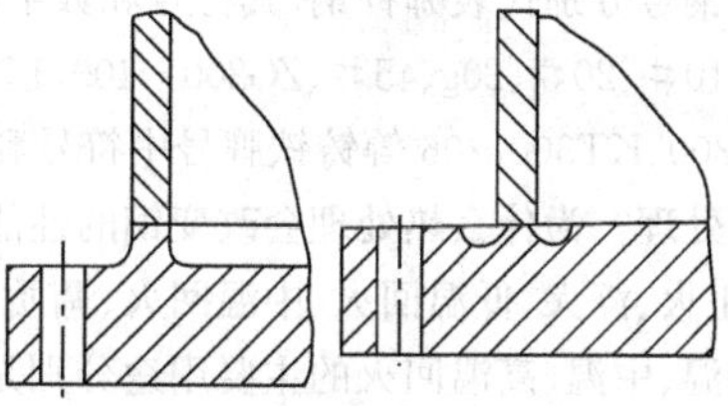	焊缝易产生热应力和应力集中
容器出口管	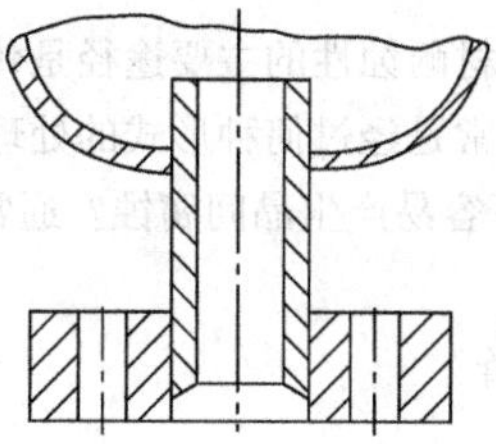	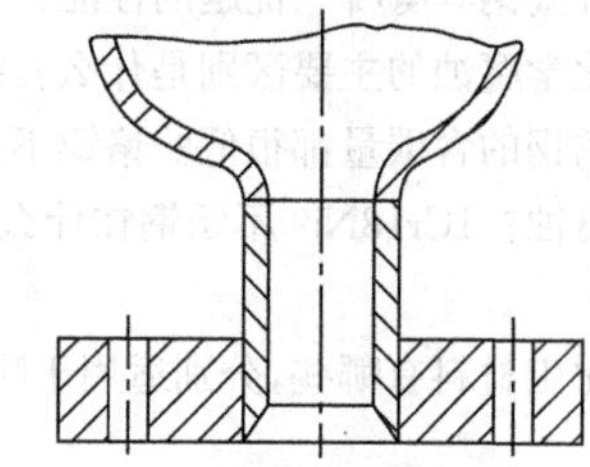	容易积液
容器进口管	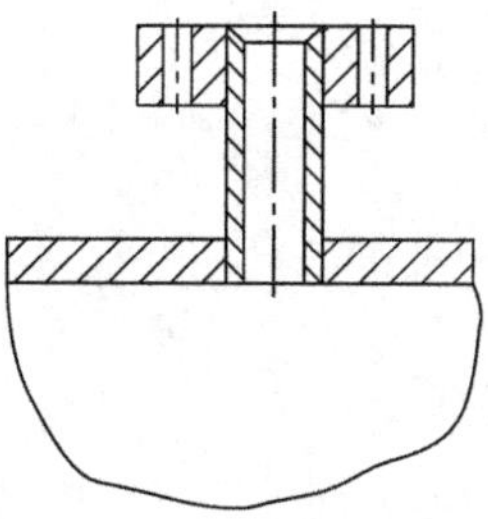	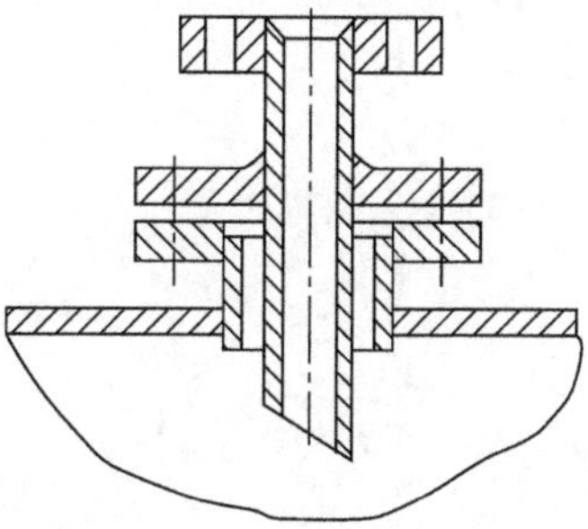	料液沿器壁流动

(1) 焊缝处通常容易发生腐蚀，因为焊接是在高温下进行的，其不均匀的加热、冷却过程容易产生焊接残余应力。与此同时，焊缝附近的化学成分与主体金属也不同，在接触化学介质时，容易形成应力腐蚀。这种腐蚀可通过热处理(退火)或选择适当焊条与焊接工艺来加以解决。例如大型合成氨装置 CO_2 再生塔与碱性溶液接触，未经退火的焊缝在使用了 6 个月后，由于溶液的初生态氢渗入钢中，与焊接时产生的残余应力相互结合，促使焊缝处产生裂纹，而经过消除焊接残余应力后的焊缝就不会产生裂纹。

(2) 由于搭接焊缝和角焊缝在焊接时局部过热严重，且工作过程中应力集中严重，在腐蚀介质中易引起应力腐蚀，因此在设计设备焊缝时，应尽可能采用对接焊缝。不同厚度的钢材对接焊接时，其厚度也不能相差太大，否则也容易产生局部应力，导致腐蚀。设备与接管的焊接，从防腐蚀角度考虑，最好不采用角焊缝，而采用对接焊缝。

(3) 设备的死角常常会造成液体停滞，形成浓度差，促进腐蚀破坏。不均匀的污垢和沉淀也可能加速腐蚀。因此，在设计设备结构时，应当尽量避免形成死角。

习　题　三

1. 压力容器对材料的基本要求是什么？
2. 钢中硫、磷对材料的性能有何影响？

3. 请比较10＃、20＃、30＃、45＃、65＃、80＃等优质碳素钢的强度、硬度、塑性和冲击韧性的大小，并说明原因。

4. 试指出下列钢号分别代表哪种钢，其符号和数字的含义各是什么？

Q235A-F、20R、10＃、20＃、20g、45＃、ZG200－400、15MnVR、0Cr13、0Cr19Ni9、0Cr18Ni11Ti、1Cr13、1Cr17Ti

5. 试指出HT200、KT300－06等铸铁牌号中符号和数字的含义分别是什么？

6. 什么叫做热处理？为什么热处理会改变钢的性能？

7. 简述退火、正火、淬火、低温回火、中温回火、调质处理的工艺过程以及热处理后所达到的目的。

8. 举例说明低温、中温、高温回火的主要用途分别是什么？

9. 与碳素钢相比，合金钢具有哪些优越的性能？

10. 电化学腐蚀与化学腐蚀的主要区别是什么？提高钢材耐蚀性的主要途径是什么？

11. 为什么铬镍不锈钢的含碳量都很低？铬镍不锈钢通常是经过何种形式的处理后使用的？

12. 什么叫做晶间腐蚀？1Cr18Ni9不锈钢在什么情况下容易产生晶间腐蚀？通常防止晶间腐蚀的方法有哪些？

13. 常见的非金属化工材料有哪些，分别适用于哪些设备？

第 4 章　薄壁压力容器应力分析

压力容器通常由板、壳通过焊接的方法组合而成，常见的壳体结构有圆筒形壳体、球形壳体、锥形壳体、椭球形壳体等，这些壳体均为回转壳体。壳体是一种以两个曲面为界，且曲面之间的距离远比其他两个方向尺寸小的构件。两曲面之间的距离即壳体的厚度。平分壳体厚度的曲面称为中间面。按照壳体厚度 δ 与其中间面曲率半径 R 比值的大小，分为薄壁壳（$\delta/R\leqslant 0.1$）和厚壁壳（$\delta/R>0.1$）。本章研究回转薄壁在外载荷作用下的应力变化规律。

4.1　回转薄壳的薄膜应力分析

4.1.1　回转壳体的几何特征

回转壳的中间面是由一条平面曲线绕其平面内的一根定轴旋转而成，该曲线称为母线。如图 4－1(a)所示的回转壳体中间面，是由平面曲线 OB 绕轴线 z 轴旋转而得，OB 即是母线。

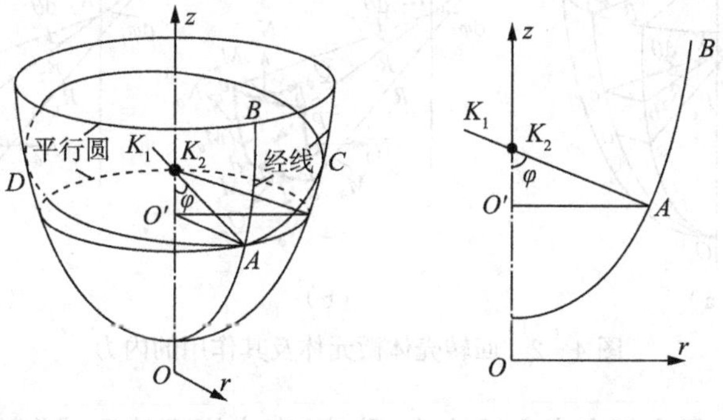

图 4－1　回转壳体中间面的几何参数

通过回转轴的平面称为经线平面，经线平面与中间面的交线称为经线，如图 4－1(a)中的 OB。显然母线和经线形状一样。垂直于回转轴的平面与中间面的交线是一个圆，称为平行圆。该圆的半径称为平行圆半径，用 r 表示。经线上任一点 A 的曲率半径，称为第一曲率半径，用 R_1 表示，即图中的线段 K_1A（K_1 点为曲率中心）。过点 A 用与经线垂直的平面切割中间面也形成一条曲线，该曲线在 A 点的曲率半径称为第二曲率半径，用 R_2 表示，它等于该点法线上由中间面到旋转轴的距离，即图中的线段 K_2A。以第二曲率半径 R_2 为母线形成的锥面截壳体形成的截面称为锥截面。锥截面和壳体截交得到壳体厚度。

由高等数学知识可知，如果已知经线方程 $y=y(x)$，则经线上的任一点的第一曲率半径可用下式求得

$$R_1=\frac{[1+(\mathrm{d}y/\mathrm{d}x)^2]^{3/2}}{|\mathrm{d}^2y/\mathrm{d}x^2|} \tag{4-1}$$

平行圆半径 r 与第二曲率半径 R_2 的关系为

$$r=R_2\sin\varphi \tag{4-2}$$

回转壳的几何形状是绕回转轴对称的，通常它受的载荷也是轴对称的。所谓轴对称载荷就是指壳体任一截面上载荷对称于回转轴，但沿轴线方向的载荷可以按照任意规律变化，例如均匀的气体压力或液体静压力等。如果支承容器的边界也是对称于轴线，则壳体因外载荷而引起的内力和变形也必定轴对称。这种壳体的应力和变形问题，称为回转壳体的轴对称问题。轴对称问题中，壳体内产生的应力在同一平行圆上无变化，但沿经线一般是变化的。

4.1.2 回转薄壳的无力矩概念

为分析薄壁壳体中一点的应力状态，通常在壳体中截取一微元六面体，该六面体由壳体的内壁面和外壁面、两个夹角很小的经线平面、两个距离很近的锥截面壳体得到，如图 4-2 中的 *abcd*（为简单起见，图中只画出壳体的中间面，没有画出壳体厚度）。*ab* 和 *cd* 为经向截面，*bc* 和 *ad* 为锥截面。六个面上的作用力如图 4-2(b)所示。一般情况下，经向截面两侧材料在经向和壳体法线方向，锥截面两侧材料在周向，都不会存在相对错动的剪切变形，因而在经向截面和锥截面上的周向都不存在剪力。弯矩 M_θ、M_φ 是由于周向和经向的曲率变化引起的，横剪力 Q_φ 则是由于锥截面两侧材料在沿壳体法线方向可能存在的剪切变形引起的。N_θ、N_φ 则是由于壳体中间面的拉伸或压缩变形而产生的，称为薄膜内力。

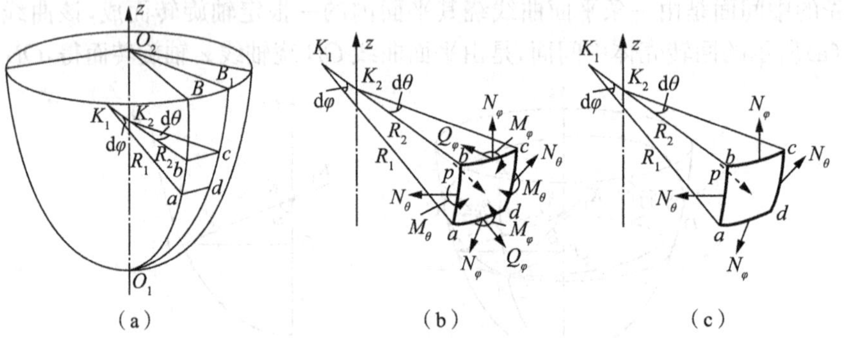

图 4-2 回转壳体微元体及其作用的内力

在壳体理论中，如果全部考虑上述内力，称为"有力矩理论"，或"弯曲理论"。但是，在一般只承受气体压力或液体静压力的情况下，在容器壳体的大部分区域，其弯矩和横剪力与薄膜内力相比是很小的。如果略去不计，将使壳体的应力分析大大简化且不引起大的误差。此时壳体的应力状态仅由薄膜内力 N_θ、N_φ 确定，称为"无矩应力状态"，如图 4-2(c)所示。基于这一近似假设求解薄膜内力的理论，称为"无力矩理论"。壳体处于"无矩应力状态"时，类似于薄膜（如气球承受内部压力）仅靠张力承压，故又称之为"薄膜理论"。薄壁容器壳体的应力分析和强度计算都是以无力矩理论为基础的。

4.1.3 回转薄壳的薄膜应力分析

1. 微体平衡方程式

现在分析作用在图 4-2(c)中壳体微元 *abcd* 的受力。*ab* 和 *cd* 面上作用内力 N_θ，产生应力 σ_θ，*bc* 和 *ad* 面上作用内力 N_φ，产生应力 σ_φ，壳体内壁面上作用介质压力 p。由于是轴对称微体，假定 *ab* 和 *cd* 面上的应力 σ_θ 相等，又由于所取的微元足够小，假定 *bc* 和 *ad* 面上 σ_φ 相等，且作用在每个面上的应力均匀分布。从图 4-3 可知，*ab* 和 *cd* 的长度为 $R_1\mathrm{d}\varphi$，*bc* 和 *ad* 的长度为 $R_2\mathrm{d}\theta$，微元面积为 $R_1R_2\mathrm{d}\varphi\mathrm{d}\theta$。

若 p、σ_θ、σ_φ 的合力在法线方向的合力分别用 P_n、$F_{\theta\mathrm{n}}$、$F_{\varphi\mathrm{n}}$ 表示，则

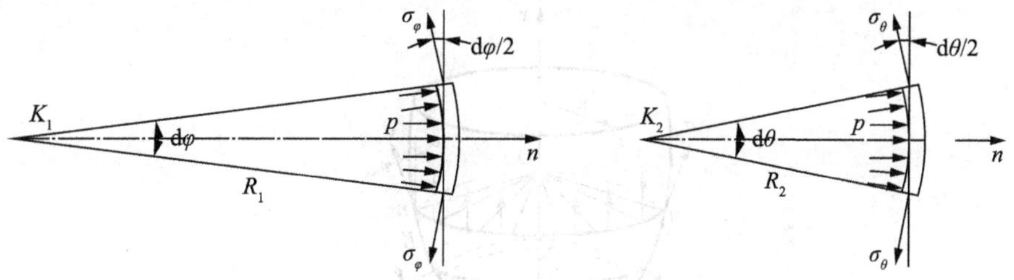

图 4-3 回转壳体的应力分析

$$P_n + F_{\theta n} + F_{\varphi n} = 0 \tag{a}$$

由图 4-3,假设壳体的壁厚为 δ,有

$$P_n = pR_1R_2\,d\varphi d\theta \tag{b}$$

$$F_{\theta n} = -2\sigma_\theta\delta R_1\,d\varphi\sin\frac{d\theta}{2} \tag{c}$$

$$F_{\varphi n} = -2\sigma_\varphi\delta R_2\,d\theta\sin\frac{d\varphi}{2} \tag{d}$$

将式(b)、式(c)、式(d)代入式(a),得

$$pR_1R_2\,d\varphi d\theta - 2\sigma_\theta\delta R_1\,d\varphi\sin\frac{d\theta}{2} - 2\sigma_\varphi\delta R_2\,d\theta\sin\frac{d\varphi}{2} = 0$$

由于微元足够小,所以 $\sin\frac{d\theta}{2}\approx\frac{d\theta}{2}$,$\sin\frac{d\varphi}{2}\approx\frac{d\varphi}{2}$。代入上式并整理,可得

$$\frac{\sigma_\varphi}{R_1}+\frac{\sigma_\theta}{R_2}=\frac{p}{\delta} \tag{4-3}$$

式(4-3)称为微体平衡方程,亦称拉普拉斯方程。

2. 区域平衡方程式

微体平衡方程式有两个未知量,必须再补充一个方程,才能求出壳体上的应力。补充方程取部分容器的静力平衡条件求得。

用一个经过经线上的 K 点,垂直于中间面的圆锥面切割承受内压 p 的回转壳体,取下部锥体为分离体,如图 4-4 所示。K 点的第二曲率半径为 R_2,平行圆半径为 r_K。圆锥面和壳体的切面即为锥截面,其上作用有经向应力 σ_φ,在整个锥截面上相等且分布均匀。

作用于分离体上的介质压力 p 的合力在轴线 z 方向上的分量用 P_z 表示,经向应力 σ_φ 的合力在轴线 z 方向分量用 $F_{\varphi z}$ 表示,根据轴线方向上力的平衡条件,可得

$$P_z + F_{\varphi z} = 0 \tag{e}$$

由图 4-4,假设壳体的壁厚为 δ,得

$$F_{\varphi z} = 2\pi r_k\delta\sigma_\varphi\sin\varphi \tag{f}$$

为求 P_z,在分离体上平行圆半径为 r 处取一宽度为 dl 的环带,在环带上压力 p 的合力在轴线方向的分量为 $-2\pi r\,dl\,p\cos\varphi$。由图 4-4 知,$dr = dl\cos\varphi$,所以 $-2\pi r\,dl\,p\cos\varphi = -2\pi rp\,dr$,在整个分离体上,压力 p 的合力在轴线方向的分量为 $P_z = -\int_0^{r_K}2\pi rp\,dr$。所以

$$2\pi r_K\delta\sigma_\varphi\sin\varphi = \int_0^{r_K}2\pi rp\,dr \tag{g}$$

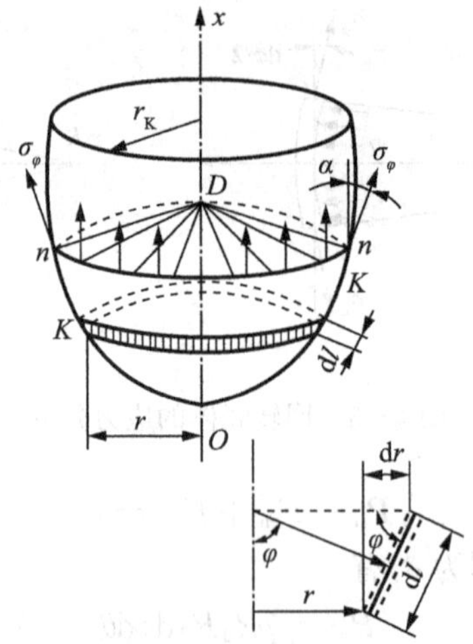

图 4-4　截体静力平衡

若 p 与 r 无关，则 $P_z=-p\pi r_K^2$　(h)

该式表明，压力作用在壳体上的合力在某个方向上的分量，等于压力乘以所取壳体区域在同一方向的正投影面积。

将式(f)、式(h)代入式(e)，得

$$2\pi r_K\delta\sigma_\varphi\sin\varphi-p\pi r_K^2=0$$

即

$$\sigma_\varphi=\frac{pr_K}{2\delta\sin\varphi}=\frac{pR_2}{2\delta}\tag{4-4}$$

式(4-4)是回转壳体在承受气体介质压力时的经向应力计算公式。由于该式是根据部分锥体的静力平衡关系得到的，所以称之为区域平衡方程式。

由微体平衡方程式和区域平衡方程式可知，只要回转壳体任一点的第一曲率半径 R_1、第二曲率半径 R_2 以及壳体壁厚 δ 为已知，则该点由介质压力 p 产生的经向应力 σ_φ 和周向应力 σ_θ 就不难求得。这两个应力方程式的导出都是以应力沿壁厚均匀分布为前提，而这种情况只有在壳壁较薄以及离两个不同形状的壳体连接处稍远处才是正确的。如前所述，这种应力状况与承受内压的薄膜非常相似，故而得名"薄膜应力理论"。因此，区域平衡方程式和微体平衡方程式就是薄膜应力理论的基本方程式，由这两个方程式求出的应力，习惯上称为薄膜应力。

薄膜应力理论是在进行一些简化后得到的，但在工程使用中其精度还是足够的。这里再对薄膜应力理论的使用条件进行总结。

(1) 必须是回转壳体，而且回转壳体曲面在几何上是对称的，壳壁厚度无突变；曲率半径是连续变化的；材料的物理性能(主要是 E、μ)应当是相同的。

(2) 载荷在壳体曲面上的分布是轴对称和连续的。因此壳体上任何有集中力作用处或壳体边缘处存在着边缘力和边缘力矩时，都将不可避免地有弯曲变形发生，不再保持无力矩状态，薄膜应力理论在这些地方不再适用。

因此，壳体几何形状及载荷分布的对称性和连续性，是薄膜应力理论的应用条件。

4.2 回转薄壳的薄膜应力计算

4.2.1 承受气体压力的壳体

1. 球形壳体

已知球壳的中间面直径为 D，壳体厚度为 δ，承受气体压力 p。由于球壳的几何形状对称于球心，则 $R_1=R_2=D/2$，代入式(4-3)、式(4-4)，得

$$\sigma_\varphi=\sigma_\theta=\frac{pD}{4\delta} \tag{4-5}$$

球壳中的两向薄膜应力相等，即各点具有同样的应力状态，强度相等，充分发挥了材料的作用。所以，球壳的强度最好，从力学上来说是最理想的壳体结构。从式(4-5)中还可以看出，壳壁内所产生的应力，是与壳体的 δ/D 成反比的，δ/D 值的大小体现着承压能力的高低。球壳在工程上用于制作储存容器，即球形储罐，半个球壳用作容器的封头。

2. 圆筒形壳体

已知圆筒壳的中间面直径为 D，壳体厚度为 δ，承受气体压力 p。由于圆筒形壳体的经线为直线，所以 $R_1=\infty$，$R_2=D/2$，代入式(4-3)、式(4-4)得

$$\sigma_\varphi=\frac{pD}{4\delta} \tag{4-6}$$

$$\sigma_\theta=\frac{pD}{2\delta} \tag{4-7}$$

比较式(4-6)和式(4-7)，圆筒壳上的周向应力是经向应力的两倍。所以，在容器设计中就应注意：焊接的圆筒形压力容器，其纵向焊接接头的强度应高于环向焊接接头的强度；在圆筒形壳体上要开设椭圆形孔时，应将椭圆孔的短轴放在筒体的轴线方向，以尽量减小纵截面的削弱程度。

3. 圆锥形壳体

圆锥形壳体一般用作容器的封头或变径段。如图 4-5 所示的圆锥形壳体，对于壳体上半径为 r 的点 $R_1=\infty$，$R_2=r/\cos\alpha$。代入式(4-3)、式(4-4)，得

$$\sigma_\varphi=\frac{pr}{2\delta\cos\alpha} \tag{4-8}$$

$$\sigma_\theta=\frac{pr}{\delta\cos\alpha} \tag{4-9}$$

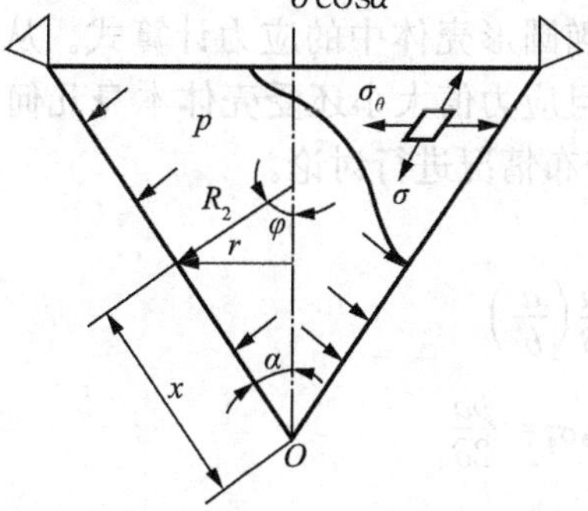

图 4-5　承受内压的圆锥形壳体

由式(4-8)和式(4-9)可知,圆锥形壳体的周向应力是经向应力的两倍。并且圆锥形壳体的应力随半锥角 α 的增大而增大。所以在设计制造锥形容器时,α 角要适当选择,不宜太大。同时还可以看出,周向应力和经向应力是随 r 改变的,在圆锥形壳体大端处,应力最大;在锥顶处,应力为零。

4. 椭圆形壳体

工程上常见的椭圆形壳体,多为形状为半个椭球壳的容器封头。如图 4-6 所示的椭球壳,经线方程可以写成

$$\frac{x^2}{a^2}+\frac{y^2}{b^2}=1$$

式中 a——椭圆长半轴;

b——椭圆短半轴。

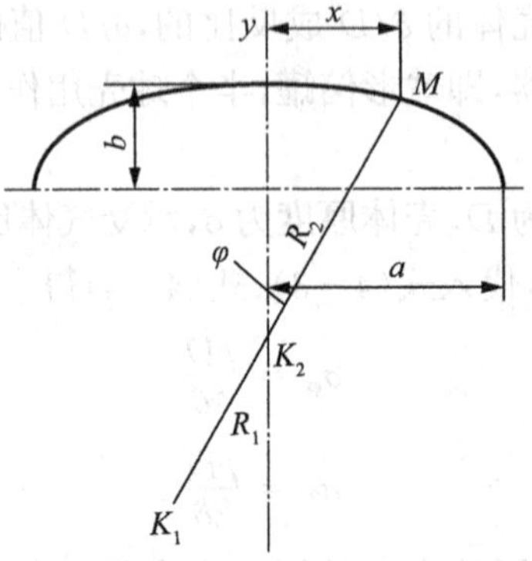

图 4-6 半椭球壳

利用式(4-1)可以求得距离回转轴为 x 的 M 点的第一曲率半径 R_1,由图 4-6 所示的几何关系,可求出 M 点的第二曲率半径 R_2。

$$R_1=\frac{[a^4-x^2(a^2-b^2)]^{3/2}}{a^4b},R_2=\frac{x}{\sin\varphi}=\frac{\sqrt{a^4-x^2(a^2-b^2)}}{b}$$

代入式(4-3)、式(4-4),得

$$\sigma_\varphi=\frac{p}{2\delta b}\sqrt{a^4-x^2(a^2-b^2)} \tag{4-10}$$

$$\sigma_\theta=\frac{p}{2\delta b}\sqrt{a^4-x^2(a^2-b^2)}\left[2-\frac{a^4}{a^4-x^2(a^2-b^2)}\right] \tag{4-11}$$

式(4-10)、式(4-11)为椭圆形壳体中的应力计算式。从式中可知:壳体上的应力是随点的位置变化而连续变化的,且应力值大小还受壳体本身几何形状的影响,a/b 值不同,应力大小也不同。下面对应力的分布情况进行讨论。

(1) 经向应力 σ_φ

壳体顶点处:$x=0,\sigma_\varphi=\frac{pa}{2\delta}\left(\frac{a}{b}\right)$

壳体周边(赤道)处:$x=a,\sigma_\varphi=\frac{pa}{2\delta}$

(2) 周向应力 σ_θ

壳体顶点处：$x=0, \sigma_\theta=\dfrac{pa}{2\delta}\left(\dfrac{a}{b}\right)$

壳体周边(赤道)处：$x=a, \sigma_\theta=\dfrac{pa}{2\delta}\left(2-\dfrac{a^2}{b^2}\right)$

(3) 经向应力与周向应力随长轴与短轴之比的变化

经向应力在椭圆形壳体上随长轴与短轴之比的变化规律如图 4-7 所示。在任何 a/b 值下，经向应力 σ_φ 恒为正值，即拉伸应力，由顶点(最大)到赤道逐渐递减到最小值。

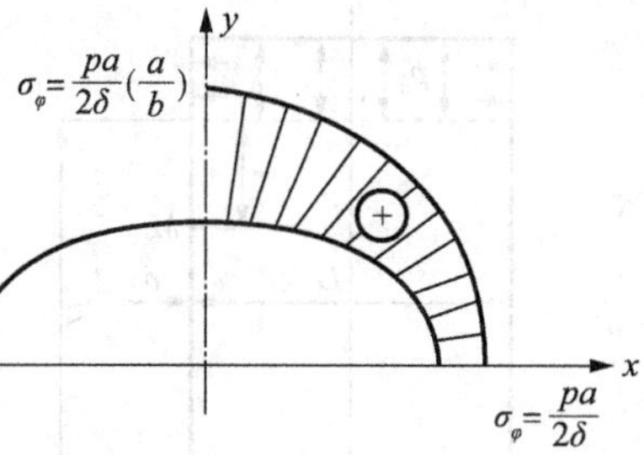

图 4-7　径向应力在椭圆形壳体上的分布

周向应力在椭球壳上随长轴与短轴之比的变化规律如图 4-8 所示。周向应力 σ_θ 在顶点 ($x=0$) 处最大，且总为拉应力。周边(赤道)处的应力与 a/b 有关：$a/b<\sqrt{2}$时，$\sigma_\theta>0$；$a/b=\sqrt{2}$时，$\sigma_\theta=0$；$a/b>\sqrt{2}$时，$\sigma_\theta<0$。

化工设备中常用半个椭球壳作为封头，封头与圆筒焊接构成容器。由以上分析知道，随 a/b 从大于 1 到接近于 1，其最大应力减小。但此时封头的深度增加，制造难度增加。a/b 越大，制造越容易，但最大应力增大，强度降低。当 $a/b=2$ 时，筒体的拉应力与封头的压应力数值相等，从强度设计观点，封头与筒体等强度。这样的封头叫作标准椭圆形封头。

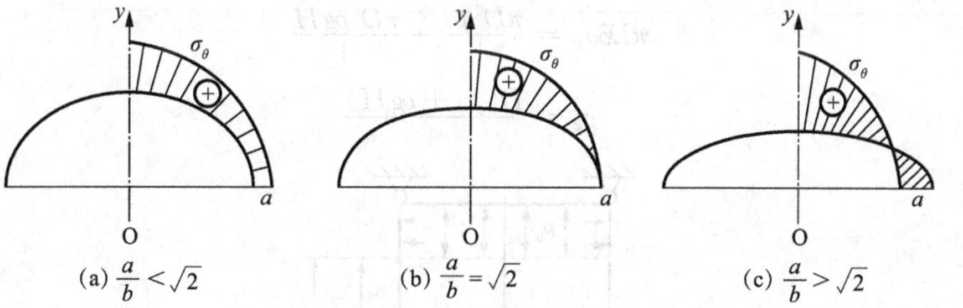

图 4-8　周向应力在椭圆形壳体上的分布

4.2.2　承受液体静压力的壳体

在对承受气体介质压力的壳体进行分析时，考虑到气体的密度很小，把气体压力看成各处相等，得到了区域平衡方程式(4-4)。当壳体承受液体介质压力时，由于液体密度较大，必须考虑液柱压力的影响。液柱压力随距液面距离的变化而变化，壳体所承受的压力不再是常数，就不能用式(4-4)求解经向应力，并且壳体支承方式不同，对壳体内的应力分布也有影响。

1. 底部支承的圆筒

图 4-9 所示为一底部支承的密闭圆筒，筒壁上任一点 M 的压力为 $p=p_0+\rho g x$，式中 p

为筒壁上 M 点的液体压力，p_0 为液面上方的气体压力。由于圆筒的 $R_1=\infty$，根据微元平衡方程式(4-3)可得

$$\sigma_\theta=\frac{(p_0+\rho g x)D}{2\delta} \tag{4-12}$$

为了求壳体的经向应力，用过 M 点的横截面将壳体截开，考虑上部壳体的力平衡。对于底部支承的圆筒，由于液体的重量由支承传递给基础，圆筒壁不受液体的轴向力作用，则

$$\sigma_\varphi=\frac{p_0 D}{4\delta} \tag{4-13}$$

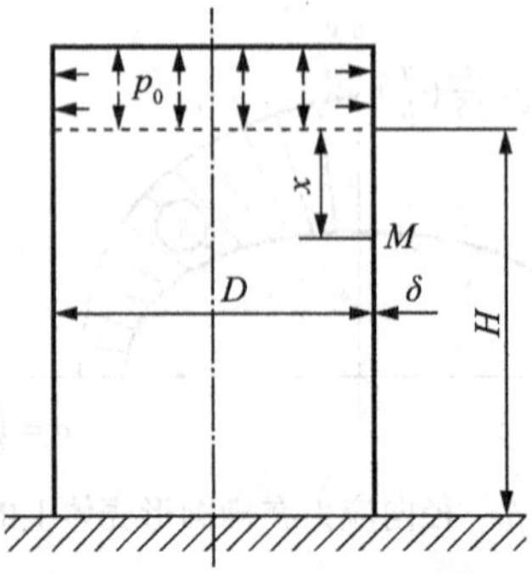

图 4-9　底部支承的容器

2. 上部支承的容器

图 4-10 所示为一上部支承的密闭圆筒，由于筒壁上任一点 M 处的液体压力与支承方式无关，所以其周向应力同底部支承的圆筒应力的关系，即式(4-12)。

为了求壳体的经向应力，用过 M 点的横截面将壳体截开，考虑下部壳体的力平衡。对于上部支承的圆筒，除了介质压力产生轴向力外，液体的重量也使圆筒壁受轴向力作用，由静力平衡关系得

$$\pi D\delta\sigma_\varphi=\frac{\pi D^2 p_0}{4}+\frac{\pi D^2\rho g H}{4}$$

$$\sigma_\varphi=\frac{D(p_0+\rho g H)}{4} \tag{4-14}$$

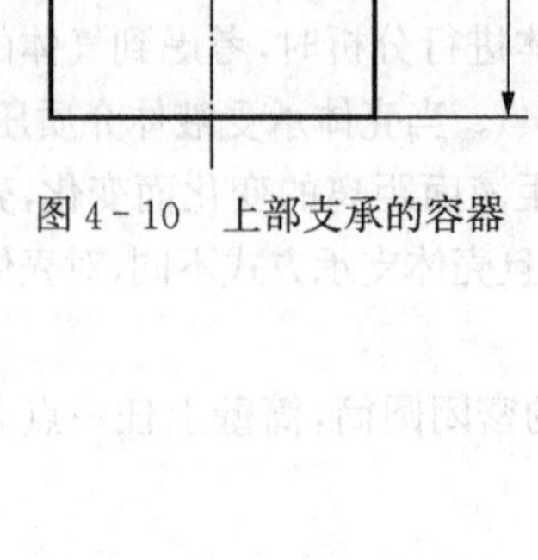

图 4-10　上部支承的容器

4.3　边缘应力及其特点

4.3.1　边缘应力的产生

薄膜应力理论的适用条件是壳体几何形状及载荷分布的对称性和连续性。对于实际的压力容器,并不能满足这样的条件,例如在压力容器的支座、接管处,不仅壳体的受力发生了突变,而且壳体的几何形状和受力的轴对称性都受到了破坏。此外,薄膜变形属于无约束自由变形,要求边界是自由的,而且不同类型的壳体之间不能相互约束,这在实际壳体中也是不能实现的。实际的压力容器通常是由不同类型壳体组成的,不同类型壳体在压力作用下,各自的薄膜变形即无约束自由变形通常在连接边缘处是不相同的,因而薄膜变形不是壳体在连接边缘处的真实变形。不同类型的壳体之间必然要相互约束使变形协调,产生附加的弯曲变形。这种由于不同类型的壳体相互约束产生的约束力和约束弯矩,称为边缘力和边缘力矩。

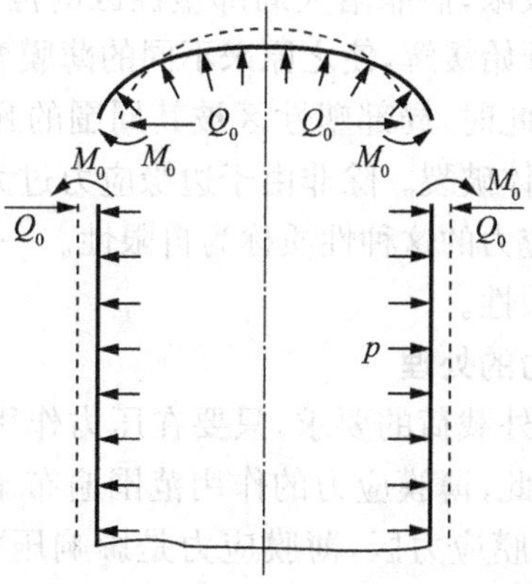

图 4-11　边缘力与边缘力矩产生示意图

图 4-11 表示 $a/b>\sqrt{2}$ 的椭圆形封头与筒体连接边缘处的边缘力和边缘力矩的产生原因。在均匀内压力的作用下,若封头和筒体在连接处不相互约束而各自自由变形,则两者的变形均为薄膜变形。由回转薄壳中的薄膜应力分析可知,椭圆形壳体在赤道附近平行圆直径会减小,而筒体的周向薄膜应力是大于零的,直径必然要扩大,两者的薄膜变形即自由变形如图 4-11 中的虚线所示。显然,两者的薄膜变形在连接处产生相互约束的边缘力 Q_0 和边缘力矩 M_0。在 Q_0 和 M_0 的作用下,椭圆形封头和筒体都会产生相应的变形,使两者在连接处具有相同的径向位移和转角,即两者连接在一起,从而保持了变形的连续性,同时在各自的壳体内产生了相应的应力,这种应力称为边缘应力。

边缘应力中包括由于经线的弯曲而产生的弯曲正应力和切应力;由于平行圆直径的增加或减小,会产生相对于平行圆曲率变化的弯曲应力和相对于周向纤维的拉伸或压缩变形的拉伸应力或压缩应力。边缘应力应通过边缘连接处的变形协调方程求解,比求解薄膜应力要复杂得多,壳体中的真实应力可看作是薄膜应力和边缘应力的叠加。

4.3.2　边缘应力的特性

壳体中的薄膜应力满足了壳体受载的平衡条件,而边缘应力则是为了满足变形连续要求而产生的。正因为如此,边缘应力具有如下两个特性。

1. 局部性

边缘应力虽然可能达到相当大的数值，但它的作用范围不大，与$\sqrt{R\delta}$为同一量级，这里R是壳体半径，δ是壳体壁厚。并且这种应力还将随着离边界距离的增大而迅速衰减，衰减中应力符号会作反复变化。如圆筒与平板封头连接处的边缘应力，根据有力矩理论计算，在离开连接边缘2.5 $\sqrt{R\delta}$处，边缘应力较连接处衰减了95.7%。这就意味着一个直径1 000 mm，壁厚10 mm的圆筒，当离开连接处约180 mm时，边缘效应的影响就几乎不存在了。而2.5 $\sqrt{R\delta}$这个数值与圆筒长度相比，一般来说都是很小的。所以边缘应力具有局部性，而且当壳体直径小，壁薄时，边缘应力的局部性更加明显。

2. 自限性

从根本上说，发生边缘弯曲的原因是由于薄膜变形(弹性变形)不连续。当边缘两侧的弹性变形相互受到约束，则必然产生边缘力和边缘力矩，从而产生边缘应力。当边缘应力超过材料的屈服极限时，它总是首先使那些高应力点产生塑性变形，而一旦这部分材料屈服后，应力值就不再升高，停留在屈服极限，而靠增大局部塑性区的范围来继续承担边缘应力。在此过程中，上述那些弹性约束就开始缓解，使之原来不同的薄膜变形也趋于协调，结果边缘应力便会自动限制在一定范围内。此时，局部塑性区被其周围的弹性变形区所包围，所以不致发生整体性的塑性流动而造成壳体破裂。除非由于边缘应力过大，边界处的全部材料均发生塑性流动，壳体才会失效。边缘应力的这种性质称为自限性。一般而言，凡是局部性的应力，材料又为塑性材料，都有这种自限性。

4.3.3 设计中对边缘应力的处理

薄膜应力由于要满足平衡外载荷的要求，只要在压力作用下的地方都会有薄膜应力，并且随着压力的增大而增大。因此，薄膜应力的作用范围遍布于整个壳体，不具有自限性。薄膜压力容器的大部分区域为薄膜应力区，薄膜应力是影响压力容器整体强度的主要应力成分。因此，压力容器常规设计(按规则设计)中，强度条件是根据薄膜应力来建立的，将壳体大部分区域限制在弹性变形的范围内，以保证压力容器运行的安全性。

在边缘影响区，薄膜应力与边缘应力属于同一数量级，有时边缘应力还具有较高的数值，与薄膜应力相比，边缘应力具有局部性和自限性，使压力容器直接发生破坏的危险性减小。所以，从设计角度看，控制边缘应力关键不在如何用繁杂的有力矩理论计算应力的大小，而是应用边缘应力的基本概念在结构上做出改进，从而使边缘应力大大减小，甚至完全消失。

对于大多数由塑性较好的材料(如低碳钢、奥氏体不锈钢等)制成的压力容器，承受静载荷作用，进行容器结构设计时经常采用以下措施：避免壳体经线曲率的突然变化，以保持几何形状的连续，直线与曲线连接时增加必要的过渡圆弧；使焊缝尽量避开边缘应力作用区；尽量不采用不等壁厚的焊接，不可避免时，增加过渡段；有必要时在边缘应力作用区设置局部加强段或加强圈；避免边缘区附加局部应力或产生应力集中；采用适当的热处理，进一步改善材料的塑性。

对塑性较差的高强度钢制造的压力容器、低温下铁素体钢制的压力容器、受疲劳载荷作用的压力容器，如果边缘应力过高，在边缘高应力区有可能导致脆性破坏或疲劳破坏，因此必须计算其边缘应力，并采取相应的控制措施。

4.4 压力容器应力分类及分析设计简介

4.4.1 规则设计的局限性

当前压力容器设计规范标准有两类：一类通常称为“规则设计”(Design by rule)，例如GB 150；另一类称作“分析设计”(Analysis)，GB/T 4732即为此类标准。

压力容器的规则设计经过了长期的实践考验，简便可靠，目前仍为各国压力容器设计规范所采用。然而，规则设计也有其局限性，主要表现在以下几方面。

(1) 规则设计将容器承受的“最大载荷”按一次施加的静载荷处理，不涉及容器的疲劳寿命问题，不考虑热应力。然而，压力容器在实际运行中所承受的载荷不但有机械载荷，往往还有热载荷，同时这些载荷还可能有较大的波动，这就使得规则设计不能胜任。例如热载荷引起的热应力对容器失效的影响是不能通过提高材料设计系数或加大厚度来有效改善的，有时厚度的增加反倒起了相反的作用，因为厚壁容器的热应力会随厚度的增加而增大；同样，由交变载荷引起的交变应力对容器的破坏作用是不能通过静载分析来做出合理评定和预防的。

(2) 规则设计以材料力学及板壳薄膜简化模型的简化计算公式为基础，确定筒体中平均应力的大小，只要此值限制在以弹性失效设计准则所确定的许用应力范围之内，则认为筒体是安全的。而对容器上结构不连续区域和某些部件，只能通过经验公式或经验系数计算，同时限制结构尺寸、形状、工作条件来保证安全。显然，这种方法是粗略的，具有局限性。不对容器上的重要区域的应力进行详细分析和精确计算，就无法对不同部位、由不同载荷引起、对容器失效有不同影响的应力施以合理的限制。同时，由于不能确定实际的应力应变水平，疲劳分析等方法手段也就难以施行。例如，在一些结构不连续的局部区域，由于影响是局部的，这里的应力即使超过材料的屈服点也不会造成容器整体强度失效，可以给予较高的许用应力。不过由于应力集中，该区域往往又是容器疲劳失效的“源区”，因此有必要进行疲劳强度校核。

(3) 规则设计规范中规定了具体的容器结构形式，但规范中未作规定或限制应用的一些结构和载荷形式就无法采用，因此，规则设计不利于新型设备和结构的开发与使用。

4.4.2 分析设计的基本思想

压力容器所承受的载荷有多种类型，如机械载荷(包括压力、重力、支座反力、风载荷及地震载荷)、热载荷等。它们可能是施加在整个容器上(如压力)，也可能是施加在容器的局部部位(如支座反力)。因此，载荷在容器中所产生的应力与分布以及对容器失效的影响也就各不相同。就分布范围来看，有些应力遍布于整个容器壳体，可能造成容器整体范围内的弹性或塑性失效；而有些应力只存在于容器局部部位，只会造成容器局部弹塑性失效或疲劳失效。从应力产生的原因来看，有些应力必须满足与外载荷的静力平衡关系，因此随外载荷的增加而增加，可直接导致容器失效；而有些应力则是在载荷作用下由于变形不协调引起的，因此具有“自限性”。

压力容器分析设计时，必须先进行详细的应力分析，即通过解析法或数值方法，将各种外载荷或变形约束产生的应力分别计算出来，然后进行应力分类，再按不同的设计准则来限制，保证容器在使用期内不发生各种形式的失效，这就是以应力分析为基础的设计方法，简称分析设计。分析设计可应用于承受各种载荷的任何结构形式的压力容器设计，克服了常规设计的不足。

分析设计中对容器重要区域的应力进行了严格而详细地计算，且在选材、制造和检验等方面也有更严格的要求，因而采取了比常规设计低的材料设计系数。GB/T 4732 规定的材料设计系数为 $n_s \geqslant 1.5$，$n_b \geqslant 2.4$。

对于相同的材料，分析设计中的设计应力强度大于常规设计中的许用应力，这意味着采用分析设计可以适当减薄厚度、减轻重量。

在分析设计中，确定各应力强度许用值依据的是极限分析、安定性分析及疲劳分析。下面分别作简单介绍。

1. 极限分析概念

极限分析假定结构所用材料为理想弹塑性材料。在某一载荷下结构进入整体或局部区域的全域屈服后，变形将无限制地增大，结构达到了它的极限承载能力，这种状态即为塑性失效的极限状态，这一载荷即为塑性失效时的极限载荷。下面以纯弯曲梁为例进行说明。

设有一矩形截面梁，宽度为 b，高为 h，受弯矩 M 作用，如图 4-12 所示。由材料力学可知，矩形截面梁在弹性情况下，截面应力呈线性分布，即上下表面处应力最大，一边受拉，一边受压。最大应力为 $\sigma_{max}=\dfrac{6M}{bh^2}$，当 $\sigma_{max}=\sigma_s$，上下表面屈服时梁达到了弹性失效状态，对应的载荷为弹性失效载荷，即 $M_e=\sigma_s\dfrac{bh^2}{6}$。但从塑性失效观点看，此梁除上下表面材料屈服外，其余材料仍处于弹性状态，还可继续承载。随着载荷增大，梁内弹性减少，塑性区扩大，当达到全塑形状态时，由平衡关系可得极限载荷 $M_p=\sigma_s\dfrac{bh^2}{4}$。显然 $M_p=1.5M_e$，即塑性失效时的极限载荷为弹性失效时的载荷的 1.5 倍。若按弹性应力分布，则极限载荷下的虚拟应力（图 4-12 中虚线）为：$\sigma'_{max}=\dfrac{6M_p}{bh^2}=1.5\sigma_s$。若仍用 1.5 倍的安全系数，便可得到弯曲应力的上限，即屈服点 σ_s。由于 $\sigma_s \geqslant 1.5S_m$，分析设计标准中取一次弯曲应力的上限为 $1.5S_m$。

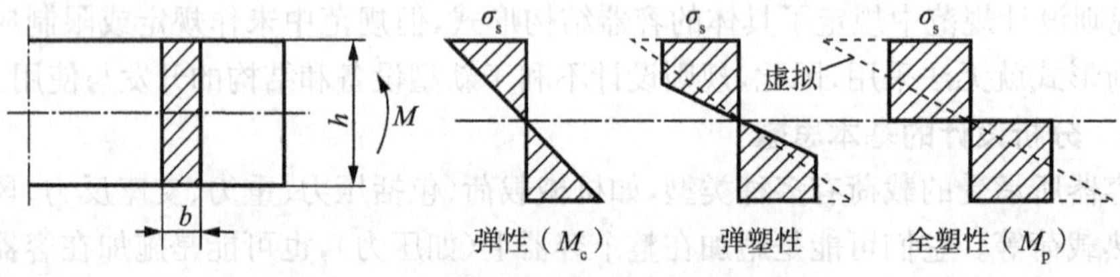

图 4-12 纯弯曲矩形截面梁的极限分析

2. 安定性分析概念

如果一个结构经过几次反复加载后，其变形趋于稳定，或者说不再出现渐增的非弹性变形，则认为此结构是安定的。丧失安定的结构会在反复加载、卸载中引起新的塑性变形，并可能因塑性疲劳或大变形而发生破坏。

若虚拟应力超过材料屈服点，局部高应力区由塑性和弹性区两部分组成，塑性区被弹性区包围，弹性区力图使塑性区恢复原状，从而在塑性区中出现残余压缩应力。残余压缩应力的大小与虚拟应力有关。设结构由理想弹塑性材料制造，现根据虚拟应力 σ_1 的大小简单分析结构处于安定状态的条件。

1) $\sigma_s < \sigma_1 < 2\sigma_s$

当结构第一次加载时，塑性区应力-应变关系按 OAB 线变化，虚拟应力-应变线为 OAB_1。卸载时，在周围弹性区的作用下，塑性区中的应力沿 BC 线下降，且平行于 OA，如图 4－13(a) 所示。塑性区存在残余压缩应力 $E(\varepsilon_1 - \varepsilon_s)$，即纵坐标上的 OC 值。若载荷大小不变，则以后的加载、卸载循环中，应力将分别沿 CB、BC 线变化，不会出现新的塑性变形，在新的状态下保持弹性行为，这时结构是安定的。

2) $\sigma_1 > 2\sigma_s$

第一次加载时，塑性区中的应力-应变关系按 OAB 线变化，卸载时沿 BC 线下降，在 C 点发生反向压缩屈服而到达 D 点，如图 4－13(b) 所示。于是在以后的加载、卸载循环中，应力将沿 $DEBCD$ 封闭回线变化。如此多次循环，即反复出现拉伸屈服和压缩屈服，将引起塑性疲劳或塑性变形逐次递增而导致破坏，这时结构是不安定的。

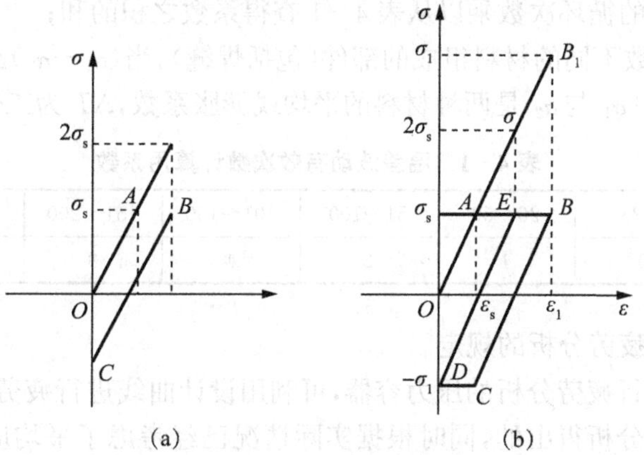

图 4－13　安定性分析图

可见，保证结构安定的条件是 $\sigma_1 \leqslant 2\sigma_s$，由于 $\sigma_s \geqslant 1.5S_m$，分析设计标准中，将一次加二次应力强度限制在 $3S_m$ 以内。

由于实际材料并非理想弹塑性材料，屈服后还有应变强化能力，因此上面由极限分析和安定性分析导出的应力限制条件是偏于保守的，使结构增加了一定的安全裕度。

3. 疲劳分析概念

1) 低循环疲劳

近 50 年来，随着石油化工和其他行业的迅速发展，许多压力容器要承受交变载荷，例如频繁的开、停工以及压力波动、温度变化等，使得容器中应力随时间呈周期性（或无规则）变化，即所谓交变应力。生产规模的大型化和高参数（高压、高温、低温）也使得高强度材料广泛应用于压力容器。这些因素的组合造成了压力容器发生疲劳失效的事故增加。

容器疲劳失效总是起源于局部高应力区。当局部高应力区中的应力超过材料的屈服点时，材料产生屈服变形，在载荷反复作用下，微裂纹于滑移带或晶界处形成，这种微裂纹不断扩展，形成宏观疲劳裂纹并贯穿容器厚度，从而导致容器发生疲劳失效。

疲劳分为高循环疲劳和低循环疲劳两类。在使用期内，应力循环次数超过 10^5 次的称为高循环疲劳或高周疲劳，循环次数在 $10^2 \sim 10^5$ 次范围内的称为低循环疲劳或低周疲劳。对于一般压力容器，应力循环次数很少有超过 10^5 次的，通常只有几千次，故属于高应变、低循环的低周疲劳范围。

2) JB 4732 关于不需作疲劳分析的规定

疲劳分析是建立在应力分析的基础上，计算工作量很大，而且，不是所有承受交变载荷的容器都会发生疲劳，因此，分析设计规定，当满足一定的条件时，承受交变载荷的容器可免作疲劳分析。显然，免作疲劳分析的条件应该与交变载荷大小、循环次数、材料性质以及结构应力集中的程度等因素有关，但为了便于应用，常以交变载荷的循环次数作为判据，并从偏于保守的角度作出规定。例如，GB/T 4732 规定，对于常温抗拉强度 $R_b \leqslant 550$ MPa 钢材，若下列 4 条中总循环次数不超过 1 000 次，容器整体部位可以不作疲劳分析。

(1) 包括启动与停车在内的全范围压力循环的预计(设计)循环次数；

(2) 压力波动范围超过设计压力 20%的工作压力循环的预计(设计)循环次数；

(3) 容器上包括接管在内的任意相邻两点之间金属温差波动的有效次数，这里的有效次数是指金属温差波动的循环次数乘以从表 4 - 1 查得系数之积的和；

(4) 由热膨胀系数不同的材料组成的部件(包括焊缝)，当$(\alpha_1-\alpha_2)\Delta T>0.000\ 34$ 时的温差波动循环次数，其中 α_1 与 α_2 是两种材料的平均线膨胀系数，ΔT 为工作时温差总波动范围。

表 4 - 1　温差波动有效次数计算用系数

金属温差波动/℃	≤25	26～50	51～100	101～150	151～200	201～250	>250
系数	0	1	2	4	8	12	20

3) JB 4732 关于疲劳分析的规定

对于判定需要进行疲劳分析的压力容器，可利用设计曲线进行疲劳寿命设计。这些曲线是由材料试验或理论分析得出的，同时根据实际情况已经考虑了平均应力的影响，并计入了工程应用的安全系数。

除利用疲劳曲线的基本疲劳分析方法之外，GB/T 4732 还给出了以下方法。在操作条件中存在着两个或多个显著应力循环时，利用线性累计损伤准则，规定了疲劳寿命的校核方法；

(1) 关于螺柱承受循环载荷能力的校核；

(2) 对于局部结构不连续，角焊缝等特殊部位，可以利用应力集中系数或疲劳强度减弱系数进行疲劳分析的规定；

(3) 对于承受静内压，同时又承受热应力循环作用的容器，规定了求取许可的最大循环热应力的极限值的方法；

(4) 给出了确定疲劳寿命的试验方法，以便采用较设计疲劳曲线所规定的允许值更高的循环应力强度值；

(5) 对于整体补强的开孔接管，规定了应力指数，用以估算接管区的应力集中系数。

4. 压力容器的应力分类

对压力容器中的应力进行分类的基本原则如下。

(1) 应力产生的原因　是外载荷直接产生的还是在变形协调过程中产生的。

(2) 应力分布　是总体范围还是局部范围的，沿壁厚的分布是均匀的还是线性的或非线性的。

(3) 对失效的影响　即是否会造成结构过度的变形、是否导致疲劳和韧性失效。

按照这些原则，压力容器中的应力可以分为三类。

1) 一次应力

一次应力是平衡压力与其他机械载荷所必需的应力，是维持结构各部分平衡直接需要的。一次应力属于非自限性应力，达到极限状态，即使载荷不再增加，仍可产生不可限制的塑性流动，直至破坏。一次应力按沿壁厚分布情况可分为一次总体薄膜应力(P_m)和一次弯曲应力(P_b)。一次总体薄膜应力沿壁厚方向均匀分布，影响范围遍及整个受压元件，一旦达到屈服点，受压元件整体发生屈服，应力不重新分布，一直到整体破坏。例如，薄膜圆筒中有受内压引起的环向薄膜应力。一次弯曲应力是平衡压力或其他机械载荷所需的沿厚度方向线性分布的弯曲应力，例如平板封头中央部分在内压作用下所产生的弯曲应力。

除此之外，还有一种应力称为局部薄膜应力(P_L)。它是由内压和其他机械载荷引起的薄膜应力及边缘效应中应力的薄膜部分的统称，即局部应力区中薄膜应力的总量。这种应力不像一次总体薄膜应力那样沿容器的整体或在很大区域内都有分布，而只在局部区域发生，影响范围仅限于结构局部区域。

2) 二次应力(Q)

二次应力是为满足相邻元件间的约束条件或结构自身变形的连续性要求所需的应力。实际上它是同一次应力一起满足变形连续(协调)要求，也即是为满足变形协调要求的附加应力。在材料有足够塑性的前提下，二次应力水平的高低对结构的承载能力并无影响。当二次应力超过屈服极限以后，就产生局部的塑性流动。一旦塑性变形弥补了一次应力引起的弹性变形不连续，变形协调得以满足，塑性流动就会自动停止。因此，在一次加载的情况下，破坏过程就不会继续下去，这就是二次应力所具有的"自限性"。如封头与筒体连接处的总体不连续结构在内压作用下由于边缘剪切和弯矩在筒体和封头上所引起的弯曲应力，固定管板式换热器在管壳上的温差应力均属于二次应力。

3) 峰值应力(F)

峰值应力是附加在一次加二次应力之上的应力增量。此增量源于局部不连续或局部热应力的影响。峰值应力也就是扣除薄膜应力与弯曲应力(一次与二次)之后，沿厚度方向呈非线性分布的应力。它是作用范围在厚度方向上仅占危险截面一小部分的二次应力的增量。峰值应力的基本特征是局部性与自限性。可以说，二次应力是影响范围遍及断面的总体自限性应力，而峰值应力是应力水平超过二次应力但影响范围仅为局部断面的局部自限性应力。

把峰值应力从二次应力中区分出来是因为它不会引起结构任何使整个断面失效的明显变形，它仅仅是疲劳裂纹产生的根源或可能断裂的原因，危险程度较低。注意不要把峰值应力与集中应力、应力峰值相混淆。峰值应力不是应力集中处的最大应力的全值，而是扣除一次与二次应力之后的增量部分。

5. 应力强度限制

由于各类压力容器失效的危害程度不同，所以对它们的限制条件也各不相同，不采用统一的许用应力值。在分析设计中，一次应力的许用值是由极限分析确定，主要目的是防止过度弹性变形或弹性失稳；二次应力的许用值是由安定性分析确定，目的在于防止塑性疲劳或过度塑性变形；而峰值应力的许用值是由疲劳分析确定的，目的在于防止由大小和(或)方向改变的载荷引起的波动。下面具体给出五类应力强度的安全判据。

1) 一次总体薄膜应力强度 S_{I}

总体薄膜应力是容器承受外载荷的应力成分，在容器的整体范围内存在，没有自限性，对容器失效的影响最大。一次总体薄膜应力强度 $S_Ⅰ$ 许用值是以极限分析原理来确定的。一次总体薄膜应力强度 $S_Ⅰ$ 的限制条件为 $S_Ⅰ \leqslant KS_m$。K 为载荷组合系数，其值和容器所受的载荷和组合方式有关，大小范围为 1.0～1.25。

2）一次局部薄膜应力强度 $S_Ⅱ$

局部薄膜应力是相对于总体薄膜应力而言的，它的影响仅限于结构局部区域，同时，由于包含了边缘效应所引起的薄膜应力，它还具有二次应力的性质。因此，在设计中，对局部薄膜应力允许有比一次总体薄膜应力高、但比二次应力低的许用应力。一次局部薄膜应力强度 $S_Ⅱ$ 的限制条件为 $S_Ⅱ \leqslant 1.5KS_m$。

3）一次薄膜（总体或局部）加一次弯曲应力强度 $S_Ⅲ$

弯曲应力沿厚度呈线性变化，其危害性比薄膜应力小。矩形截面梁的极限分析表明，在极限状态时，拉弯组合应力的上限是材料屈服点的 1.5 倍。因此，在满足 $S_Ⅰ \leqslant S_m$ 及 $S_Ⅱ \leqslant 1.5KS_m$ 的前提下，一次薄膜（总体或局部）加一次弯曲应力强度 $S_Ⅲ$ 许用值取设计应力强度的 1.5 倍，即 $S_Ⅲ \leqslant 1.5KS_m$。

4）一次加二次应力强度 $S_Ⅳ$

根据安定性分析，一次加二次应力强度 $S_Ⅳ$ 许用值为 $3S_m$，即 $S_Ⅳ \leqslant 3S_m$。需要注意，结构安定性的限制条件源于加、卸载循环的应力范围，设计应力强度 S 应取操作循环中最高与最低温度下材料 S_m 的平均值。计算一次加二次应力强度的变化范围时，应该考虑不同范围的操作循环的重叠，因为叠加以后的 $S_Ⅳ$ 可能超过任一单独循环的范围。

5）峰值应力强度 $S_Ⅴ$

由于峰值应力同时具有自限性与局部性，它不会引起明显的变形，其危害性在于可能导致疲劳失效或脆性断裂。按疲劳失效设计准则，峰值应力强度应由疲劳设计曲线得到的应力幅 S_a 进行评定，即 $S_Ⅴ \leqslant S_a$。

表 4－2 总结了各应力强度的限制条件。

表 4－2　应力分类和应力强度极限值

应力类别	一次应力			二次应力	峰值应力
	总体薄膜	局部薄膜	弯曲		
符号	P_m	P_L	P_b	Q	F

许用极限

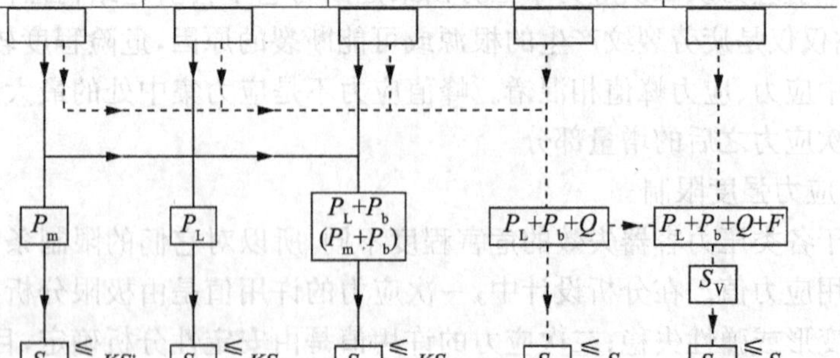

注：S_{alt} 为等幅循环中基于总应力范围的当量应力 $S_Ⅴ$ 计算得到的交变当量应力幅

4.4.3 分析设计标准的应用

1. 分析设计标准的适用范围

一般认为属于下列情况之一时，可考虑采用分析设计标准。

(1) 压力高、直径大的容器。这类容器若按照分析设计标准可节约材料 20%～30%，壁厚减小后，给焊接、成形、探伤、运输带来方便，从而使制造成本降低。

(2) 受疲劳载荷作用的容器。这类容器无法按常规设计标准进行设计。

(3) 结构复杂或特殊的容器。因为分析设计标准可适用于更多样的容器结构形式。

与常规设计相比，应力分析设计的材料设计系数相对降低、许用应力相对提高，但对容器的材料、设计、制造、试验和检验等方面都提出了较高的要求和较多的限制条件。常规设计标准和分析设计标准各自为一个整体，两个设计标准可以选其一，但不能混用。

2. 有限元方法在分析设计中的应用

目前，对压力容器进行应力分析基本上有三种方法：解析分析、实验分析、数值分析。解析分析方法需要在结构和结果精度之间寻求一个折中，压力容器实际结构一般都比较复杂，要对它们进行解析分析绝非易事，一般要对结构进行简化，而分析人员更要掌握扎实深厚的力学理论知识才能完成这一重任。实验方法在其精度上具有无可比拟的优点，但其缺点也非常突出，费用高昂、操作复杂、费时费力，一般在设计定型投入使用前用该方法进行最后的强度验证，不适于在设计过程中采用。实际上最有效、使用也最普遍的应力分析方法，通常是指有限元分析方法。有限元法是随着计算机的广泛应用而发展起来的一种数值解法。它具有极大的通用性和灵活性，可以用来求解压力容器应力分布的复杂问题。

有限元法的基本思路可以归结为：将连续系统分割成有限个单元，对每个单元提出一个近似解，再将所有单元按标准方法加以组合。从而形成原有系统的一个数值近似系统，也就是形成相应的数值模型。有限元法的基本计算步骤归纳为以下三步：网格划分、单元分析、整体分析。

(1) 网格划分　有限元的基本做法是用有限个单元体的集合来代替原有的连续体。因此首先要对压力容器结构进行必要的简化，将压力容器划分为有限个单元组成的离散体。单元之间通过节点相连接。由单元、节点、节点连线构成的集合称为网格。

(2) 单元分析　单元分析就是利用弹塑性力学原理，建立压力容器各单元的节点位移和节点力之间的关系式。由于将单元的节点位移作为基本变量，进行单元分析首先要为单元内部的位移确定一个近似表达式，然后计算单元的应变、应力，再建立单元中节点力与节点位移的关系式。

(3) 整体分析　对由各个单元组成的整体进行分析，建立节点载荷与节点位移的关系，以解出节点位移，这个过程称为整体分析。有限元分析可被用来分析比较复杂的、用一般代数方法无法足够精确分析的系统，它可以提供使用其他方法无法提供的结果。在实践中一般使用有限元分析来解决在分析时出现的巨量的数和方程组。

习　题　四

1. 无力矩理论应用的条件是什么？
2. 椭圆孔的长轴应放在筒体轴线的什么方向上？

3. 为什么大型储罐采用球形容器最合理？

4. 试分析标准椭圆形封头取 $a/b=2$ 的原因。

5. 什么是边缘应力？边缘应力是怎么产生的，有什么特点？

6. 有一圆筒形容器，一端为球形封头，另一端为椭圆形封头。已知圆筒平均直径 $D=2\ 000$ mm，筒体和封头壁厚均为 20 mm，最高工作压力 $p=2$ MPa，试确定：(1)筒体径向应力和周向应力；(2)球形封头上的径向应力和周向应力；(3)如果椭圆形封头的 a/b 分别为 2、$\sqrt{2}$和 3，封头上最大径向应力与周向应力及最大应力所在的位置。

7. 如题图 4-7 所示的回转壳体(蝶形壳)由三部分经线曲率不同的壳体组成：上部是半径为 R 的球壳；下部是半径为 r 的圆筒壳；中间部分是连接球壳和圆筒的过渡圆弧，圆弧半径为 r_1，又称为折边。当承受均匀压力 p 时，试用薄膜应力理论求出蝶形壳各部分的薄膜应力。已知壳体各部分厚度均为 δ。

8. 在直径为 D 的圆筒上安装一个半圆形膨胀节，膨胀节截面半径为 r，如题图 4-8 所示。若膨胀节厚度为 δ，当承受均匀压力 p 时，试用薄膜应力理论求出膨胀节上的薄膜应力。

9. 有一上部支承装载液体的敞口锥壳，液体密度为 ρ，锥壳尺寸如题图 4-9 所示，若忽略锥壳质量，试求锥壳中的最大径向应力和最大周向应力，并确定最大应力所在的位置。

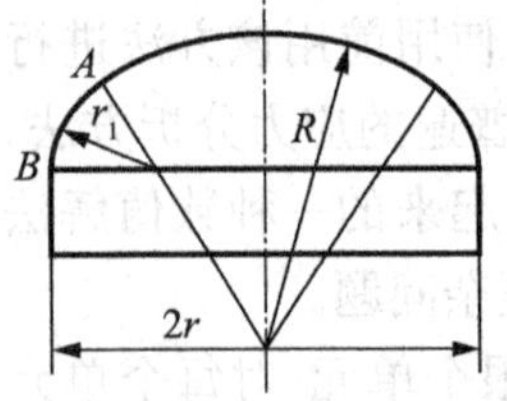

图题 4-7

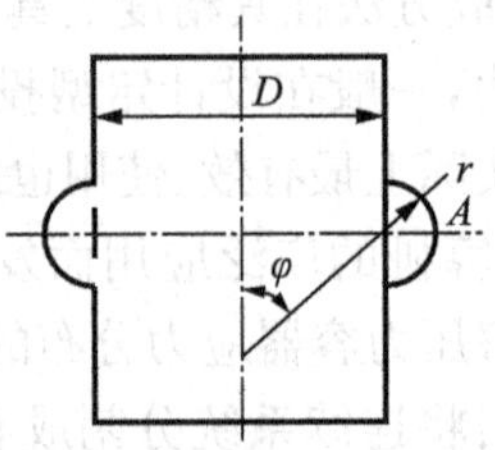

图题 4-8

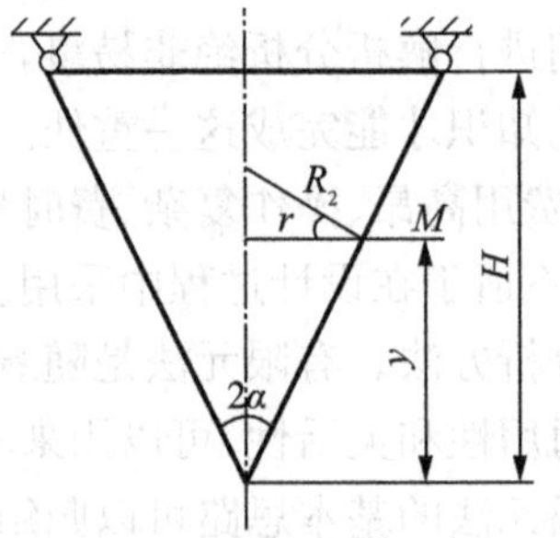

图题 4-9

10. 为何要对压力容器中的应力进行分类？应力分类的依据和原则是什么？

11. 一次应力、二次应力和峰值应力的区别是什么？

12. 分析设计标准划分了哪五组应力强度？许用值分别是多少？是如何确定的？

13. 在疲劳分析中，为什么要考虑平均应力的影响？应该如何考虑？

第5章　内压容器设计

第4章讨论了压力容器的应力分析。本章将在上述基础上介绍承受内压的容器筒体和封头等元件的强度计算方法。和其他工程设计一样，容器设计应根据工艺过程要求和条件，进行包括结构设计和强度计算两个方面的工作。结构设计需要选择适用、合理、经济的结构形式，同时满足制造、检测、装配、运输和维修等要求。而强度计算的内容包括选择容器的材料，确定主要结构尺寸，满足强度、刚度和稳定性等要求，以保证容器安全可靠地运行。

目前我国压力容器设计执行的标准有两个：GB/T 150《压力容器》和 GB/T 4732《压力容器分析设计》。GB/T 150 是常规设计标准，它采用弹性失效准则，即把容器元件上远离结构或载荷不连续处的最大应力限制在所用材料的弹性范围内，以内壁屈服作为容器达到极限承载能力的一种强度设计准则。而对于结构不连续引起的附加应力，以应力增强系数和形状系数的形式引入壁厚计算公式，并将这些局部应力控制在许用范围内，或在结构上加以各种限制，或在材料选择、制造工艺等方面给予不同要求的控制。

压力容器不仅受介质压力的作用，而且受包括容器及其物料和内件的重量、风载荷、地震载荷、温度差、附加外载荷的作用。设计中一般以介质压力作为确定壁厚的基本载荷，然后校核在其他载荷作用条件下壳体中的应力，以保证容器的安全。此外，作为常规设计，一般仅考虑静载荷，不考虑循环载荷和振动的影响，若需考虑该类载荷，则应按分析设计要求，作进一步的疲劳分析。本章仅介绍常规设计法。有关受压元件的设计内容，遵循 GB/T 150《压力容器》中的规定。GB/T 150 适用于设计压力不大于 35 MPa 的容器设计，使用强度理论为第一设计理论。

5.1　设计参数的确定

5.1.1　设计压力和计算压力

设计压力是设定的容器顶部的最高压力，与相应的设计温度一起作为容器的基本设计载荷条件，其值不低于工作压力。工作压力是在正常工作条件下，容器顶部可能达到的最高压力。压力系指表压力。计算压力是在相应设计温度下，用以确定元件厚度的压力，包括液柱静压力等附加载荷。当容器各部位或受压元件所承受的液柱静压力小于设计压力的 5%时，可忽略不计。

当容器上装有安全泄放装置时，其设计压力应根据不同形式的安全泄放装置确定。装设安全阀的容器，考虑到安全阀开启动作的滞后，容器不能及时泄压，设计压力不应低于安全阀的整定压力，即安全阀在运行条件下开始开启的设定压力。整定压力通常可取工作压力的 1.05～1.10 倍；装设爆破片时，设计压力不小于设计爆破压力加上所选爆破片制造范围的上限。对于盛装液化气体的容器，如果具有可靠的保冷设施，在规定的装量系数范围内，设计压力应根据工作条件下容器内介质可能达到的最高温度确定；否则按相关法规确定。

5.1.2 设计温度

设计温度是容器在正常工作情况下，设定的元件的金属温度(沿元件金属截面的温度平均值)。设计温度与设计压力一起作为设计载荷条件。设计温度不得低于元件金属在工作状态达到的最高温度，对于0℃以下的金属温度，设计温度不得高于元件金属可能达到的最低温度。容器各部分在工作状态下的金属温度不同时，可分别设定每部分的设计温度。在确定最低设计金属温度时，应当充分考虑在运行过程中，大气环境低温条件对容器壳体金属温度的影响。对有不同工况的容器，应按最苛刻工况设计，必要时还需考虑不同工况的组合。元件金属温度通过以下方法确定：传热计算求得；在已使用的同类容器上测定；根据容器内部介质温度并结合外部条件确定。

5.1.3 焊接接头系数

焊缝是容器和受压元件中的薄弱环节。由于焊缝热影响区有热应力存在，形成的粗大晶粒会使其强度和塑性降低，且焊缝中可能存在着夹渣、气孔、裂纹及未焊透等缺陷，使焊缝及热影响区的强度受到削弱。因此，需要引入焊接接头系数对材料强度进行修正。焊接接头系数表示接头处材料的强度与母材强度之比，反映容器强度受削弱的程度，用φ表示。焊接接头系数的取值与对接接头的焊缝形式及对其进行无损检测的长度比例有关。

钢制压力容器的焊接接头系数规定如下：双面焊对接接头和相当于双面焊的全焊透对接接头，全部无损检测时取$\varphi=1.0$；局部无损检测时取$\varphi=0.85$。单面焊对接接头(沿焊缝金属全长有紧贴基本金属的垫板)，全部无损检测时取$\varphi=0.9$；局部无损检测时取$\varphi=0.8$。局部无损检测，对低温容器检测长度不得少于各焊接接头长度的50%，对非低温容器检测长度不得少于各焊接接头长度的20%，且均不得小于250 mm。

5.1.4 厚度附加量

厚度附加量C等于材料厚度负偏差C_1加上腐蚀裕量C_2。

1. 材料厚度负偏差

材料厚度负偏差按相应材料标准的规定选取。

(1) 钢板厚度负偏差

根据GB/T 709《热轧钢板和钢带的尺寸、外形、重量以及允许偏差》的规定，热轧钢板按厚度偏差可以分为N、A、B、C四个类别，其中N类的正偏差和负偏差相等，A类按公称厚度规定负偏差，B类规定负偏差为0.30 mm，C类规定负偏差为0，按公称厚度规定正偏差。GB/T 713—2023《承压设备用钢板和钢带》的厚度允许偏差按B类要求，即钢板负偏差为0.30 mm。

(2) 钢管厚度负偏差

GB/T 8163《输送流体用无缝钢管》中对热轧钢管的负偏差规定如下：当钢管公称外径$D\leqslant 102$ mm时，负偏差为12.5%S(S为钢管壁厚)或0.40 mm的较大值；当$D\geqslant 102$ mm时，若$S/D\leqslant 0.05$，负偏差为15%S或0.40 mm的较大值，$S/D>0.05\sim0.1$，负偏差为12.5%S或0.40 mm的较大值，$S/D>0.10$，负偏差为10%S。GB/T 9948《石油裂化用无缝钢管》、GB/T 6479《高压化肥设备用无缝钢管》中热轧钢管的负偏差规定为10%S。GB/T 14976《输送流体用不锈钢无缝钢管》中对热轧钢管的负偏差规定如下：当壁厚$S<15$ mm时，负偏差为12.5%S，当壁厚$S\geqslant 15$ mm时，负偏差为15%S(普通级)或12.5%S(高级)。

2. 腐蚀裕量

为防止容器受压元件由于腐蚀、机械磨损而导致厚度削弱减薄，应考虑腐蚀裕量。对有均匀腐蚀或磨损的元件，应根据预期的容器设计使用年限和介质对金属材料的腐蚀速率(或磨蚀速率)确定腐蚀裕量；容器各元件受到的腐蚀程度不同时，可采用不同的腐蚀裕量。当介质为压缩空气、水蒸气或水的碳素钢或低合金钢制容器，腐蚀裕量不小于 1 mm。

5.1.5 许用应力和安全系数

许用应力是压力容器筒体、封头等受压元件的材料许用强度，是取材料的极限应力与材料安全系数之比而得到的。材料的极限应力有屈服强度 R_{eL}(或 $R_{p0.2}$)、抗拉强度 R_m、蠕变极限 R_n和持久强度 R_D等。安全系数是考虑到材料性能、载荷条件、设计条件、加工制造和操作中的不确定因素而确定的质量保证系数。安全系数与许多因素有关，各国规范中所规定的安全系数与规范所采用的计算方法、选材、制造和检验方面的规定是相适应的。《固定式压力容器安全技术监察规程》给出了确定压力容器材料许用应力的最小安全系数。为方便设计和取值统一，GB/T 150 直接给出了压力容器用钢板、钢管、锻件和螺栓在不同温度下的许用应力值。

5.1.6 厚度

(1) 计算厚度　按相应公式计算得到的厚度。必要时，应计入其他载荷所需温度。对于外压元件，系指满足稳定性要求的最小厚度。

(2) 设计厚度　计算厚度与腐蚀裕量之和。

(3) 名义厚度　设计厚度加上材料厚度负偏差后向上圆整至材料标准规格的厚度。

(4) 有效厚度　名义厚度减去腐蚀裕量和材料厚度负偏差。

(5) 最小成型厚度　受压元件成型后保证设计要求的最小厚度。

当容器压力很低或处于常压时，按壁厚计算公式计算得到的壁厚很小，往往不能满足制造、运输和安装时的刚度要求。因此，对壳体元件规定了加工成形后不包括腐蚀裕量的最小厚度。GB/T 150 对压力容器壳体的最小厚度规定为：碳素钢、低合金钢制容器，不小于 3 mm；高合金钢制容器，一般应不小于 2 mm。

5.2 压力试验

压力试验包括耐压试验和泄漏试验。耐压试验是在超设计压力下进行的试验，目的是检查容器在超压下的宏观程度，包括检查材料的缺陷、容器各部分的变形、焊接接管的强度和法兰连接的泄漏检查等，是对材料、设计、制造及检修等各环节的综合性检查。除新制造的容器需要进行压力试验以外，根据需要，以下容器也应进行压力试验：改变使用条件，且超过原设计参数并经强度校核合格的容器；停止使用两年后重新启用的容器；使用单位从外单位拆来新安装的或本单位内部移装的容器；用焊接方法修理改造、更换主要受压元件的容器；需要更换衬里(重新更换衬里前)的容器；使用单位对安全性能有怀疑的容器。

耐压试验包括液压试验、气压试验和气液组合试验。一般采用液压试验，对不适宜进行液压试验的容器，例如不允许残留微量液体或由于结构原因不能充满液体的容器，采用气压试验或气液组合试验。

液压试验用液体一般为水，试验合格后应立即将水排净吹干；无法完全排净吹干时，对奥氏体不锈钢制容器，应控制水的氯离子含量不超过 25 mg/L；必要时，也可采用不会导致危险发生的其他试验液体，但试验液体的温度应低于其闪点或沸点，并有可靠的安全措施。Q345R、Q370R、07MnMoVR 所制容器进行液压试验时，液体温度不得低于 5℃；其他碳钢和低合金钢制容器进行液压试验时，液体温度不得低于 15℃；低温容器液压试验的液体温度应不低于壳体材料和焊接接头的冲击试验温度(取其高者)加 20℃；如果由于板厚等因素造成材料无塑性转变温度升高，则需相应提高试验温度。

气压试验和气液组合压力试验所用气体应为干燥洁净的空气、氮气或其他惰性气体；试验液体同液压试验。

液压试验的试验压力按式(5－1)确定。

$$p_T = 1.25p\frac{[\sigma]}{[\sigma]^t} \tag{5-1}$$

气压试验或气液组合试验的试验压力按式(5－2)确定。

$$p_T = 1.1p\frac{[\sigma]}{[\sigma]^t} \tag{5-2}$$

式中 p_T——试验压力，MPa；

p——设计压力，MPa；

$[\sigma]$——容器元件材料在耐压试验温度下的许用应力，MPa；

$[\sigma]^t$——容器元件材料在设计温度下的许用应力，MPa。

确定试验压力时，还应考虑如下几点。

(1) 对于立式容器采用卧置进行液压试验时，试验压力应计入立置试验时的液柱静压力；工作条件下内装介质的液柱静压力大于液压试验的液柱静压力时，应考虑适当增加试验压力。

(2) 容器铭牌上规定最高允许工作压力时，应以最高允许工作压力代替设计压力。

(3) 容器各主要受压元件，如圆筒、封头、接管、设备法兰(或人手孔法兰)及其紧固件等所用材料不同时，应取各元件材料的$[\sigma]/[\sigma]^t$ 比值中的最小值。

(4) $[\sigma]^t$ 应不低于材料受抗拉强度和屈服强度控制的许用应力最小值。

如果采用大于由式(5－1)、式(5－2)计算出的试验压力进行试验，在试验前应校核各受压元件在试验条件下的应力水平，例如对壳体元件应校核最大总体薄膜应力 σ_T。液压试验应满足式(5－3)，气压试验或气液组合试验应满足式(5－4)。

$$\sigma_T \leqslant 0.9R_{eL}\varphi \tag{5-3}$$

$$\sigma_T \leqslant 0.8R_{eL}\varphi \tag{5-4}$$

式中 σ_T——试验时受压元件的应力值，$\sigma_T=\dfrac{p_T(D_i+\delta_e)}{2\delta_e}$，MPa；

R_{eL}——壳体材料在试验温度下的屈服强度(或 0.2%非比例延伸强度)，MPa；

φ——焊接接头系数。

泄漏试验是对密封性要求高的重要容器进行的泄漏检查。泄漏试验包括气密性试验以及氨检漏试验、卤素检漏试验和氦检漏试验等。介质毒性程度为极度、高度危害或者不允许有微量泄漏的容器，应在耐压试验合格后进行泄漏试验。气密性试验压力等于设计压力。

5.3 内压圆筒的强度计算

圆筒承受均匀内压作用时，筒壁中的薄膜应力由式(4－6)和式(4－7)给出，最大应力为周向应力，按照第一强度理论可得

$$\sigma_\theta = \frac{p_c D}{2\delta} \leqslant [\sigma]^t$$

式中 p_c——计算压力，MPa；

D——圆筒中径，mm；

δ——壁厚，mm；

$[\sigma]^t$——材料在设计温度下的许用应力，MPa。

工艺设计中一般给出圆筒内直径 D_i，$D=D_i+\delta$，代入上式，得

$$\sigma_\theta = \frac{p_c(D_i+\delta)}{2\delta} \leqslant [\sigma]^t$$

圆筒由钢板卷制而成，焊接接头区金属强度可能低于母材，所以上式中的许用应力应乘以焊接接头系数 $\varphi(\varphi\leqslant 1)$。由此得出圆筒的厚度计算公式

$$\delta = \frac{p_c D_i}{2[\sigma]^t\varphi - p_c} \tag{5-5}$$

式(5－5)是筒体承受压力 p_c 时，按强度计算需要的最小厚度，称为计算厚度。该式的适用范围为 $p_c\leqslant 0.4[\sigma]^t\varphi$。

要保证容器的安全，还必须考虑介质对材料的腐蚀以及材料在制造过程中的负偏差，为此引入厚度附加量，即

$$C = C_1 + C_2 \tag{5-6}$$

式中 C——厚度附加量，mm；

C_1——材料厚度负偏差，mm；

C_2——腐蚀裕量，mm。

计算厚度与腐蚀裕量之和称为容器的设计厚度 δ_d，即

$$\delta_d = \delta + C_2 \tag{5-7}$$

在设计厚度的基础上，考虑钢板的负偏差 C_1，再向上圆整到钢板的标准规格，即得容器的名义厚度 δ_n，即

$$\delta_n = \delta_d + C_1 + \Delta \tag{5-8}$$

式中，Δ 为圆整值。名义厚度即设计图纸上所标注的厚度。

名义厚度 δ_n 减去钢板的厚度附加量即为钢板的有效厚度 δ_e，即

$$\delta_e = \delta_n - C \tag{5-9}$$

当已知圆筒内径 D_i、有效厚度 δ_e，需要对圆筒进行强度校核时，筒壁的应力校核公式为

$$\sigma_t = \frac{p_c(D_i+\delta_e)}{2\delta_e} \leqslant [\sigma]^t\varphi \tag{5-10}$$

设计温度下圆筒的最大允许工作压力为

$$[p_w] = \frac{2\delta_e[\sigma]^t\varphi}{D_i+\delta_e} \tag{5-11}$$

5.4 内压球壳的强度计算

球壳的应力由式(4－5)计算。对照圆筒的强度计算，式(5－5)、式(5－6)和式(5－7)分别变为

$$\delta=\frac{p_c D_i}{4[\sigma]^t\varphi-p_c} \tag{5-12}$$

$$\sigma_t=\frac{p_c(D_i+\delta_e)}{4\delta_e}\leqslant[\sigma]^t\varphi \tag{5-13}$$

$$[p_w]=\frac{4\delta_e[\sigma]^t\varphi}{D_i+\delta_e} \tag{5-14}$$

式(5－12)～式(5－14)的适用范围为 $p_c\leqslant 0.6[\sigma]^t\varphi$。

5.5 凸形封头的强度计算

压力容器封头按其几何形状可分为凸形封头、锥形封头和平板封头。凸形封头又分为半球形封头、椭圆形封头、碟形封头和球冠形封头。

对承受均匀内压的封头，由于封头和圆筒相连，所以在确定封头厚度时，不仅要考虑封头本身因内压引起的薄膜应力，还要考虑封头与圆筒连接处的边缘应力。连接处的总应力大小与封头的几何形状、尺寸及封头与圆筒厚度的比值大小有关。但在推导封头厚度计算公式时，主要以内压引起的薄膜应力为依据。对边缘应力的影响，则以形状系数或应力增强系数的形式引入厚度计算式中。

设计封头时，一般应优先选用封头标准中推荐的形式与参数，然后根据受压情况进行强度计算，确定封头的厚度。GB/T 25198《压力容器封头》中列出了六种封头：半球形封头(HHA)；椭圆形封头(以内径为基准 EHA，以外径为基准 EHB)；碟形封头(以内径为基准 THA，以外径为基准 THB)；球冠形封头(SDH)；平底封头(FHA)、锥形封头[30°半锥角 CHA(30)，45°半锥角 CHA(45)，60°半锥角 CHA(60)]。

5.5.1 半球形封头

半球形封头即半个球壳。厚度计算公式与球壳相同，即：

$$\delta_h=\frac{p_c D_i}{4[\sigma]^t\varphi-p_c} \tag{5-15}$$

式中，δ_h 为封头计算厚度。

与其他封头相比，在相同直径和压力下，半球形封头所需的厚度最薄，节省材料。由于半球形封头深度大，整体冲压较为困难，对大直径的半球形封头可用数块钢板先在液压机上用模具将每块冲压成形，然后再在现场拼焊而成，但尺寸的对准性较差，制造难度大。半球形封头多用于大型高压容器和压力较高的储罐上。对中、小直径的容器很少采用半球形封头。虽然球形封头壁厚可较相同直径与压力的圆筒壳减薄一半，但在实际工作中，为了焊接方便以及降低边界处的边缘压力，通常将半球形封头和圆筒体的厚度取为相同。此时，封头具有较大的强度储备。

5.5.2　椭圆形封头

椭圆形封头由半个椭球壳和一个短圆筒(直边段)组成,如图 5-1 所示。直边段的作用是使封头和筒体连接的环焊缝避开封头边缘应力的影响。

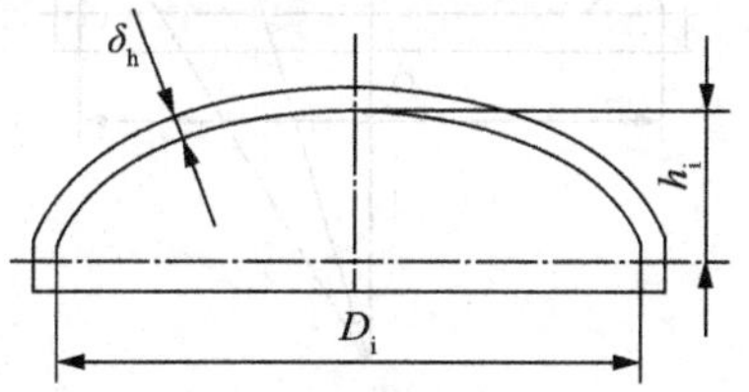

图 5-1　椭圆形封头

由椭球形壳体的应力分析可知,椭球壳上的应力分布是变化的,应力的大小随着点的位置不同而不同。当 $a/b\leqslant 2$ 时,最大应力在椭球壳的顶点,即

$$\sigma_\theta=\sigma_\varphi=\frac{p_c a}{2\delta_h}\left(\frac{a}{b}\right)$$

令 $m=a/b$,由图 5-1,$a=(D_i+\delta_h)/2$,$b=h_i+\delta_h/2$,则 $m\approx D_i/2h_i$。由第一强度理论并引入焊接接头系数,得

$$\frac{mp_c(D_i+\delta_h)}{4\delta_h}\leqslant[\sigma]^t\varphi$$

解得
$$\delta_h=\frac{p_c D_i}{2[\sigma]^t\varphi-0.5mp_c}\frac{m}{2}\approx\frac{p_c D_i}{2[\sigma]\varphi-0.5p_c}\frac{D_i}{4h_i}$$

上式中,由于 $m\leqslant 2$,$2[\sigma]^t\varphi\gg 0.5mp_c$,为简化计算,取 $0.5mp_c\approx 0.5p_c$。该式仅是薄膜理论在 $m\leqslant 2$ 时得到的结果,没有考虑椭球壳与圆筒连接处的边缘效应,与实际情况不符,应进行修正,GB/T 150 中引入形状系数 K。则以内径为基准的椭圆形封头计算厚度公式为

$$\delta_h=\frac{Kp_c D_i}{2[\sigma]^t\varphi-0.5p_c}\tag{5-16}$$

形状系数与结构尺寸有关,用式(5-17)计算。标准椭圆形封头,$K=1$。

$$K=\frac{1}{6}\left[2+\left(\frac{D_i}{2h_i}\right)^2\right]\tag{5-17}$$

由于承受内压的椭球壳在赤道圆处可能出现压应力,为防止出现失稳,GB/T 150 规定:$D_i/2h_i\leqslant 2$ 的椭球形封头,其有效厚度应不小于封头内直径的 0.15%,$D_i/2h_i>2$ 时,有效厚度应不小于封头内直径的 0.30%。当确定封头厚度时已考虑了内压下的弹性失稳,可不受此限制。

椭圆形封头的最大允许工作压力按式(5-18)计算。

$$[p_w]=\frac{2[\sigma]^t\varphi\delta_{eh}}{KD_i+0.5\delta_{eh}}\tag{5-18}$$

式中,δ_{eh}为封头的有效厚度。

5.5.3　碟形封头

碟形封头又称带折边的球形封头,如图 5-2 所示,由半径为 R_i 的部分球面、半径为 r 的过渡环壳和短圆筒所组成。

从几何形状看,碟形封头是一不连续曲面,在两个经线曲率突变处,存在较大边缘弯曲应力。边缘弯曲应力与薄膜应力叠加,使该部位的应力远远高于其他部位,故受力状况不佳。

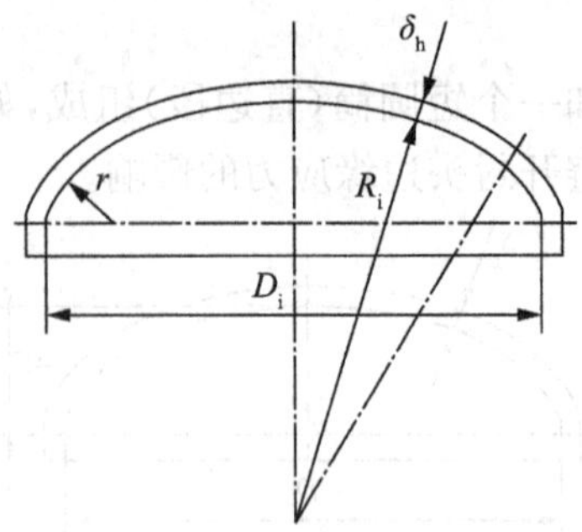

图 5-2 碟形封头

但过渡环壳的存在降低了封头深度，方便成型。由于存在较大的边缘应力，在相同条件下碟形封头的厚度比椭圆形封头大。根据球壳薄膜应力公式，考虑封头边缘应力的影响，在设计中引入形状系数 M，得出厚度计算公式为

$$\delta_h = \frac{Mp_c D_i}{2[\sigma]^t\varphi - 0.5p_c} \tag{5-19}$$

形状系数与结构尺寸有关，用式(5-20)计算。

$$M = \frac{1}{4}\left(3 + \sqrt{\frac{R_i}{r}}\right) \tag{5-20}$$

由于承压内压的碟形封头在连接边缘处也可能出现压应力，为防止出现失稳，GB/T 150 规定：$R_i/r \leqslant 5.5$ 的碟球形封头，其有效厚度应不小于封头内直径的 0.15%，其他封头有效厚度应不小于封头内直径的 0.30%。当确定封头厚度时已考虑了内压下的弹性失稳，可不受此限制。

碟形封头的最大允许工作压力按式(5-21)计算。

$$[p_w] = \frac{2[\sigma]^t\varphi\delta_{eh}}{KR_i + 0.5\delta_{eh}} \tag{5-21}$$

5.5.4 球冠形封头

为了进一步降低凸形封头的高度，将碟形封头的直边及过渡圆弧部分去掉，只留下球面部分，并把它直接焊在筒体上，这就构成了球冠形封头，见图 5-3。这种封头也称为无折边球形封头。球冠形封头可用作端封头，也可用作容器中两独立受压室的中间封头。

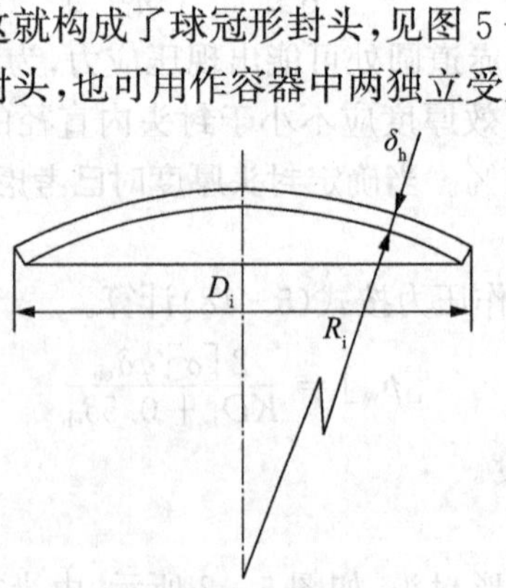

图 5-3 球冠形封头

球冠形封头与筒体的连接，由于曲率的突变会产生较大的边缘应力，因此应对连接处的筒体和封头设置加强段，如图 5-4 所示。图中封头与筒体连接的 T 形接头采用全焊透结构。

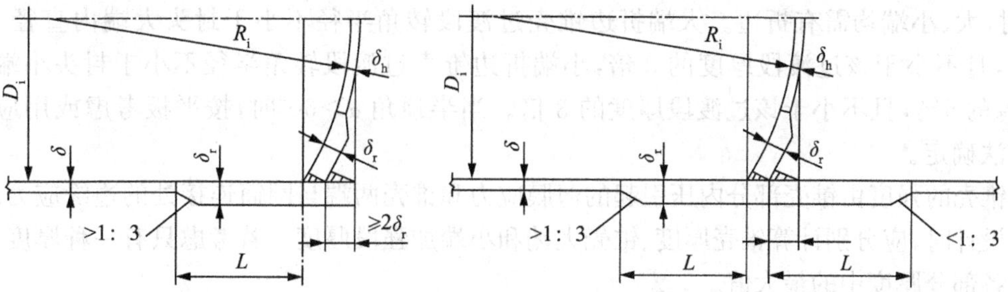

图 5-4　球冠形封头与筒体的连接

受内压(凹面受压)封头计算厚度 δ_h 按内压球壳计算;受外压(凸面受压)封头计算厚度 δ_h 按外压球壳计算;对于中间封头,应考虑封头两侧最苛刻的压力组合工况。

封头加强段的厚度 δ_r 按式(5-22)计算。

$$\delta_r = Q\delta \tag{5-22}$$

式中,δ 为圆筒的计算厚度,按公式(5-5)计算,Q 为系数,根据不同的受力情况由图查取(详见 GB/T 150)。与封头相连接的圆筒厚度不得小于封头加强段厚度,否则在圆筒上也应设置加强段。圆筒加强段厚度一般和封头加强段厚度一致。封头和筒体加强段长度均应不小于 $\sqrt{2D_i\delta_r}$。

5.6 锥形封头的强度计算

锥形封头也称锥壳,在同等条件下,其受力状况比半球形封头、椭圆形封头和碟形封头都差;在与圆筒的连接处转折更为明显,曲率半径突变,产生较大的边缘应力。锥形封头主要用于不同直径圆筒的过渡连接和介质中含有固体颗粒或介质黏度较大时容器下部的出料口等,在中、低压容器中应用较为普遍。

图 5-5 为锥壳的结构形式。图 5-5(a)为无折边锥壳,图 5-5(b)为大端折边锥壳,图 5-5(c)为折边锥壳。折边锥壳的受力状况优于无折边锥壳,但制造困难。

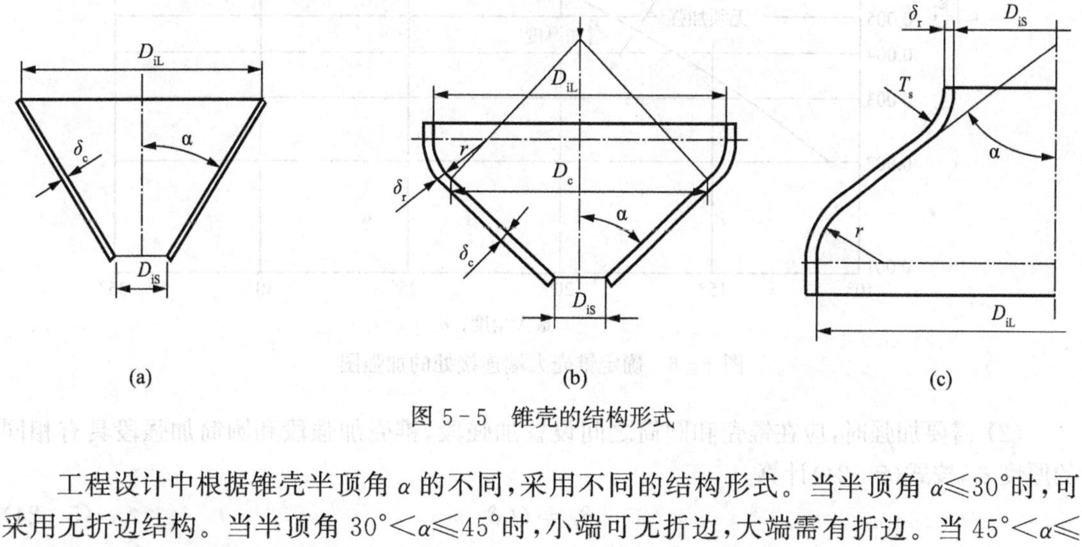

图 5-5　锥壳的结构形式

工程设计中根据锥壳半顶角 α 的不同,采用不同的结构形式。当半顶角 $\alpha \leqslant 30°$时,可采用无折边结构。当半顶角 $30° < \alpha \leqslant 45°$时,小端可无折边,大端需有折边。当 $45° < \alpha \leqslant$

60°时，大、小端均需有折边。大端折边锥壳过渡段转角半径不小于封头大端内直径 D_{iL} 的10%，且不小于该过渡段厚度的3倍，小端折边锥壳过渡段转角半径不小于封头小端内直径 D_{iS} 的5%，且不小于该过渡段厚度的3倍。当半顶角 $\alpha>60°$ 时，按平板考虑或用应力分析方法确定。

锥壳的强度由锥壳部分内压引起的薄膜应力和锥壳两端与圆筒连接处的边缘应力决定。锥壳设计时，应分别计算锥壳厚度、锥壳大端和小端加强段厚度。若考虑只有一种厚度，则取上述各部分厚度中的最大值。

5.6.1 锥壳厚度

根据薄膜应力理论，锥壳上的最大应力为大端的周向应力，将式(4-9)中的 r 用大端中径代替，则得锥壳大端的应力：$\sigma_\theta=\dfrac{pD}{2\delta\cos\alpha}$。而 $D=D_c+\delta_c$，D_c 为锥壳大端内直径，由第一强度理论，并引入焊接接头系数 φ，得到锥壳的厚度计算公式

$$\delta_c=\frac{p_cD_c}{2[\sigma]_c^t\varphi-p_c}\frac{1}{\cos\alpha} \tag{5-23}$$

式中，$[\sigma]_c^t$ 为设计温度下锥壳所用材料的许用应力；当锥壳由同一半顶角的几个不同厚度的锥壳段组成时，D_c 分别为各锥壳段内直径。

1. 锥壳大端

无折边锥壳与圆筒连接处，经线发生突然转折，两经线之间无公切线，所以在连接处相邻壳体上既存在由于自由变形不一致而引起的边缘应力，同时还存在着由横推力引起的局部弯曲应力。设计时应考虑对此处的锥壳和筒体进行加强。锥壳大端壁厚按以下步骤进行计算：

(1) 按图5-6判断壳体是否需要加强，无须加强时，锥壳大端厚度按式(5-23)计算；

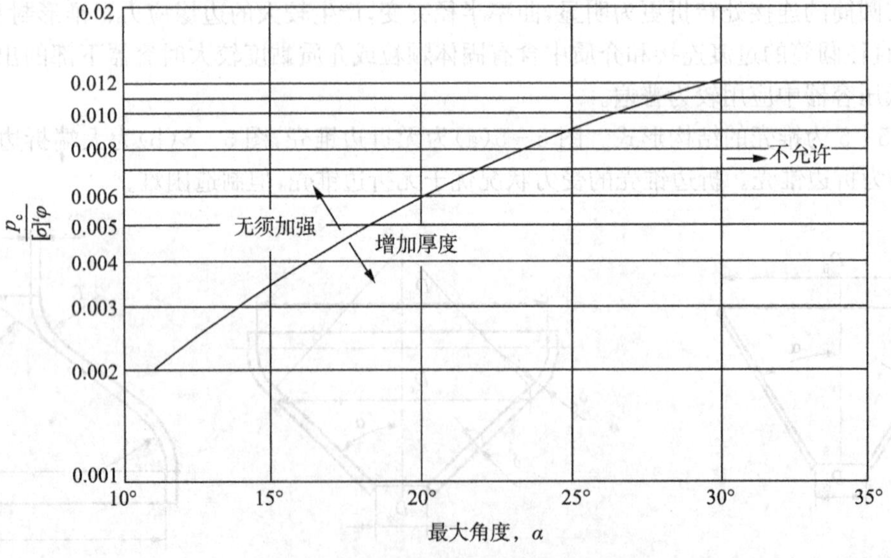

图5-6 确定锥壳大端连接处的加强图

(2) 需要加强时，应在锥壳和圆筒之间设置加强段，锥壳加强段和圆筒加强段具有相同的厚度 δ_r，按式(5-24)计算。

$$\delta_r=Q_1\delta \tag{5-24}$$

式中，δ 用圆筒计算厚度公式计算；D_i 取锥壳大端内直径 D_{iL}，Q_1 为大端应力增值系数，由图 5-7 查取。

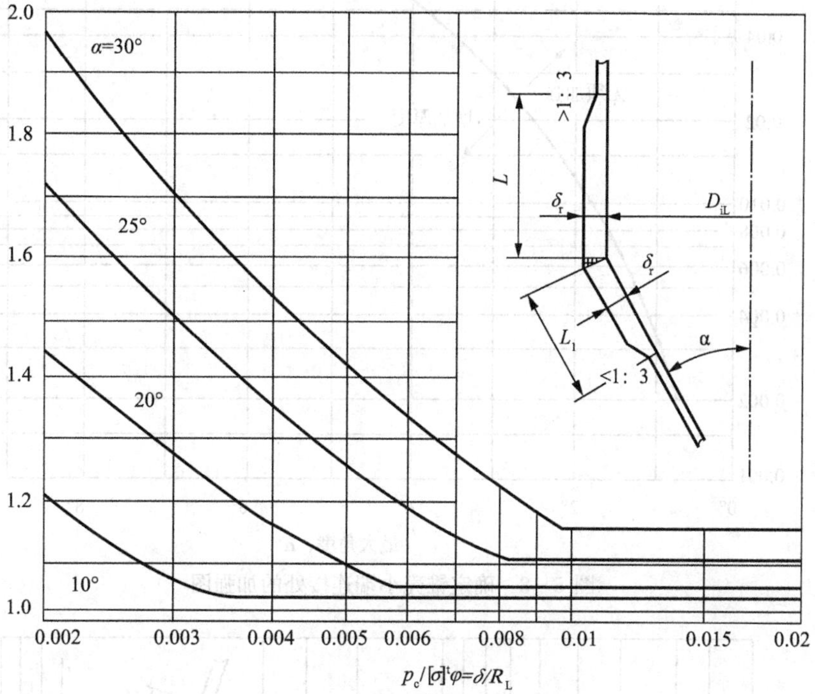

图 5-7　锥壳大端处的 Q_1 值图

当 $\delta/R_L<0.002$（R_L为锥壳大端直边段中间半径）时，δ_r 按式(5-25)计算，Q_1 由图 5-7 按 $p_c/[\sigma]^t\varphi=0.002$ 查取。

$$\delta_r = 0.001Q_1D_{iL} \tag{5-25}$$

在任何情况下，加强段的厚度不得小于相连接的锥壳厚度。锥壳加强段的长度 L_1 应不小于 $\sqrt{2D_{iL}\delta_r/\cos\alpha}$，圆筒加强段的长度 L 应不小于 $\sqrt{2D_{iL}\delta_r}$。

2. 锥壳小端

无折边锥壳小端与圆筒连接时，与大端处一样，在连接处亦存在边缘效应。壁厚的确定按以下步骤进行。

(1) 按图 5-8 判断壳体是否需要加强，无须加强时，锥壳大端厚度按式(5-23)计算。

(2) 需要加强时，应在锥壳和圆筒之间设置加强段，锥壳加强段和圆筒加强段具有相同的厚度 δ_r，按式(5-26)计算。其中 δ 用圆筒计算厚度公式计算，D_i 取锥壳小端内直径 D_{iS}，Q_2 为小端应力增值系数，由图 5-9 查取。

$$\delta_r = Q_2\delta \tag{5-26}$$

当 $\delta/R_S<0.002$（R_S为锥壳小端直边段中面半径）时，δ_r 按式(5-27)计算，Q_2 由图 5-9 按 $p_c/[\sigma]^t\varphi=0.002$ 查取。

$$\delta_r = 0.001Q_2D_{iS} \tag{5-27}$$

在任何情况下，加强段的厚度不得小于相连接的锥壳厚度。锥壳加强段的长度 L_1 应不小于 $\sqrt{2D_{iS}\delta_r/\cos\alpha}$；圆筒加强段长度 L 应不小于 $\sqrt{2D_{iS}\delta_r}$。

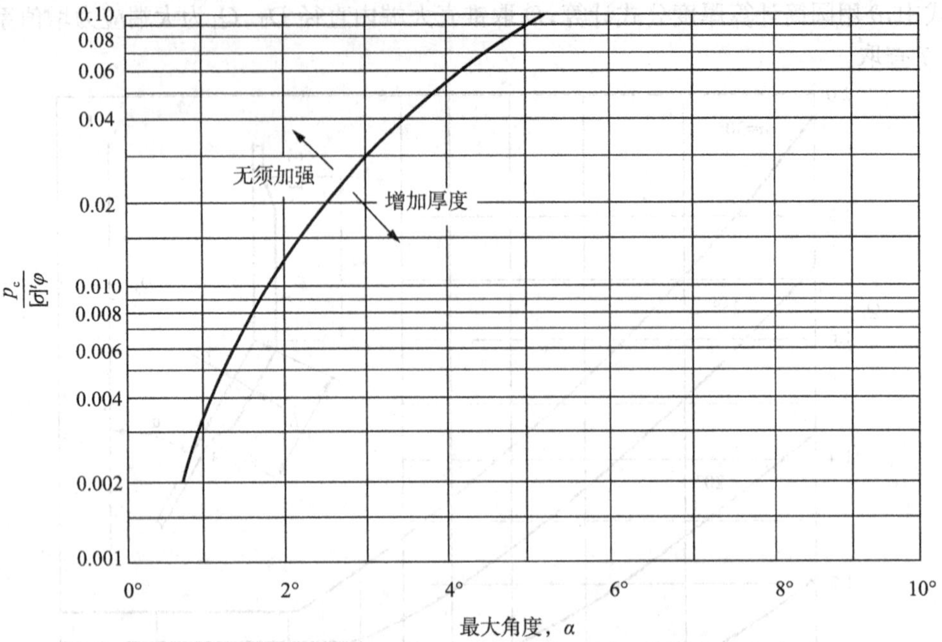

图 5－8　确定锥壳小端连接处的加强图

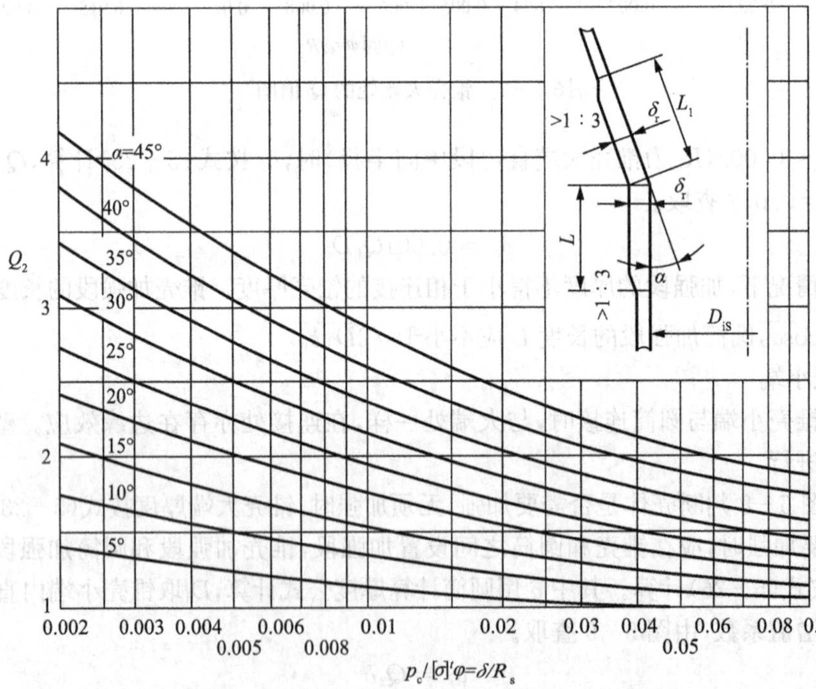

图 5－9　锥壳小端处的 Q_2 值图

5.6.2　受内压折边锥壳

为了减小锥壳与圆筒连接处的局部应力，常采用带折边锥壳，以缓解连接处几何不连续引起的边缘应力。

1. 锥壳大端

（1）与过渡段连接的锥壳厚度　如图 5-5(b)所示，锥壳部分的壁厚仍用式(5-23)计算。工程设计时，通常给出的是大端内直径 D_{iL}，为方便计算，需将 D_c 用 D_{iL} 代替。由图 5-5(b)得 $D_c=D_{iL}-2r(1-\cos\alpha)$，代入式(5-23)，整理后得

$$\delta_r=\frac{fp_cD_{iL}}{[\sigma]_c^t\varphi-0.5p_c} \tag{5-28}$$

$$f=\frac{1-2r(1-\cos\alpha)/D_{iL}}{2\cos\alpha} \tag{5-29}$$

（2）过渡段厚度　过渡段类似于碟形封头的过渡段，但它与锥壳相连，与碟形封头和球壳相连相比，应力大小有所差别，但仍采用类似的计算公式，即式(5-30)。

$$\delta_r=\frac{Kp_cD_{iL}}{2[\sigma]_c^t\varphi-0.5p_c} \tag{5-30}$$

式中　K——系数，见表 5-1。

2. 封头小端

当锥壳半顶角 $\alpha\leqslant45°$ 时，若小端无折边，按上述无折边锥壳小端的计算方法。如需折边，其小端过渡段按式(5-26)计算，Q_2 值由图 5-9 查取。当锥壳半顶角 $\alpha>45°$ 时，小端过渡段仍按式(5-26)计算，但式中的 Q_2 值由图 5-10 查取。

表 5-1　系数 K 值

α	r/D_{iL}					
	0.10	0.15	0.20	0.30	0.40	0.50
10°	0.664 4	0.611 1	0.578 9	0.540 3	0.516 8	
20°	0.695 6	0.635 7	0.598 6	0.552 2	0.522 3	
30°	0.754 4	0.681 9	0.635 7	0.574 9	0.532 9	
35°	0.798 0	0.716 1	0.662 9	0.591 4	0.540 7	
40°	0.854 7	0.760 4	0.698 1	0.612 7	0.550 6	0.500 0
45°	0.925 3	0.818 1	0.744 0	0.640 2	0.563 5	
50°	1.027 0	0.894 4	0.804 5	0.676 5	0.580 4	
55°	1.160 8	0.998 0	0.885 9	0.724 9	0.602 8	
60°	1.350 0	1.143 3	1.000 0	0.792 3	0.633 7	

注：中间值用内插法。

与过渡段相连接的锥壳和圆筒的加强段厚度应与过渡段厚度相同。锥壳加强段的长度 L_1 应不小于 $\sqrt{2D_{iS}\delta_r/\cos\alpha}$；圆筒加强段长度 L 应不小于 $\sqrt{2D_{iS}\delta_r}$。

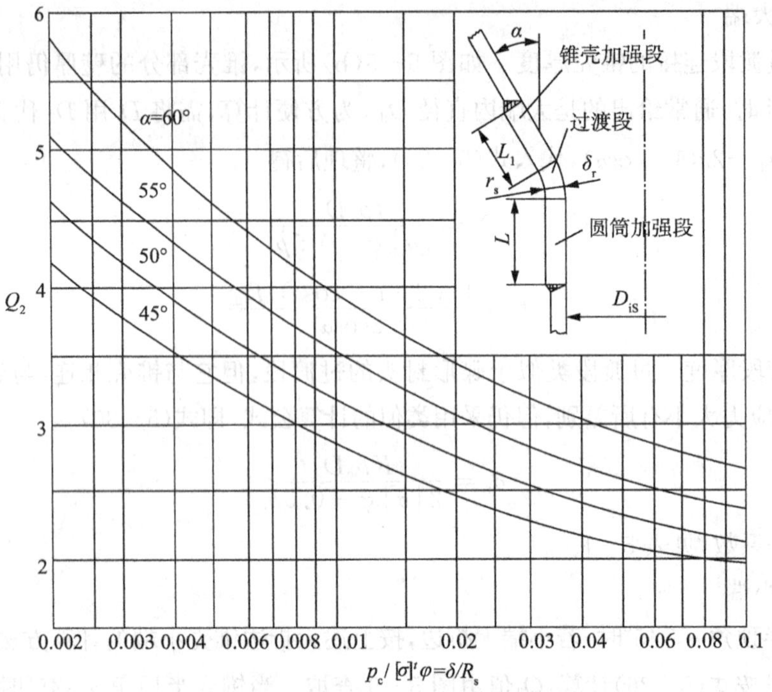

图 5-10　锥壳小端带过渡段连接的 Q_2 值

5.7　平板封头的强度计算

平板封头(又称平盖),也是化工设备常用的一种封头。平板封头的几何形状有圆形、椭圆形、长圆形、矩形和方形等,其中以圆形使用最多。圆平板封头在压力的作用下将发生弯曲。根据平板理论,受均布载荷的圆平板,板内将产生两个方向的弯曲正应力,即圆周截面上的径向弯曲应力 σ_r 和径向截面上的周向弯曲应力 σ_θ。在同一半径上,σ_θ 处处相等,而 σ_r 则随半径的变化而变化。与梁的弯曲一样,截面上一点应力的大小与该点到中性层的距离成正比,板面上应力最大。平板上的应力分布还与平板的支承方式有关。

(1) 周边简支(相当于简支梁)

$$\sigma_r = \pm\frac{3p_c}{8\delta_p^2}(3+\mu)(R^2-r^2)$$

$$\sigma_\theta = \pm\frac{3p_c}{8\delta_p^2}[(3+\mu)R^2-(1+3\mu)r^2] \tag{5-31}$$

式中,R 为圆平板半径,μ 为材料的泊松比,δ_p 为平板厚度。在平板中心($r=0$),板上的应力最大,且两个方向的应力相等,即

$$\sigma_{rmax} = \sigma_{\theta max} = \pm\frac{3(3+\mu)}{8\delta_p^2}p_cR^2 \tag{5-32}$$

(2) 周边固定(相当于固定端)

$$\sigma_r = \pm\frac{3p_c}{8\delta_p^2}[(1+\mu)R^2-(3+\mu)r^2]$$

$$\sigma_\theta = \pm \frac{3p_c}{8\delta_p^2}[(1+\mu)R^2 - (1+3\mu)r^2] \tag{5-33}$$

当 $r=R$ 时，板上的径向应力达到最大　$\sigma_{r\max} = \pm \dfrac{3p_c R^2}{4\delta_p^2}$　(5-34)

当 $r=0$ 时，板上的周向应力达到最大且该点径向应力相等

$$\sigma_{\theta\max} = \pm \frac{3(1+\mu)p_c R^2}{8\delta_p^2} = \sigma_r \tag{5-35}$$

比较式(5-34)和式(5-35)知，周边固定平板的最大应力为 $r=R$ 处的径向应力。

从式(5-32)和式(5-34)可以看出，平板上的最大弯曲应力与 $(R/\delta_p)^2$ 成正比。由第 4 章的内容可知，旋转薄壳的最大应力与 R/δ 成正比。所以说，当平板的直径和筒体直径相同，板厚和筒体壁厚相等，承受同样大小的压力时，在板内产生的应力要比薄壳中的大得多。也就是说，在承受相同的压力下，平板封头要比凸形封头厚得多。

但是，由于平板封头结构简单，制造方便，故而在压力不高、直径较小的容器中，采用平板封头比较经济简便。对于压力容器的人孔、手孔等在操作时需要用盲板封闭的地方，也广泛采用平板封头。在高压容器中封头很厚，直径又相对较小，凸形封头的制造较为困难，所以倾向于多消耗材料采用平板封头使制造简便。

由于实际平板封头与筒体相连接，支承既不是固支，也不是简支，而是介于两者之间。在承受内压时最大应力可能出现在封头的中心部位，也可能出现在封头与筒体连接部位，这取决于具体的连接结构形式和筒体的尺寸参数。为此引入结构特征系数 K，将平盖上的最大应力统一表示为：

$$\sigma_{\max} = K\frac{p_c D_c^2}{\delta_p^2} \tag{5-36}$$

式中　D_c——平盖的计算直径，见表 5-2；

K——结构特征系数，见表 5-2，其他结构的 K 值可查阅 GB/T 150。

根据第一强度理论并考虑焊接接头系数，得出圆平板封头厚度计算公式

$$\delta_p = D_c\sqrt{\frac{Kp_c}{[\sigma]^t\varphi}} \tag{5-37}$$

表 5-2　封头结构的特征系数

固定方法	序号	简图	结构特征系数 K	备注
与圆筒一体或对焊	1	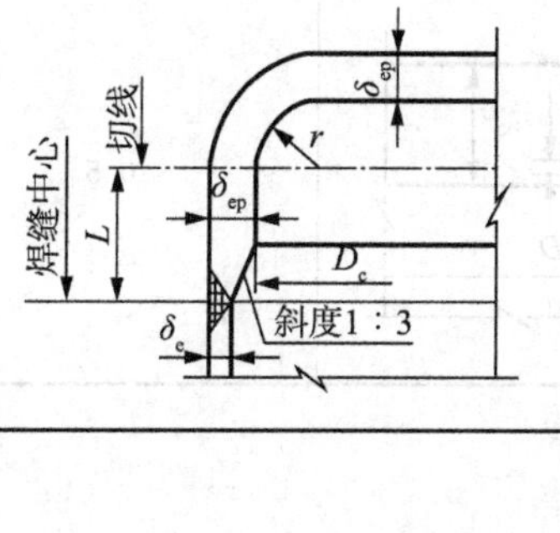	0.145	仅适用于圆形平盖 $p_c \leqslant 0.6$ MPa $L \geqslant 1.1\sqrt{D_i\delta_e}$ $r \geqslant 3\delta_{ep}$

续表

固定方法	序号	简图	结构特征系数 K	备注
角焊缝或组合焊缝连接	2	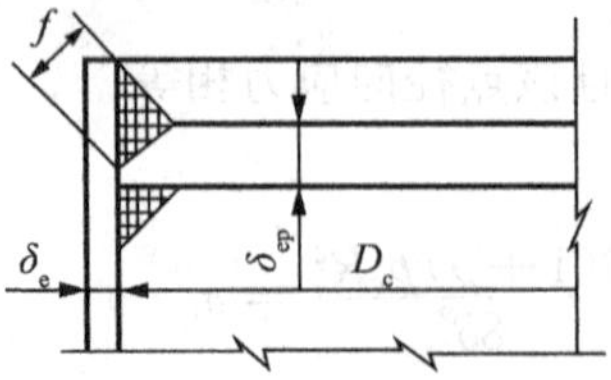	圆形平盖：0.44 m ($m=\delta/\delta_e$)，且不小于 0.3；非圆形平盖：0.44	$f\geqslant 1.4\delta_e$
	3	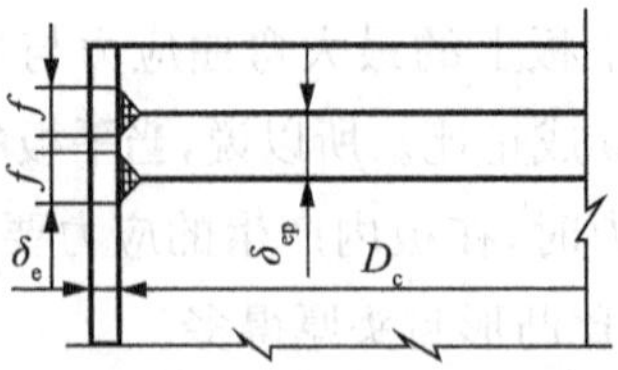	圆形平盖：0.44 m ($m=\delta/\delta_e$)，且不小于 0.3 非圆形平盖：0.44	$f\geqslant \delta_e$
	4	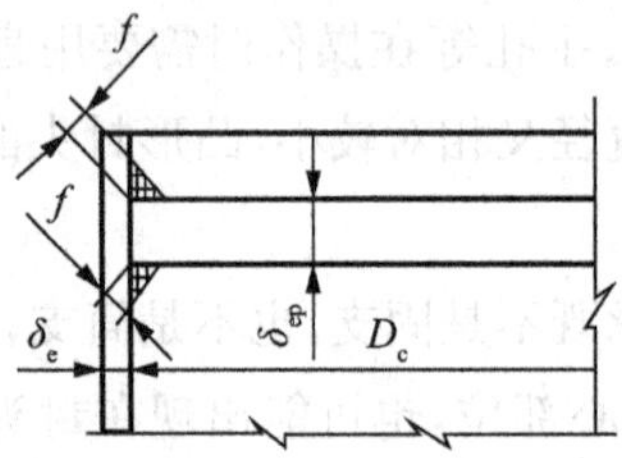	圆形平盖：0.5 m ($m=\delta/\delta_e$)，且不小于 0.3；非圆形平盖：0.5	$f\geqslant 0.7\delta_e$
	5	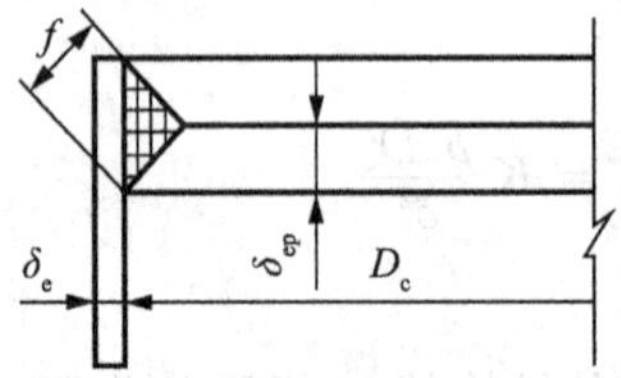		$f\geqslant 1.4\delta_e$
锁底对接焊缝	6	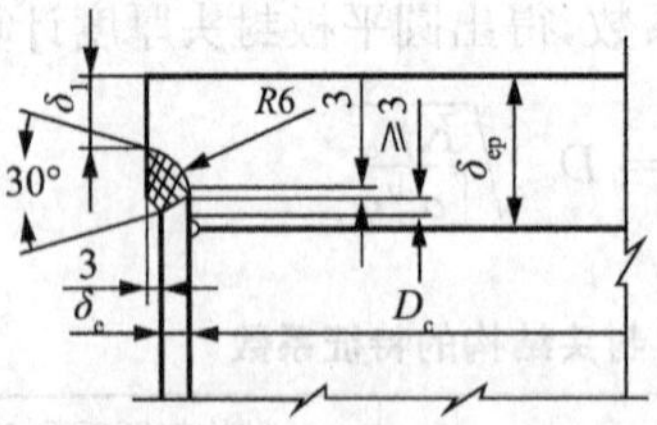	0.44 m ($m=\delta/\delta_e$)，且不小于 0.3	仅适用于圆形平盖，且 $\delta_1\geqslant\delta_e+3$ mm
	7	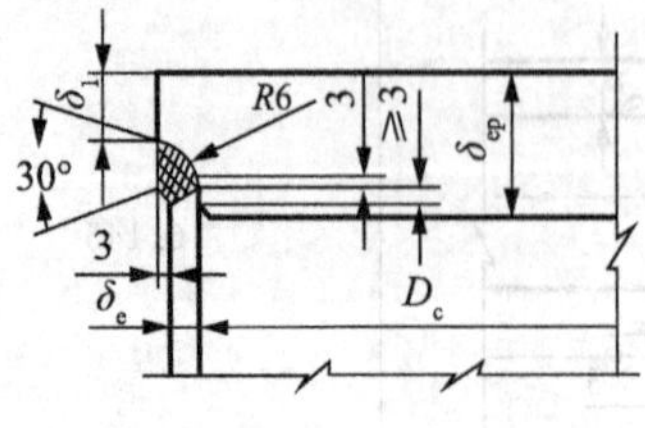	0.5	

续表

固定方法	序号	简图	结构特征系数 K	备注
	8	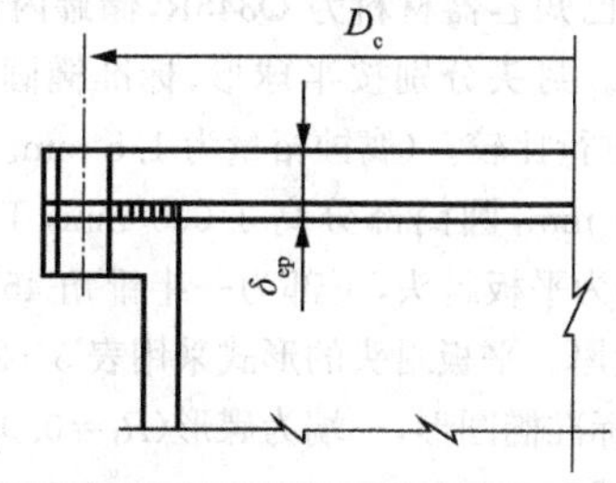	圆形平盖或 非圆形平盖 0.25	
螺栓连接	9	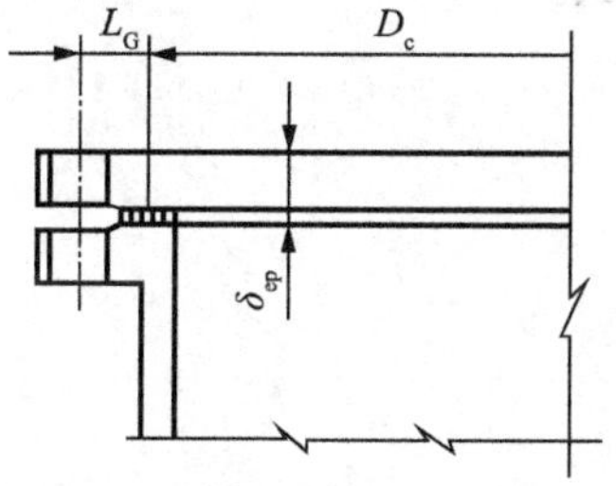	圆形平盖: 操作时,$0.3+\frac{1.78WL_G}{p_cD_c^3}$ 预紧时,$\frac{1.78WL_G}{p_cD_c^3}$ 非圆形平盖: 操作时,$0.3Z+\frac{6WL_G}{p_cL\alpha^2}$ 预紧时,$\frac{6WL_G}{p_cL\alpha^2}$	
	10	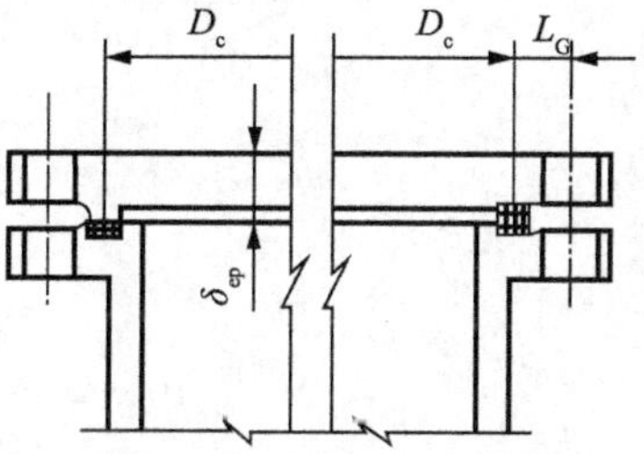		

习 题 五

1. 说明设计压力和计算压力的区别与联系。

2. 简述计算厚度、设计厚度、名义厚度、有效厚度之间的关系。

3. 焊接接头系数的意义是什么？它由哪些因素确定？

4. 哪些壳体规定了最小厚度？这些壳体确定最小厚度的原因相同吗？

5. 压力试验的目的是什么？为什么要尽可能采用液压试验？

6. 椭圆形封头、碟形封头为何均设置直边段？

7. 从受力和制造两方面比较半球形封头、椭圆形封头、碟形封头、锥壳和平盖的特点，并说明其主要应用场合。

8. 某化工厂有一反应釜，釜筒体内直径 1 400 mm，两端为标准椭圆形封头，工作温度 5～150℃，工作压力 1.5 MPa，釜体上装有安全阀。釜体材料为 S30408 钢板、双面对接焊、全部无损检测。试确定反应釜筒体和封头的厚度。

9. 某立式罐盛装密度为 1 160 kg/m^3 的液体。罐体材料 Q245R，正常工作时罐内液面不超过 3 200 mm，罐顶内表面离罐底的深度为 5 000 mm，罐体内径 2 000 m。设计压力 0.12 MPa，设计温度为 60℃，腐蚀裕量 2 mm，焊接接头系数 0.85，罐体实测厚度为 6 mm，试校核该罐体的强度。

10. 有一库存圆筒形容器，实测壁厚为 10 mm，内径 1 000 mm，焊缝为双面对接焊，启用前经 100%射线探伤合格，筒体材料为 Q245R，现欲利用该容器承受操作压力 1 MPa 的内压，工作温度为 225℃，取厚度附加量为 2 mm，容器上装有安全阀。问该容器能否安全使用？

11. 试确定一液氨储罐的筒体及封头厚度。已知容器材料为 Q345R，储罐内径为 1 200 mm，设计温度 50℃。该温度下氨的饱和蒸汽压力为 2.03 MPa。封头分别按半球形、标准椭圆形、碟形（$R_i=0.9D_i$，$r=0.15D_i$）和球冠形（$R_i=0.9D_i$）四种形式计算，并进行比较。（腐蚀裕量为 1.5 mm。）

12. 某化工厂有一反应釜，釜体内径为 800 mm，圆筒部分高 1 000 mm，工作温度 300℃，工作压力 1.2 MPa，材料 S30408，介质无腐蚀。反应釜顶部为平板封头，下部为一半锥角 45°的锥形底，釜底接管公称直径 100 mm。试确定该釜的釜体、封头及接管壁厚。平板封头的形式采用表 5-2 中序号 9 的结构形式。

13. 一内径为 D_i 的圆柱形容器，一端封头为标准椭圆形，一端为碟形（$R_i=0.9D_i$，$r=0.15D_i$），筒体和两封头的壁厚均为 δ。试写出该容器许用压力计算式。

第6章 外压容器设计

6.1 外压容器的稳定性

外压容器是指容器的外部压力大于内部压力的容器，在石油、化工、军事领域中很多设备承受外压，如真空操作的蒸馏塔、冷凝器，带有夹套的反应釜，潜艇壳体等。

以典型的圆筒体为例，当圆筒承受外压时，类似于受内压作用圆筒，也将在筒壁上产生径向和周向应力。在内压下筒壁上产生径向和周向应力均是拉伸应力，在外压下筒壁上产生径向和周向应力则均是压缩应力，同样可采用薄膜理论计算。对薄壁圆筒而言，受压缩载荷有三种情况：一是轴向受均匀压缩载荷(外压 p 引起的)；其次是受侧向的均布外压力 p；第三种是在侧向和轴向同时受均布外压力的作用(外压 p 引起的)。理论分析表明第三种情况中的轴向外压力对圆筒失稳的影响不大，在工程设计中，可按照第二种情况考虑。

在压缩应力下，容器有两种可能的失效模式：一是容器壳体有足够的厚度时，压缩应力超过材料的极限强度，发生塑性压缩变形及破坏，这仍属于强度范畴；二是壳体壁厚较薄时，当压缩应力达到某一数值时(很多情况下，壳壁的压应力远小于筒体材料的屈服强度)，壳体会产生突然的挠曲(也称为屈曲)，被压瘪或发生褶皱，筒壁的圆环截面一瞬间变成了波形，如图6-1及图6-2所示，图6-3为外压失稳的小容器，图6-4为工程实际中失稳的外压容器。

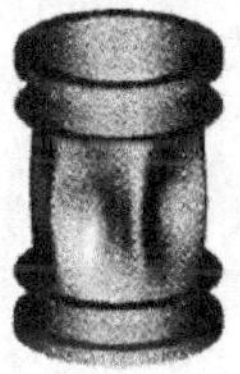

图6-1　容器在均匀外压下发生屈曲

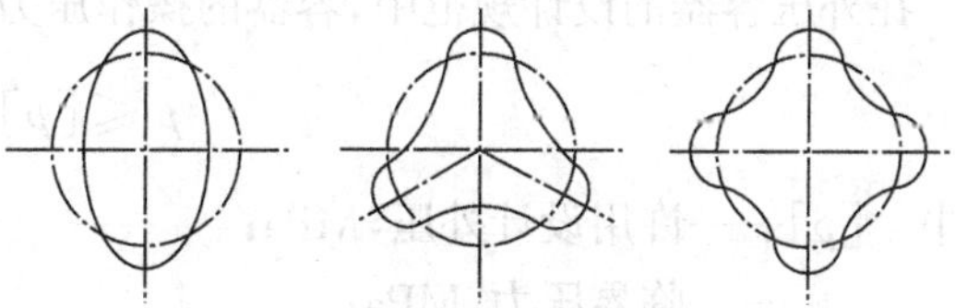

图6-2　圆筒外压屈曲后截面形状

图6-3　外压失稳实验的小容器

图6-4　工程实际中失稳的外压容器

在外压作用下，当壳壁内的压应力远小于筒体材料的屈服极限时，筒体突然失去原有形状的现象称为弹性失稳。筒体发生弹性失稳将使其不能维持正常操作，造成容器失效。失稳是外压容器失效的主要形式，因此保证筒体的稳定是维持外压容器正常工作的必要条件。失稳前，筒壁内的周向应力为均匀分布的薄膜应力。在失稳后伴随着突然的变形，在筒壁内产生以弯曲应力为主的复杂附加应力，发生弯曲变形。

6.2 临界压力

外压圆筒屈曲(失稳)时所承受的最小外压称为该圆筒的临界压力，以 p_{cr}表示，临界压力是表征外压圆筒抵抗失稳能力的重要参数。当筒体厚度增大时，筒壁中的压应力超过材料屈服极限才发生失稳，这种失稳称为弹塑性失稳或非弹性失稳。

外压容器的失稳分为整体失稳和局部失稳。整体失稳按其受力方式又分为周向失稳和轴向失稳。圆筒由于受均匀径向外压引起的失稳叫做周向失稳，周向失稳时壳体横断面由原来的圆形被压瘪成波形，其波数可为 2、3、4…，如图 6-2 所示。如果薄壁容器承受轴向外压，当载荷达到某数值时，也能丧失稳定性，但在失去稳定时，圆筒仍然具有圆形的环截面，但母线产生了波形，即圆筒发生了褶皱，这种失稳形式称为轴向失稳。局部失稳一般发生在容器支座或其他支承处，在安装运输过程中由于过大的局部外压也可能引起局部失稳；另外，某些内压容器若存在较大的局部压应力也可能发生局部失稳，如椭圆形封头的过波区。

受侧向均布外压力作用的薄壁圆筒，在达到临界压力时，在其周向将产生几个波形为半个波，轴向半波远大于周向半波，如图 6-1 所示，较少的波数相应于最小的临界压力。对于给定尺寸的圆筒，波数主要决定于圆筒端部的约束条件和这些约束之间的距离。在一定的周边约束条件下，临界压力除与圆筒材料的弹性模量 E、泊松比 μ 有关外，主要和圆筒长度(确切地说应该是端部约束之间的距离)与直径之比、壁厚与直径的比有关。所谓圆筒端部的约束是指两端封头或加强圈等构件对圆筒部分的支持作用。

在外压容器的设计规范中，容器的操作压力 p 不大于临界压力，即：

$$p \leqslant [p] \leqslant \frac{p_{cr}}{m} \tag{6-1}$$

式中 $[p]$——许用设计外压，MPa；

p_{cr}——临界压力，MPa；

m——稳定(安全)系数。

对于受均匀外压的圆筒，在 GB 150 标准中取 $m=3$。

即使考虑了稳定系数 m，对外压圆筒的形状偏差还是要有所限制，按照 GB 150 的规定，受外压及真空的筒体在同一断面一定弦长范围内，实际形状与真正圆形之间的正负偏差不超过图 6-5 中查得的最大允许偏差值。

图中曲线系基于下列经验公式：

$$\frac{e}{t} = \frac{C_1}{n(t/D_o)} + C_2 n \tag{6-2}$$

式中 e——最大允许偏差；

D_o——圆筒外径；

t——圆筒厚度(不包括厚度附加量)；

n——失稳时的波数，与 L/D_o 和 D_o/t 有关。

C_1,C_2——由实验决定的系数。在对失稳压力考虑 20%安全裕度后，取 $C_1=0.018$,$C_2=0.015$，故式(6-2)可写成：

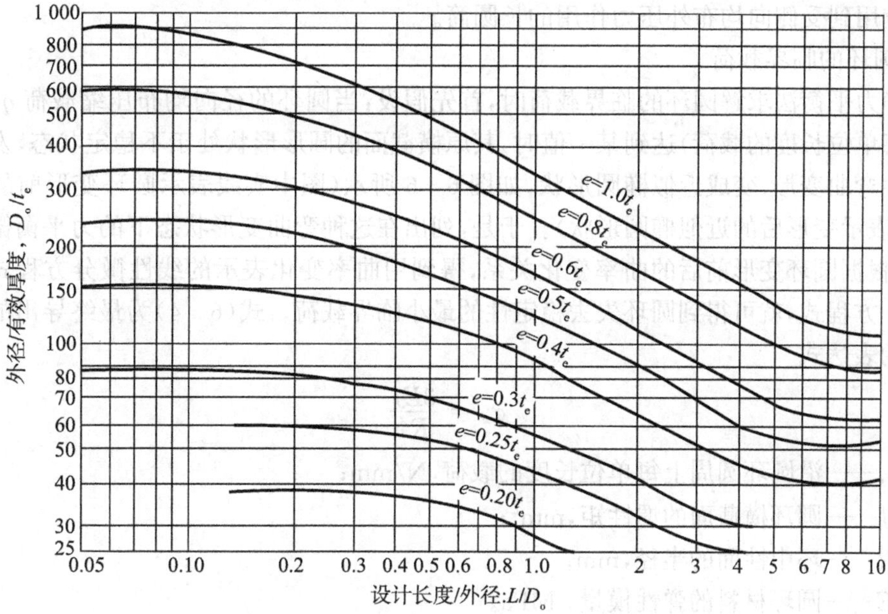

图 6-5　外压圆筒的最大允许圆形偏差

$$\frac{e}{t}=\frac{0.018}{n(t/D_o)}+0.015n \tag{6-3}$$

因此，这种要求使实际圆筒的失稳压力不低于理想筒的 80%。

上述曾提到过线性或非线性只是指几何非线性因素，如果容器在失稳之前已经发生塑性变形，则还需要考虑物理(材料)非线性因素。若同时考虑这两个因素将使稳定性问题变得十分复杂。所以，对于壁厚与壳体直径比很小的圆筒，失稳时器壁中的压缩应力在材料的比例极限以下，即不考虑物理非线性因素，称为弹性失稳；当壁厚与壳体直径相比没有特别小时，失稳时器壁中的压缩应力已超过了材料的比例极限，这种失稳称为非弹性失稳或弹塑性失稳。容器发生非弹性失稳时的压力与材料的屈服强度有关。非弹性失稳的理论分析比弹性失稳要复杂得多，工程上通常采用简化的计算方法，例如采用折算弹性模量等。

6.3　外压薄壁圆筒的稳定性计算

6.3.1　概述

当圆筒的长度与直径之比较大时，其中间部分将不受两端封头或加强圈的支持作用，弹性失稳时横截面形成 $n=2$ 的波数，这种圆筒称为长圆筒。长圆筒的临界压力与长度无关，仅与圆筒壁厚与直径的比值有关。

当圆筒的相对长度较小时，两端的约束作用不能忽视，临界压力不仅和壁厚与直径之比有关，而且和长度与直径之比有关，失稳时的波数 n 大于 2，这种圆筒称为短圆筒。当圆筒的长径比较小，而壁厚与直径比很大，即圆筒刚性很大，此时圆筒的失效形式已不是失稳而是压缩强度破坏，这种圆筒称为刚性筒。

6.3.2　受侧向均布外压力的长圆筒的临界压力

先考察一受径向均布压缩载荷的圆环，采用上述静力法，计算圆环的临界载荷。然后将其结果应用到受侧向均布外压力作用的长圆筒。

1. 圆环的临界载荷

用静力平衡法求解圆环的临界载荷时，首先假设：当圆环的径向均布压缩载荷 q(沿圆环圆周上每单位长度的载荷)达到某一值时，其原横截面的圆形形状处于不稳定状态，发生了微小的弹性弯曲变形，变成近似椭圆形状，如图 6－6 所示(图中实线表示圆环变形前的圆形形状，虚线表示变形后的近似椭圆形状)。于是，列出在这种弯曲变形状态下的力平衡微分方程组，然后根据圆环变形前后的曲率变化关系，得到用曲率变化表示的线性微分方程式。通过求解这一方程式，就可得到圆环失去稳定性的最小临界载荷。式(6－4)为最终导出的圆环临界载荷的表达式

$$q_{cr}=\frac{3EJ}{R^3} \tag{6-4}$$

式中 q_{cr}——沿圆环圆周上每单位长度的载荷，N/mm；

J——圆环横截面的惯性矩，mm^2；

R——环中性面的半径，mm；

E——圆环材料的弹性模量，MPa。

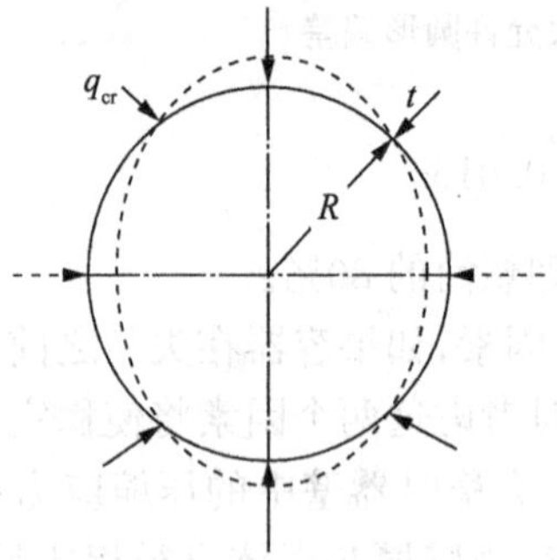

图 6－6　圆环的微小变形

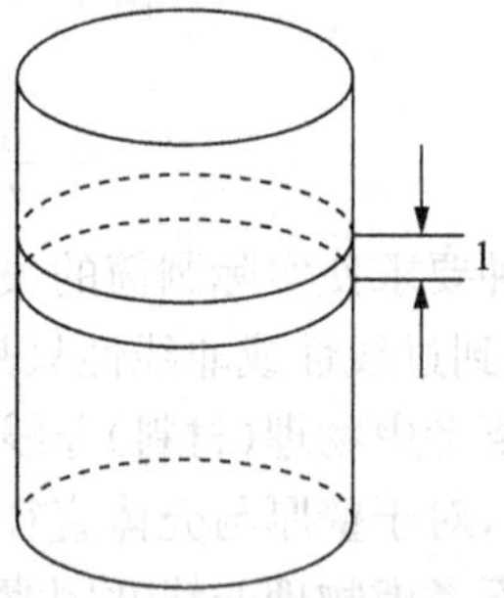

图 6－7　长圆筒中切出的圆环

2. 长圆筒的临界压力

由于长圆筒的失稳不受筒端的约束作用，故在距离圆筒边缘很远的地方切出高度为 1 单位长度的圆环(图 6－7)，并将上述圆环临界压力公式(6－4)中的 EJ 代之以圆筒的抗弯刚度 $D'=\frac{EJ}{1-\mu^2}$，q_{cr} 换成 $q_{cr}=p_{cr}\times 1$，则此圆环的临界压力为

$$p_{cr}=\frac{3D'}{R^3}=\frac{3EJ}{(1-\mu^2)R^3} \tag{6-5}$$

而圆环的惯性矩为

$$J=\frac{1\times t^3}{12}$$

式中 t——圆环的厚度，mm。

将上式代入式(6－5)，即得长圆筒的临界压力为：

$$p_{cr}=\frac{E}{4(1-\mu^2)}\left(\frac{t}{R}\right)^3 \tag{6-6}$$

或写成：

$$p_{cr}=\frac{2E}{1-\mu^2}\left(\frac{t}{D}\right)^3 \tag{6-7}$$

式中　p_{cr}——长圆筒的临界压力，MPa；

μ——泊松比；

t——圆筒的厚度，设计时采用有效厚度 t_e 代替，mm；

E——操作温度下的弹性模量，MPa；

D——圆筒中性面的直径，可近似地取圆筒的外径，$D\approx D_o$，mm。

对于钢质圆筒，可取 $\mu=0.3$，故临界压力在圆筒器壁中引起的周向压缩应力，称为临界应力：

$$\sigma_{cr}=\frac{p_{cr}D_o}{2t}=1.1E\left(\frac{t}{D_o}\right)^2 \tag{6-8}$$

式(6-7)和式(6-8)除了筒体应符合上一节的最大允许圆形偏差外，仅适用于弹性范围。也即 σ_{cr} 小于材料的比例极限 σ_p^t 或屈服强度 σ_y^t。

3. 受均布侧向外压短圆筒的临界压力

短圆筒的临界压力公式是 Mises 在 1914 年按线性小挠度理论首先导出的，其结果如下：

$$p_{cr}=\frac{Et}{R(1-\mu^2)}\left[\frac{1-\mu^2}{(n^2-1)\left(1+\frac{n^2L^2}{\pi^2R^2}\right)}+\frac{t^2}{12R^2}\left((n^2-1)+\frac{2n^2-1-\mu}{1+\frac{n^2L^2}{\pi^2R^2}}\right)\right] \tag{6-9}$$

当 $\frac{L}{R}$ 较大时，上式中凡包含 $\frac{L^2}{R^2}$ 项可忽略不计，则得到：

$$p_{cr}=\frac{(n^2-1)E}{12(1-\mu^2)}\left(\frac{t}{R}\right)^3 \tag{6-10}$$

当 $n=2$ 时，上式变成长圆筒的临界压力计算式(6-7)。

将式(6-9)改写成如下形式：

$$p_{cr}=KE\left(\frac{t}{D}\right)^3 \tag{6-11}$$

式中，K 称为失稳系数，K 值取决于波数 n 和 $\frac{D}{t}$、$\frac{L}{R}$ 的比值，如图 6-8 所示。例如当 $\frac{L}{R}=5$ 和 $\frac{D}{t}=50$，失稳将出现在 $n=3$，式(6-11)中的 K 值近似等于 8.0。由图 6-8 中也可看出当圆筒变长时，其失稳波数趋向 2，K 值在 AB 区间内变成 $\frac{2}{1-\mu^2}$ 的常数值，即为长圆筒。

对式(6-9)进行简化，并对 n 求导，可得到最小临界压力相应的波数：

$$n=\sqrt[4]{\frac{7.06}{\left(\frac{L}{D}\right)^2\left(\frac{t}{D}\right)}} \tag{6-12}$$

短圆筒最小临界压力的近似计算式为：

$$p_{cr}=\frac{2.59E}{L/D\sqrt{t/D}}\left(\frac{t}{D}\right)^3 \tag{6-13}$$

或

$$\sigma_{cr}=\frac{p_{cr}D_o}{2t}=\frac{1.30E}{L/D}\left(\frac{t}{D_o}\right)^{1.5} \tag{6-14}$$

按式(6-13)计算结果比 Mises 公式低 12%，故偏于安全。与长圆筒临界压力的计算公

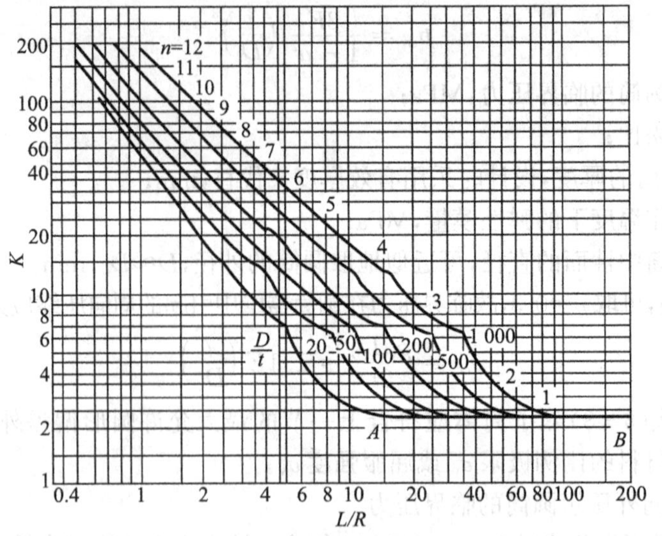

图 6-8　圆筒的失稳系数

式一样，它仅适用于弹性失稳，即 $\sigma<\sigma_y^t$ 的场合。显然，短圆筒的临界压力与长圆筒不同，它不仅与材料的 E、μ、D_o、t 有关，且与 L/D_o 有关。

4. 临界长度

对于给定 D 和 t 的圆筒，有一特征长度作为区分 $n=2$ 的长圆筒和 $n>2$ 的短圆筒的界限，此特性尺寸称为临界长度，以 L_{cr} 表示。当 $L>L_{cr}$ 时属于长圆筒；当 $L<L_{cr}$ 时属于短圆筒。划分长短圆筒的意义在于区别筒体端部的约束对筒体的稳定性是否发生影响。

求取 L_{cr} 时，可令式(6-7)与式(6-13)相等求得，即

$$\frac{2E}{1-\mu^2}\left(\frac{t}{D}\right)^3=\frac{2.59E}{L/D\ \sqrt{t/D}}\left(\frac{t}{D}\right)^3$$

则：

$$L_{cr}=1.17D_o\sqrt{\frac{D_o}{t}} \qquad (6-15)$$

5. 轴向受压圆筒的临界应力

对于受轴向压缩的有限长的薄壁圆筒，不论其是轴对称失稳还是非轴对称失稳，按线性挠度理论得到的临界应力的结果是一样的，即：

$$\sigma_{cr}=\frac{E}{\sqrt{3(1-\mu^2)}}\frac{t}{R} \qquad (6-16)$$

对于钢材，取 $\mu=0.3$，则改写为：

$$\sigma_{cr}=0.605\frac{Et}{R} \qquad (6-17)$$

如前所述，线性临界载荷值实际远大于实验值。因此必须考虑非线性分析。用非线性前屈曲理论和实验研究结果，得到了式(6-18)的临界压力的经验表达式。

$$\sigma_{cr}=0.25\frac{Et}{R} \qquad (6-18)$$

6.4　外压容器的设计计算

6.4.1　概述

由外压圆筒的失稳分析可知，计算圆筒的临界压力首先要确定圆筒包括壁厚在内的几何尺寸，但在设计计算之前壁厚尚是未知量，所以需要一个反复试算的步骤。若用解析法进行外压容器的计算就比较繁复，国外有关设计规范推荐采用比较简便的图算方法。中国容器标准也借鉴此法，本节介绍外压圆筒及带加强圈圆筒的加强圈图算法的原理和用法。

6.4.2　图算法的原理

如前所述，外压圆筒按照圆筒的长度可以分为三种。

(1) 长圆筒　这类圆筒的临界压力除与材料的 E、μ 有关外，与圆筒长度无关，仅与壁厚 t 和直径 D_o 有关，即 $L>L_{cr}$ 时，临界压力由式(6-6)或式(6-7)得出。

(2) 短圆筒　因为这种圆筒失稳时波数 $n>2$，波数与 $\frac{L}{R}$ 和 $\frac{D}{t}$ 有关，形成不同波数的临界压力也不同，因此它们的临界压力与 $\frac{L}{R}$ 和 $\frac{D}{t}$ 有关，即 $L<L_{cr}$ 时，临界压力由式(6-13)得出。

(3) 刚性圆筒　此类圆筒的失效是由于器壁中的压应力达到材料的屈服强度而引起的塑性屈服破坏，因此不存在稳定性问题，其性质与厚壁圆筒相同，只需校核强度是否足够，L 的影响不计。

假定材料的应力应变曲线为理想弹塑性模型，则对不同的 $\frac{t}{D}$ 值可在双对数坐标纸上标绘强度和失稳失效曲线，如图 6-9 所示。这种曲线由三部分组成，分别代表上述三种圆筒的力学特征。这种曲线也可以用另一种方式标绘。如把式(6-8)和式(6-14)中的材料性能置于等式的一侧，而将几何尺寸列在另一侧，即

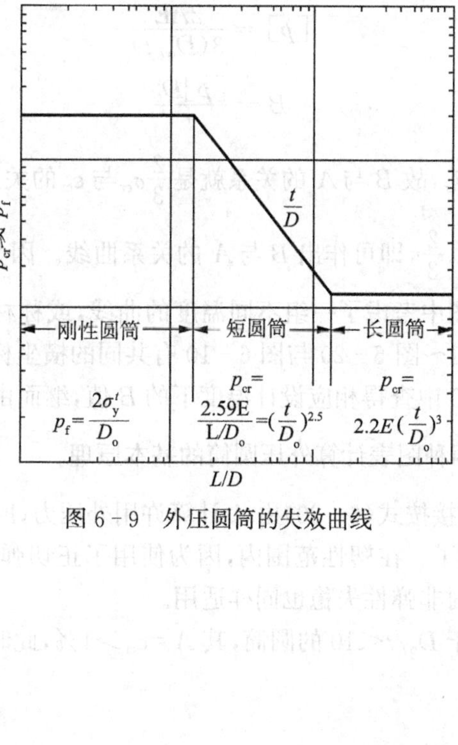

图 6-9　外压圆筒的失效曲线

$L>L_{cr}$时：　$\frac{\sigma_{cr}}{E}=1.1E\left(\frac{t}{D_o}\right)^2=\frac{1.1}{\left(\frac{D_o}{t}\right)}$

$L<L_{cr}$时：　$\frac{\sigma_{cr}}{E}=\frac{1.30\ (t/D_o)^{1.5}}{L/D_o}$

因 $\varepsilon_{cr}=\frac{\sigma_{cr}}{E}$，并令 $A=\varepsilon_{cr}$，则 $A=f(L/D_o,D_o/t)$，若以 A 为横坐标的参变量，而以 $(L/\ D_o)$ 为纵坐标的参变量，就可得到如图 6－10 所示的不同 (D_o/t) 比值的一簇曲线，该图称为几何参数的计算图。此图实质上与图 6－9 相同，只是将图 6－9 中纵坐标改换成横坐标，并用 $A=\varepsilon_{cr}=\frac{\sigma_{cr}}{E}$ 代替 p_{cr}。图 6－10 曲线中与纵坐标平行的直线代表长圆筒，而倾斜线表示短圆筒，由于图 6－10 以 A 作为一个参变量，所以对任何材料的圆筒都适用。若已知 L、D_o 和 t，就可按 $\frac{L}{R}$ 和 $\frac{D}{t}$ 比值从图上查得 A。对于不同材料的圆筒还需寻找 A 与 p_{cr} 的关系，即形成如下外压圆筒算法中的另一种图线。

因为 A 代表临界应力所对应的周向应变，即

$$A=\varepsilon_{cr}=\frac{\sigma_{cr}}{E}$$

而　$\sigma_{cr}=\frac{p_{cr}D_o}{2t}$

因此，利用 $[p]=\frac{p_{cr}}{m}$ 的关系，由以上两式可得到许用设计外压 $[p]$ 与 A 的关系，即

$$[p]=\frac{p_{cr}}{m}=\frac{2tp_{cr}}{D_o m}=\frac{2AE}{(D_o/t)m} \tag{6-19}$$

我国压力容器标准取 $m=3$，故式(6－19)可写成：

$$[p]=\frac{2AE}{3(D_o/t)} \tag{6-20}$$

$$B=\frac{[p]D_o}{t} \tag{6-21}$$

因 $A=\varepsilon_{cr}$，而 $B=\frac{2}{3}\sigma_{cr}$，故 B 与 A 的关系就是 $\frac{2}{3}\sigma_{cr}$ 与 ε_{cr} 的关系。若利用材料单向拉伸应力应变关系，将纵坐标乘以 $\frac{2}{3}$，即可作出 B 与 A 的关系曲线。因为同种材料在不同温度下的应力应变曲线不同，所以图中考虑了一组不同温度的曲线，或称材料温度线，如图 6－11～图 6－20 所示。显然图 6－11～图 6－20 与图 6－10 有共同的横坐标 A，因此由图 6－10 查得的 A 可在图 6－11～图 6－20 中查得相应设计温度下的 B 值，继而由式(6－21)计算 $[p]$，即 $B=\frac{[p]D_o}{t}$，这就是利用上述两种图表计算外压圆筒的基本原理。

由于在弹性范围可直接按式(6－20)由 A 计算许用外压力，所以图 6－11～图 6－19 中左下方直线大部分被省略掉了。在塑性范围内，因为使用了正切弹性模量，即曲线上的任一点的斜率，所以上述图算法对非弹性失稳也同样适用。

由图 6－10 可知，对于 $D_o/t<10$ 的圆筒，其 $A=\varepsilon_{cr}>1\%$，此时 σ_{cr} 已超过圆筒可能发生塑

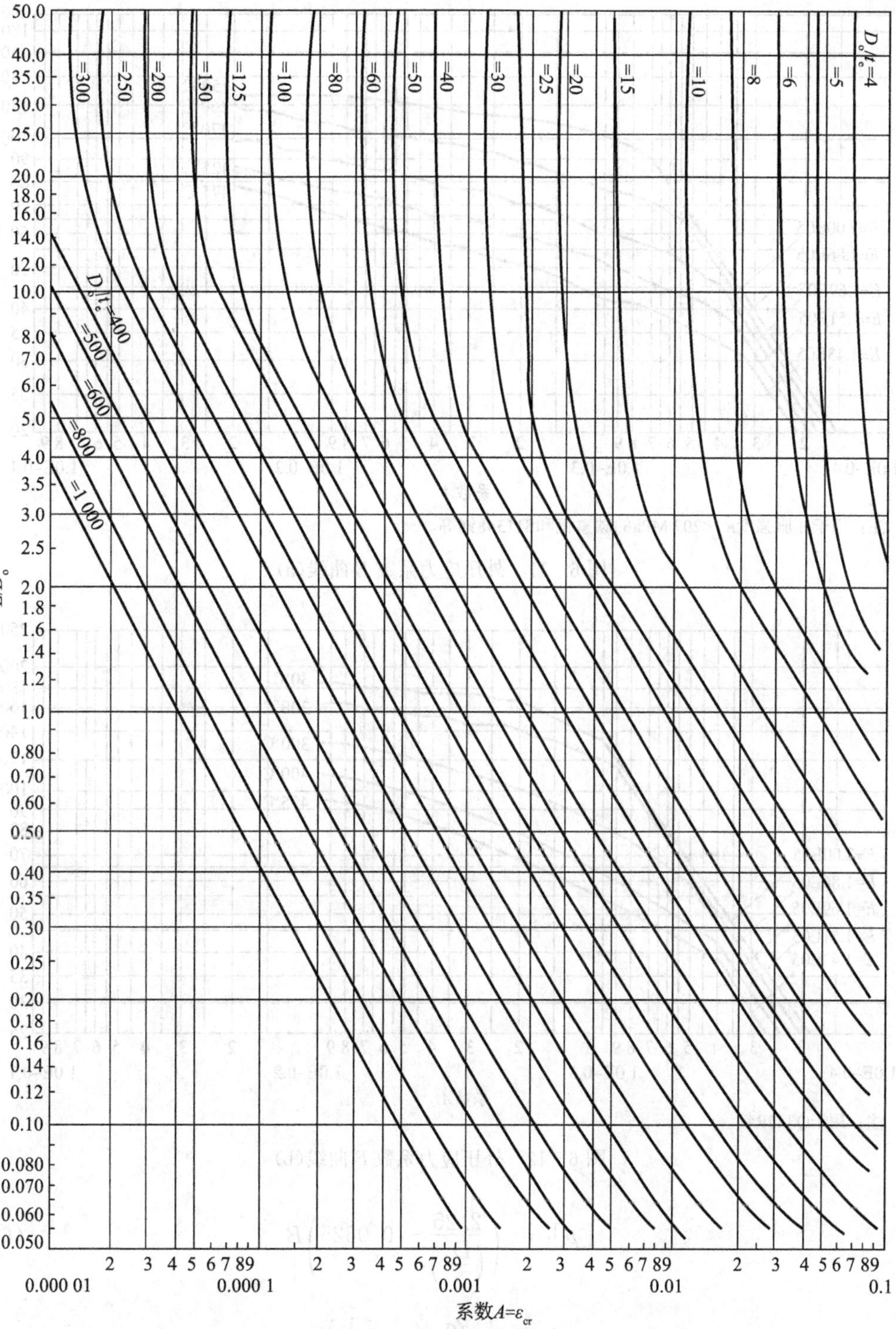

图 6－10　外压或轴向受压圆筒的几何参数计算图(适用于所有材料)

性失稳或塑性屈服破坏，所以要求从稳定性和强度两方面来考虑，即许用设计外压取下列两个压力 $[p]_1$ 和 $[p]_2$ 中的较小值：

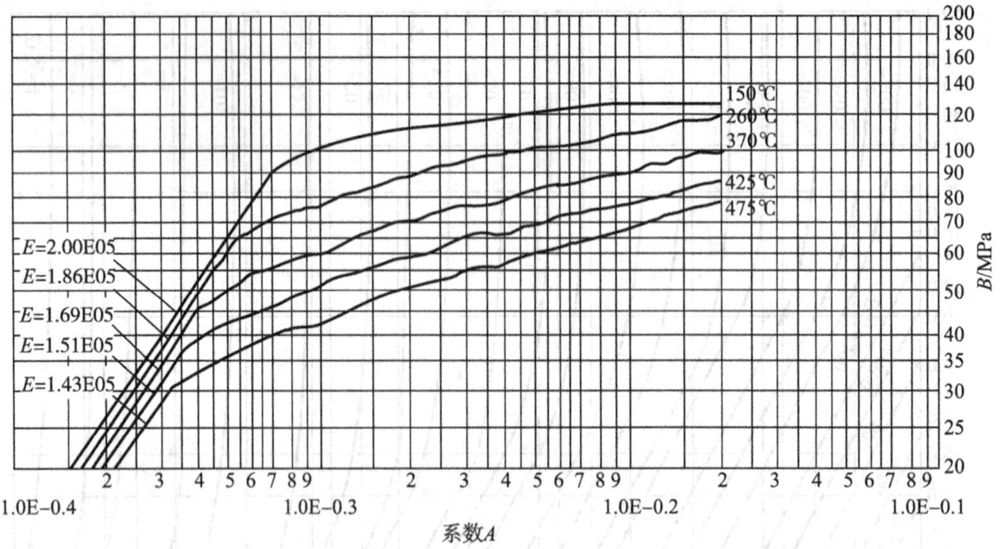

注：用于屈服强度R_{eL}<207 MPa的碳素钢和S11348钢等。

图 6-11 外压应力系数 B 曲线(a)

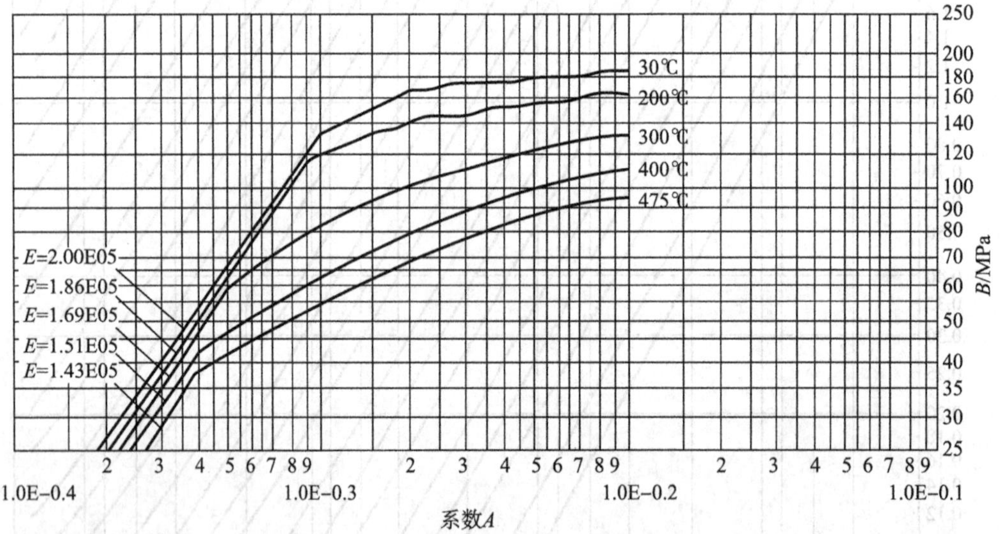

注：用于Q345R钢。

图 6-12 外压应力系数 B 曲线(b)

$$[p]_1 = \left(\frac{2.25}{\left(\frac{D_o}{t}\right)} - 0.0625\right)B \qquad (6-22)$$

$$[p]_2 = \frac{2\sigma_o}{\frac{D_o}{t}}\left(1 - \frac{1}{\frac{D_o}{t}}\right)$$

式中，σ_o 取 $2[\sigma]^t$ 和 $0.9\sigma_y^t$ 中较小值。其中，σ_y^t 为相应温度下材料温度曲线右侧端点对应的 B 值的 1.5 倍。

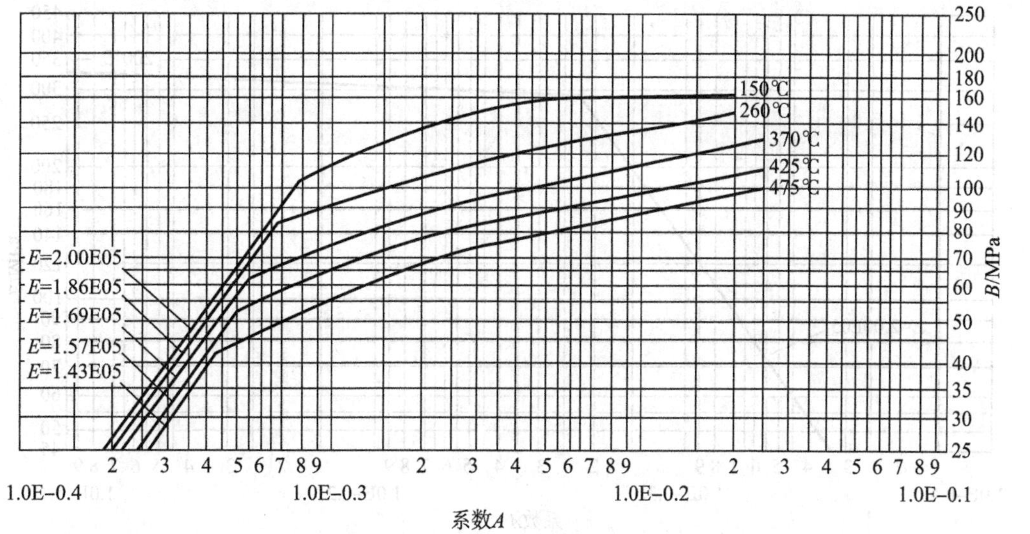

注：用于除图6-11注明的材料外，材料的屈服强度R_{eL}>207 MPa的碳钢、低合金钢和S11306钢等。

图 6－13　外压应力系数 B 曲线(c)

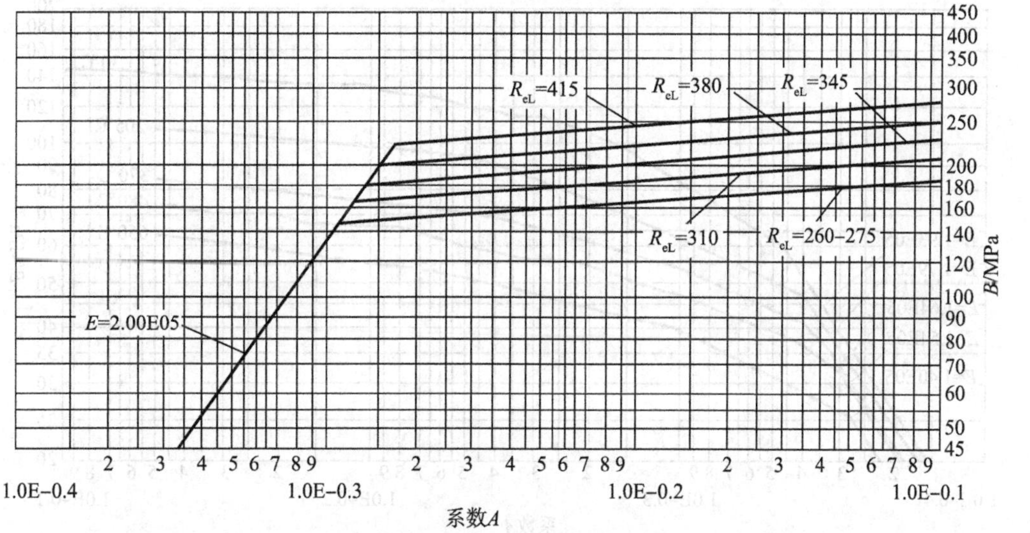

注：用于除图6–11注明的材料外，材料的屈服强度R_{eL}>260 MPa的碳钢、低合金钢等。

图 6－14　外压应力系数 B 曲线(d)

式(6－22)第二个式子是按厚壁圆筒受外压时内壁当量应力符合 Tresca 屈服条件导出，而式(6－22)第一个式子出于对塑性状态采用稳定安全系数 m 为一变量，随 D_o/t 线性变化，其变化范围在 $m=3.0(D_o/t=20)$ 和 $m=1.5(D_o/t=4)$ 之间，即：

$$\frac{1}{m}=\left(\frac{2.25}{3}-\frac{1}{48}\frac{D_o}{t}\right)$$

于是将$\frac{1}{m}$和$B=\frac{2AE}{3}$代入式(6－19)，整理后得到式(6－22)第一个式子。

但对于 $D_o/t<4$ 的外压圆筒，无论长或短圆筒其 $A=\varepsilon_{cr}>6.875\%$，已进入屈服，故 B 值

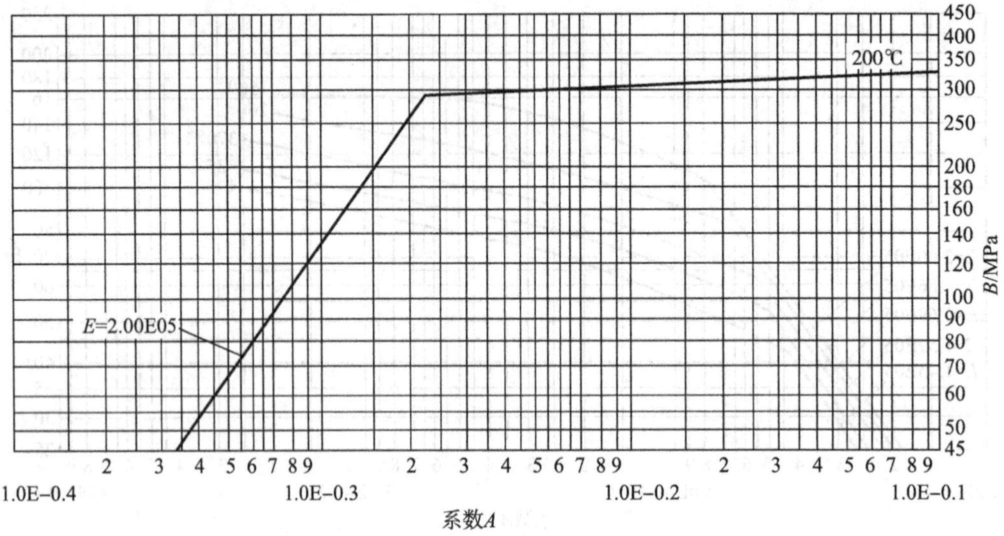

注：用于07MnMoVR钢等。

图 6-15 外压应力系数 B 曲线(e)

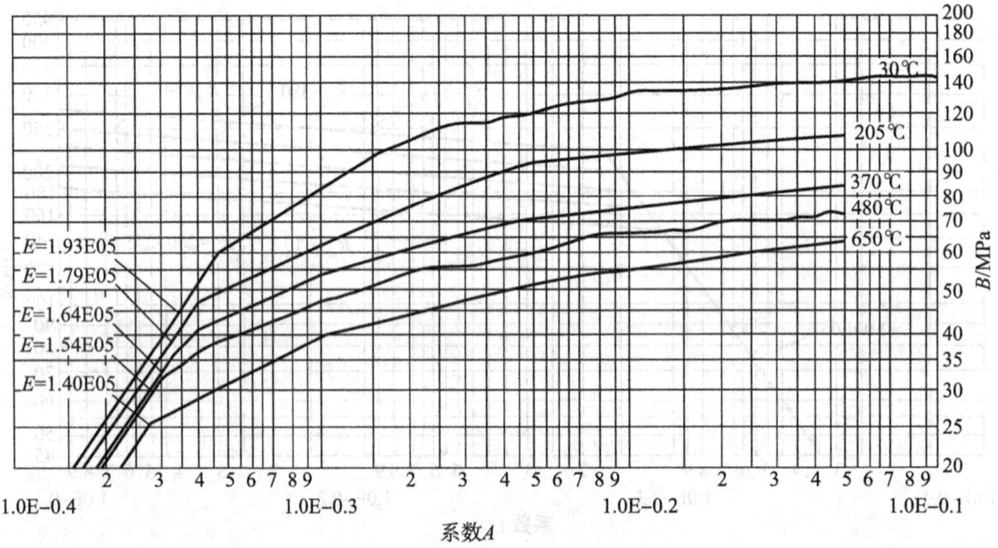

注：用于S30408钢等。

图 6-16 外压应力系数 B 曲线(f)

都一样，因而可以按照长圆筒的式(6-8)计算 A，即：

$$A=\varepsilon_{cr}=\frac{\sigma_{cr}}{E}=\frac{1.1}{(D_o/t)^2} \tag{6-23}$$

当 $A_{cr}>0.1$ 时，已超出算图的范围，均按照 $A_{cr}=0.1$ 计算。

6.4.3 图算法的计算步骤

虽然利用算图可以使外压圆筒的设计计算比较简捷，但由于需要考虑多种因素，其计算过程仍旧比较麻烦。现以 $D_o/t\geqslant 10$ 为例，说明一般的计算步骤。以下的设计计算中，都以有效厚度 $t_e=t_n-C_1-C_2$ 代替 t。

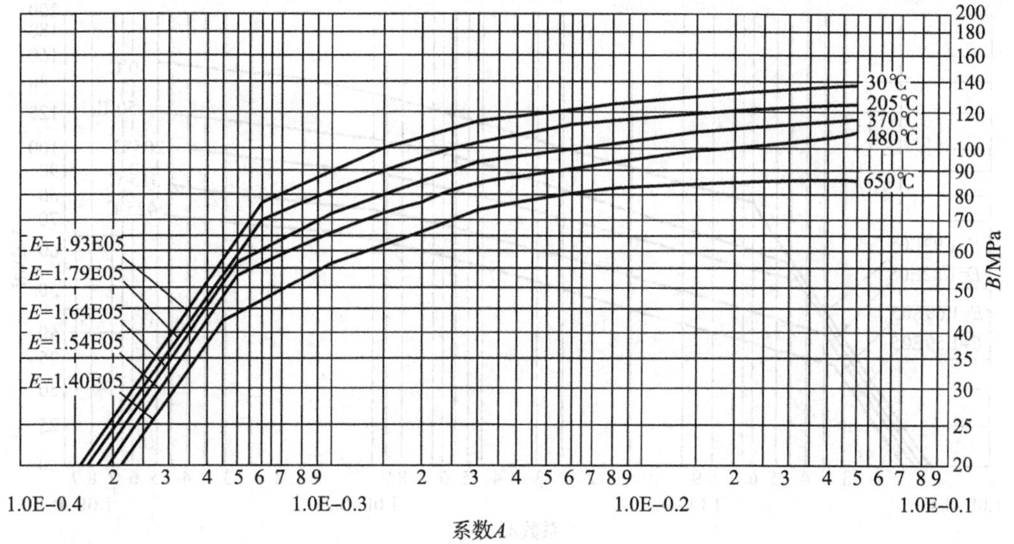

注：用于S31608钢等。

图 6-17　外压应力系数 B 曲线(g)

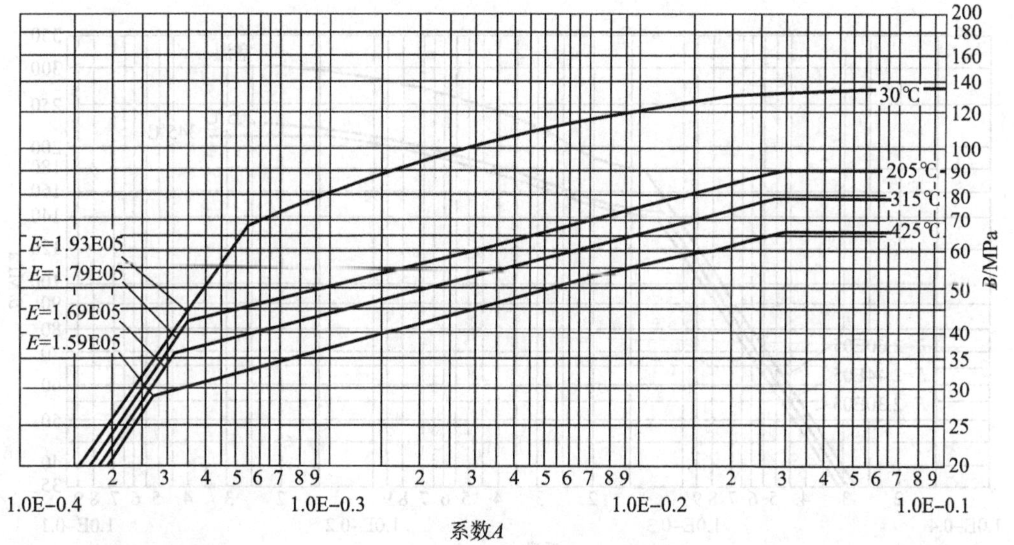

注：用于S30403钢等。

图 6-18　外压应力系数 B 曲线(h)

(1) 设 t_n,计算出 L/D_o和 D_o/t_e。

(2) 在图 6-10 的纵坐标上找到 L/D_o值,由此点沿水平方向移动与 D_o/t_e线相交(遇中间值用内插法)。若 L/D_o大于 50,则用 $L/D_o=50$ 查图。

(3) 由此点沿垂直方向向下移,在横坐标上读得系数 A。

(4) 根据筒体材料选用图 6-11～图 6-20,在图的横坐标上找出系数 A。若 A 落在设计温度的材料线的右方,则将此点垂直向上移动,与材料温度线相交(遇中间温度用内插法),再沿此交点水平右移,在图的右方纵坐标上得到 B 值,并按下式计算许可设计外压$[p]$:

$$[p]=\frac{B}{D_o/t_e}$$

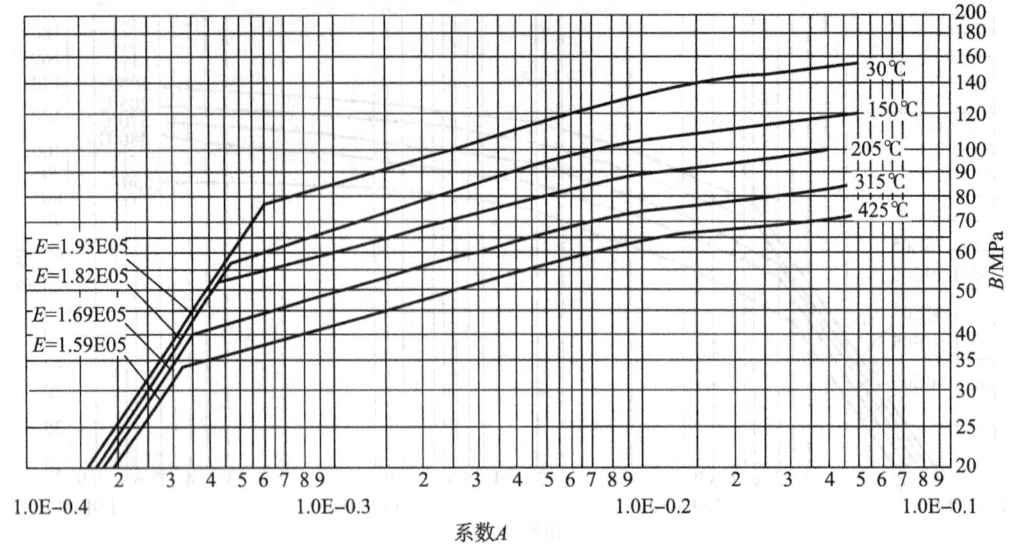

注：用于S31603钢等。

图 6-19 外压应力系数 B 曲线(i)

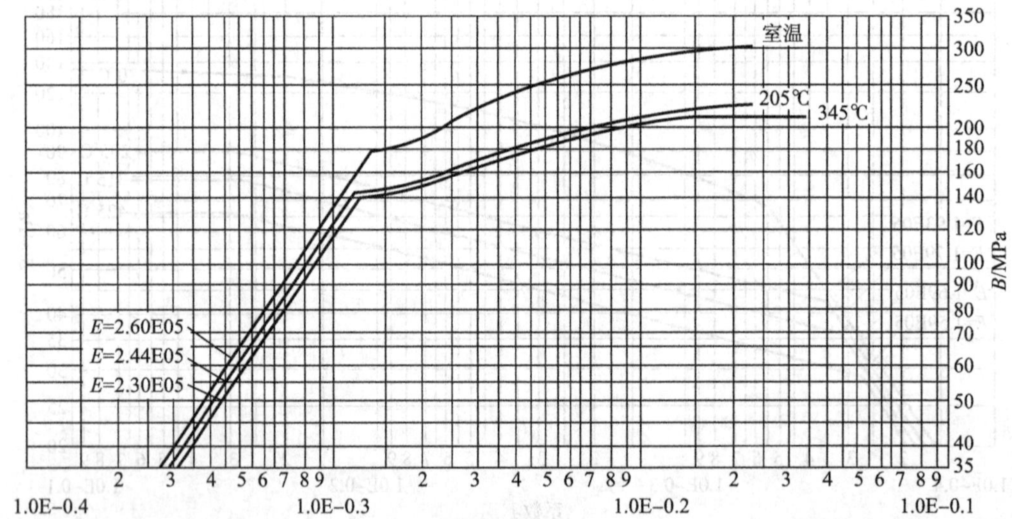

注：用于S21953钢等。

图 6-20 外压应力系数 B 曲线(j)

(5) 若所得 A 值落在材料温度线左方，则按下式计算[p]：

$$[p]=\frac{2AE}{3(D_o/t)}$$

(6) 比较 p_c 与[p]，若 $p_c>[p]$，则需再假设 t_n，重复上述计算步骤，直到[p]大于且接近 p_c 时为止。

若是 $D_o/t_e<10$ 的圆筒，则同上步骤求出 B 值后，按式(6-22)计算$[p]_1$和$[p]_2$；但 $D_o/t_e<4$ 时，系数 A 按式(6-23)计算后，再计算$[p]_1$和$[p]_2$，最后选取$[p]_1$和$[p]_2$的较小值。

因 $A=\varepsilon_{cr}$，且 $B=\frac{2}{3}\sigma_{cr}$，故 B 与 A 的关系就是 $\frac{2}{3}\sigma_{cr}$ 与 ε_{cr} 的关系，若利用材料单向拉伸应力应变关系（对于钢材，不计 Bauschinger 效应，拉伸曲线与压缩曲线大致相同），将纵坐标乘以 $\frac{2}{3}$，即可作出 B 与 A 的关系曲线。因为同种材料在不同温度下的应力-应变曲线不同，所以图中考虑了一组不同温度的曲线。

对于轴向受压缩的圆筒，在弹性失稳范围内，利用式(6-18)，取 $m=4$，$R\approx R_i$，从而得到：

$$[\sigma_{cr}]=0.0625\frac{Et_e}{R_i} \tag{6-24}$$

当包括非弹性失稳利用前述算图时，规定 $B=[\sigma_{cr}]$

则相应有：

$$B=\frac{2}{3}AE=0.0625\frac{Et_e}{R_i} \tag{6-25}$$

故

$$A=\frac{0.094}{R_i/t_e} \tag{6-26}$$

因此与周向受压圆筒的图算步骤相似，在假定 t_n，计算出 R_i/t_e 后，代入图(6-26)求出 A，选用相应材料的图表查取 B，此时 B 值即为$[\sigma_{cr}]$，若落在材料线左方时，则表明圆筒属于弹性失稳，可直接由式(6-24)计算$[\sigma_{cr}]$（式中 E 为设计温度下材料的弹性模量）。

6.4.4 有关设计参数的规定

1. 设计压力和压力试验压力

设计压力的定义与内压容器相同，但其取法不同。外压容器的设计压力应取在正常工作过程中可能产生的最大内外压力差；真空容器按外压容器计算，当装有安全控制装置时，取1.25倍最大内外压力差或0.1 MPa两者中的较小值；当无安全装置时，取0.1 MPa。对于带夹套的容器应考虑可能出现最大压差的危险工况，例如当内筒容器突然泄压而夹套内仍有压力时所产生的最大压差。对于带夹套的真空容器，则按上述真空容器选取的设计外压力加上夹套内的设计内压力一起作为设计外压。

外压容器的压力试验分为两种情况：

(1) 带夹套的外压容器和真空容器，以内压进行压力试验，所以试验压力取法同前面内压容器所述；

(2) 带夹套外压容器，则分别确定内筒和夹套的试验压力，除内筒试验压力按(1)确定，因夹套一般受内压，故在按内压容器确定了夹套的试验压力以后，必须按内筒的有效厚度校核在该试验压力下内筒的稳定性。若内筒不能保证足够的稳定性，或增加内筒厚度，或在压力试验过程中内筒保持一定的压力，以保证整个试压过程中夹套和筒体的压差不超过确定的允许试验压差。

2. 计算长度

圆筒的计算长度是指刚性构件，如封头、法兰、加强圈等之间的距离，如图6-21所示。当圆筒部分没有加强圈或可以作为加强的构件，则取直筒部分的长度加上每个凸形封头直边高度加上封头深度的 $\frac{1}{3}$ 计入直筒长度内。当圆筒部分有加强圈时，则取相邻加强圈之间的最大距离为计算长度。

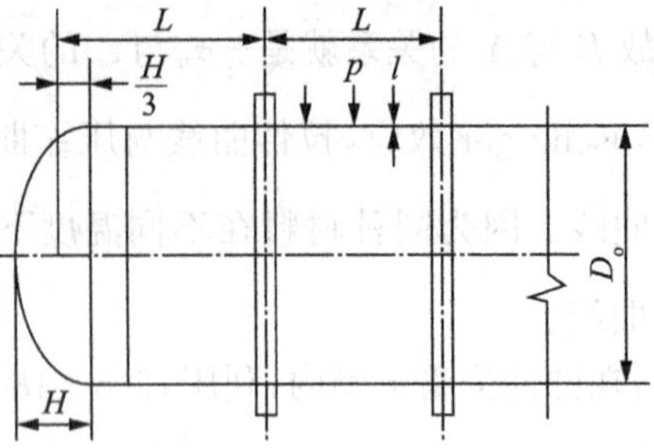

图 6-21　外压圆筒计算长度

6.4.5　加强圈的设计计算

1. 加强圈的作用

当外压容器的壁厚不能满足设计要求时，可采用增加容器壁厚及加设加强圈的办法提高容器的许用设计外压。增加壁厚会大大提高制造成本，因此，工程中常采用加设加强圈的办法，即在筒体的外部和内部相隔一定的距离焊接用型钢做的加强圈，如图 6-22 所示。常见的加强圈有扁钢、T 型钢、工字型钢、角钢等。

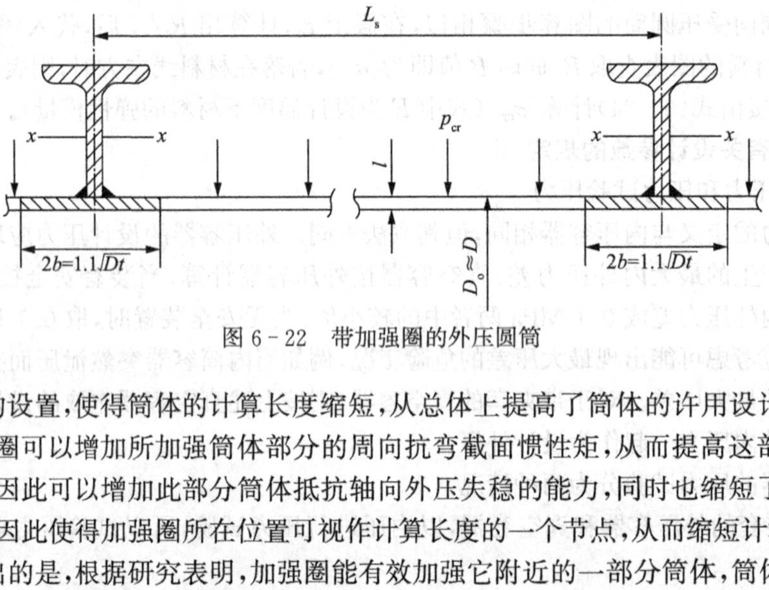

图 6-22　带加强圈的外压圆筒

加强圈的设置，使得筒体的计算长度缩短，从总体上提高了筒体的许用设计外压。从本质上讲，加强圈可以增加所加强筒体部分的周向抗弯截面惯性矩，从而提高这部分筒体的周向抗弯能力，因此可以增加此部分筒体抵抗轴向外压失稳的能力，同时也缩短了筒体轴向的计算长度，也因此使得加强圈所在位置可视作计算长度的一个节点，从而缩短计算长度。

应该指出的是，根据研究表明，加强圈能有效加强它附近的一部分筒体，筒体能被加强圈有效加强的宽度取加强圈中心线两侧宽度为 b。

$$b = \frac{\sqrt{Rt_e}}{\sqrt[4]{3(1-\mu^2)}}$$

式中　t_e——筒体的有效厚度；

R——筒体的半径；

μ——筒体材料的泊松比。

当 $\mu=0.3$ 时：

$$b = 0.55\sqrt{Dt_e}$$

2. 加强圈的数量及尺寸

如何合理地设计加强圈的数量、加强圈之间的距离以及加强圈的尺寸，要有相应的设计准则。

前已述及，加强圈的设置使得筒体的计算长度缩短，工程上一般都实行等间距布置加强圈，设各加强圈之间的距离为 L_s，则对其中一个加强圈，应使得加强圈两侧各 $L_s/2$ 的筒体具有足够的抗周向弯曲能力（采用抗弯模量或截面惯性矩表征），能够满足在给定的设计外压下保持稳定。

对于该 L_s 长度圆筒，其等效壁厚可考虑为：

$$t_\varepsilon = t_e + \frac{A_s}{L_s}$$

式中　t_e——为筒体的有效厚度；

A_s——为加强圈的横截面积。

承受的临界载荷等于 $p_{cr}L_s$，由式（6－4）：

$$p_{cr}L_s = \frac{3EJ}{R^3} = \frac{24EJ}{D^3}$$

以 $\sigma_{cr}=\dfrac{p_{cr}D}{2t_\varepsilon}$ 代替上式中的 p_{cr}，则得：

$$J = \frac{D_o^2 L_s}{12} t_\varepsilon \left(\frac{\sigma_{cr}}{E}\right) = \frac{D_o^2 L_s}{12}\left(t_e + \frac{A_s}{L_s}\right)\left(\frac{\sigma_{cr}}{E}\right) \tag{6-27}$$

因为 $\varepsilon_{cr}=\dfrac{\sigma_{cr}}{E}=A$

故式（6－27）可写成：

$$J = \frac{D_o^2 L_s}{12}\left(t_e + \frac{A_s}{L_s}\right)A \tag{6-28}$$

此外，考虑到适当的安全系数 1.1，保证筒体稳定性所需要的截面惯性矩为：

$$J = \frac{D_o^2 L_s}{12}\left(t_e + \frac{A_s}{L_s}\right)A \times 1.1 = \frac{D_o^2 L_s}{10.9}\left(t_e + \frac{A_s}{L_s}\right)A \tag{6-29}$$

由前可知：

$$B = \frac{[p]D_o}{t} \tag{6-30}$$

考虑到计算外压 p_c 最大为 $p_c=[p]$、$t=t_e+\dfrac{A_s}{L_s}$

则式（6－30）可写成：

$$B = \frac{p_c D_o}{t_e + \dfrac{A_s}{L_s}} \tag{6-31}$$

因此确定加强圈尺寸时，可先假定加强圈的个数与间距 L_s（$L_s \leqslant L_{cr}$），然后选择加强圈尺寸，计算或由手册查得加强圈的截面积 A_s，并确定有效壳体的作用宽度，从而计算加强圈与有效壳体实际的组合惯性矩 J_s。

另一方面根据已知的容器的计算压力 p_c 和直径，以及所选择的 t_e，按式（6－31）计算 B，再根据相应材料及设计温度，选择外压圆筒的壁厚计算图，读取 A，由式（6－29）计算出满足稳定性所需的 J。

比较 J 与 J_s，若 J_s 大于并接近 J，则满足要求，否则需要重新选加强圈尺寸，重复上述计算，直至满足为止，如查图时无交交点，则按 $A=\dfrac{3B}{2E}$ 计算。

3. 加强圈的结构要求

加强圈可设置在容器的内面或外面，通常以间断焊缝与筒体连接。为了保证加强圈与筒体一起承受外压的作用。当加强圈焊在筒体外面时，加强圈每侧间断焊缝的总长度，不小于容器外圆周长度的 1/2；当设置在容器内部时，应不小于容器内圆周长度的 1/3。加强圈两侧的间断焊缝可以错开或并排，但焊缝之间的最大间隙对外加强圈为 $8t_n$，对内加强圈为 $12t_n$。如图 6－23 所示，t_n为筒体壁厚。

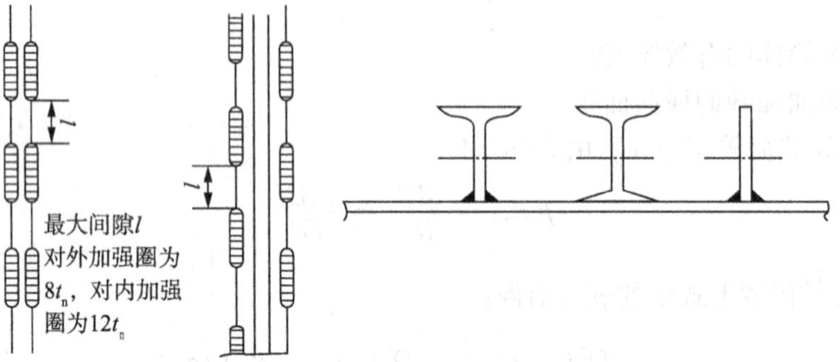

图 6－23　加强圈的形式及连接结构

为了保证壳体与加强圈的加强作用，加强圈不得任意削弱或割断。对内加强圈由于排除残液、通过内件或液体等需要，往往难以做到这一点，因此留出的间隙弧长不得大于图 6－24

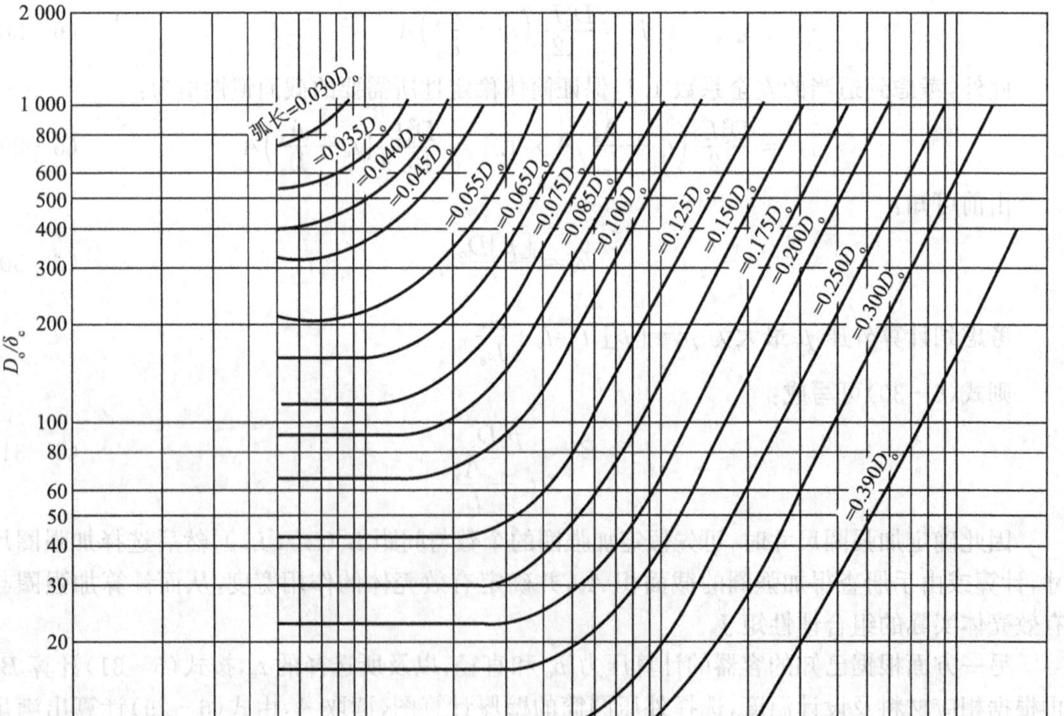

图 6－24　加强圈允许间断的弧长值

给出的数值，加强圈通常用扁钢、角钢、工字钢或其他型钢制成，因一方面型钢截面惯性矩较大，另一方面成型也较方便。加强圈材料多数为碳钢，因而不锈钢圆筒在外部可设置碳钢加强圈，节省了不锈钢消耗量。对于塔器内部的塔盘等，若设计目的是起加强作用，也可视作加强圈。

6.5　外压封头的设计计算

6.5.1　概述

外压容器封头的结构形式和内压容器一样，主要包括凸形封头，如半球形、椭圆形、碟形及圆锥形封头等。在外压作用下，这些封头上的主要应力是压应力，故与筒体一样也存在稳定性问题。正如前述，封头的各种形状、材料等初始缺陷对其稳定性的影响更显著，所以对成型封头的壳体失稳研究在理论和实验上比圆筒复杂得多，外压封头的稳定性计算建立在球形壳体承受均布外压的弹性失稳分析基础上，并结合实验数据给出半经验的临界压力计算公式，但是将它们直接用于设计欠成熟。因此设计中仍采用一些近似方法，如类同外压圆筒的图算法等。

6.5.2　外压凸形封头

1. 半球形封头

按照弹性稳定理论，对于受均匀外压的球壳，其临界应力与同样厚度和半径的受轴向压缩柱壳相同。按式(6-16)变化为：

$$p_{cr}=\frac{2E}{\sqrt{3(1-\mu^2)}}\left(\frac{t}{R}\right)^2 \tag{6-32}$$

对于钢材，$\mu=0.3$，代入上式得：

$$p_{cr}=1.21E\left(\frac{t}{R}\right)^2 \tag{6-33}$$

此即是经典小挠度解。与柱壳受轴压情况相同，经典解不为早期的试验结果所证实。1939 年 Karman 和钱学森采用非线性大挠度理论，导出如下的临界压力值：

$$p_{cr}=0.376E\left(\frac{t}{R}\right)^2 \tag{6-34}$$

但是很多实验结果的平均值表明：

$$p_{cr}=0.25E\left(\frac{t}{R}\right)^2 \tag{6-35}$$

取 $m=3$，$R\approx R_o$，设计时用 t_e 替代 t，从而得到：

$$[p]=\frac{p_{cr}}{m}=\frac{0.0833E}{(R_o/t_e)^2} \tag{6-36}$$

式中　$[p]$——许用设计外压，MPa；

E——材料的弹性模量，MPa；

R_o——球壳外半径，mm；

t_e——球壳的有效厚度，mm。

式(6-36)虽可用于半球形封头的弹性失稳计算，但设计时若利用图算法也比较简便，且可扩大到非弹性失稳计算。

在球壳设计中，定义 $B=\frac{[p]R_o}{t_e}$，因为 $B=\frac{2EA}{3}=\frac{[p]R_o}{t_e}$，故代入式(6-36)得：

$$A=\frac{0.125}{R_o/t_e} \tag{6-37}$$

于是：

$$[p]=\frac{B}{R_o/t_e} \tag{6-38}$$

因此用图算法计算半球形封头时，只要先假设壁厚 t_n，而 $t_e=t_n-C_1-C_2$，按式(6-37)计算出 A，然后由图 6-11～图 6.20 中根据 A 查取 B 值，再按式(6-38)计算许用外压力，如所得 A 值落在材料温度线的左方，则直接按式(6-36)计算$[p]$，最后比较计算压力 p_c 与$[p]$，如 $p_c>[p]$，则需重新假设 t_n，重复上述步骤，直到$[p]$大于且接近 p_c 为止。

2. 碟形和椭圆形封头

因为在均匀外压作用下，碟形封头的过渡区承受拉应力，而球冠部分是压应力，需防止发生失稳的可能，确定封头厚度时仍可应用球壳失稳的公式和图算法，只是其中 R_i 用球冠部分内半径代替。对于椭圆形封头，与碟形封头类似，取当量曲率半径 $R_i=KD_i$ 作计算，系数 K 由表 6-1 查得。

表 6-1　椭圆形封头的当量曲率半径折算表

$\frac{D_i}{2h_i}$	2.6	2.4	2.2	2.0	1.8	1.6	1.4	1.2	1.0
K	1.18	1.08	0.99	0.9	0.81	0.73	0.65	0.57	0.50

3. 锥形封头

圆锥壳受均布外压的稳定性问题在数学力学上是一个很复杂的问题，因此工程上还是依赖于实验数据。比较锥壳与圆柱壳的试验结果，发现锥壳的失稳类似于一个等效圆柱壳，其高度等于锥壳母线的长度，而半径等于锥壳的平均曲率半径(指第二曲率半径)。同时研究表明$(1-D_1/D_2)$这一数值对锥壳失稳有很大的影响(D_1—锥壳小端直径，D_2—锥壳大端直径)。因此锥壳的临界压力可表示为：

$$p_{cr}=\frac{2.59E}{L_\varepsilon/D_2}\left(\frac{t_\varepsilon}{D_2}\right)^{2.5} \tag{6-39}$$

式中　L_ε——等效圆筒的长度，$L_\varepsilon=(L/2)(1+D_1/D_2)$，mm；

D_1——锥壳小端直径，mm；

D_2——锥壳大端直径，mm；

t_e——锥壳的等效厚度，$t_e=t\cos\alpha$，mm。

式(6-39)相当于等效短圆筒的临界压力公式，因而可以采用前述圆筒外压图算方法设计锥形封头，只是以 t_e、L_ε 分别代替圆筒的 t、L，以上方法适用于 $\alpha\leqslant60°$的锥体，如 $\alpha>60°$则按第 2 章平盖计算，平盖直径取锥壳最大直径。

习　题　六

1. 一真空操作的容器，如题图 6-1，外径 2 400 mm，封头为标准椭圆封头，筒体长度 25 000 mm，塔内真空度 0.05 MPa，有安全装置，设计温度 150℃，塔壁材料为 Q245R，150℃时 $E=200\ 000$ MPa，当塔的有效壁厚 $t_e=8$ mm 时，请分析：

（1）塔体的稳定性是否满足要求？

（2）如设加强圈，需设多少个加强圈（不需要对加强圈进行设计），才能满足稳定性要求？

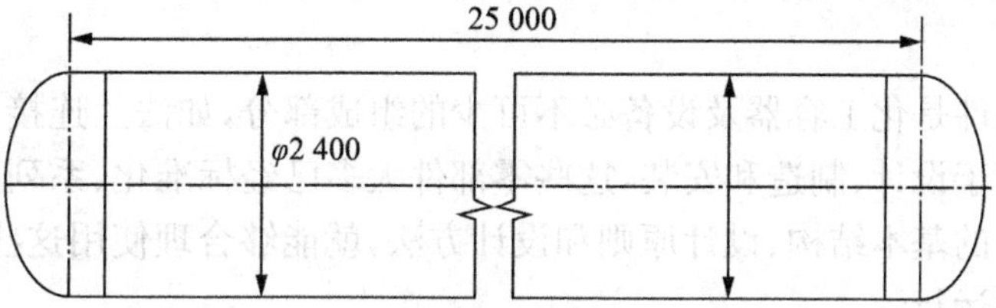

题图 6－1

2. 某真空塔设备，塔筒体内径为 $D_i=2\ 000$ mm，塔体圆筒高度 8 000 mm。两端封头采用标准椭圆形封头，封头直边段长为 25 mm。塔内绝压为 0.02 MPa，装有安全泄放装置，设计温度 350℃，塔体材料采用 Q345R，腐蚀裕量取 $C_2=3$ mm。试设计：

（1）如不设加强圈时，塔体圆筒的厚度？

（2）如设 3 个加强圈，塔体圆筒的厚度？试设计该加强圈。

第7章　压力容器零部件

压力容器零部件是化工容器及设备必不可少的组成部分，如法兰连接、开孔补强结构、容器支座等。为了便于设计、制造和安装，这些零部件大多已经标准化、系列化，因此，熟悉和掌握这些常用零部件的基本结构、设计原则和设计方法，就能够合理使用这些零部件，保证容器及设备的安全可靠运行。

7.1　法兰连接设计

由于生产工艺操作及制造、安装、检维修和运输需要，通常将压力容器及设备做成可拆卸的连接结构，其中采用法兰连接的形式最为普遍。

法兰连接结构是一个组合件，通常是由一对法兰盘、垫片和螺栓组成，如图 7－1 所示。借助螺栓把两部分设备连接在一起，同时压紧垫片使连接处紧密不漏。

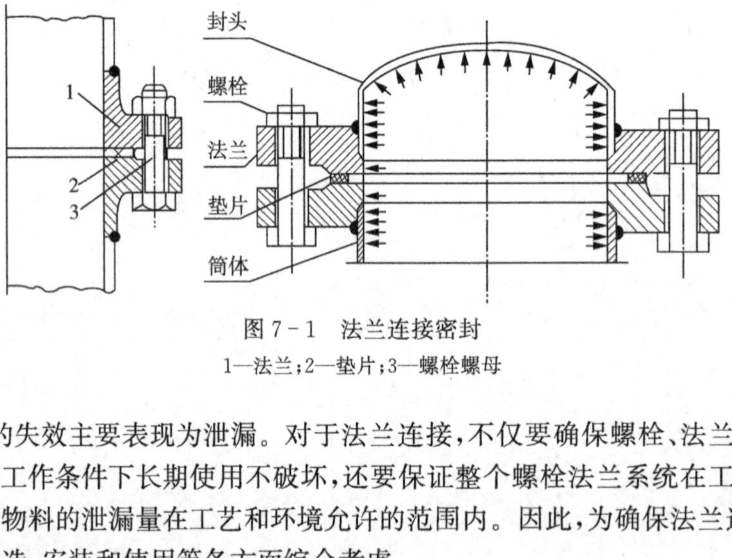

图 7－1　法兰连接密封

1—法兰；2—垫片；3—螺栓螺母

法兰连接的失效主要表现为泄漏。对于法兰连接，不仅要确保螺栓、法兰各零件有一定的强度，使之在工作条件下长期使用不破坏，还要保证整个螺栓法兰系统在工作条件下有足够的刚度，控制物料的泄漏量在工艺和环境允许的范围内。因此，为确保法兰连接安全可靠，需要从设计、制造、安装和使用等各方面综合考虑。

7.1.1　法兰结构类型与标准

1. 法兰的结构类型

在法兰密封结构中，法兰为被连接件，其作用是将拧紧连接螺栓产生的压紧力传递到密封垫片上，并与密封垫片均匀地紧密接触，形成必要的密封条件。由于操作条件、垫片材料及结构形式不同，法兰受力也就不同。由于安装与拆卸的考虑和使用场合各异，法兰也就有多种形式。

(1) 按接触面划分——法兰可分为窄面法兰和宽面法兰。

① 窄面法兰　法兰的接触面处在螺栓孔圆周以内，是最常用的中、低压法兰，多用于设备和管道中。

② 宽面法兰　法兰的接触面扩展到螺栓中心圆外侧，适用于厚度较薄或铸铁等脆性材料的法兰，并只用于低压或垫片较软的场合。

(2) 按使用场合划分——法兰可用于容器(设备)上，将容器筒体与封头，筒体与管板或筒节与筒节连接起来，也可以用于管道之间或容器(设备)接管与管道的连接。前者称为压力容器法兰，后者称为管法兰。它们分属于不同的法兰标准，选用时应注意区分。

(3) 按结构形式划分——法兰基本分为整体法兰、活套法兰和平焊法兰三类。

① 整体法兰　这类法兰通常带有一个锥形截面的颈脖，故又称高颈法兰或带毂法兰。对于铸铁或铸钢设备，法兰可与壳体铸成整体，如图 7－2(a)所示；锻制的法兰通过颈部对接环焊缝与容器或管道焊制成一体，如图 7－2(b)所示；钢制法兰也可以采用全焊透的方式将法兰环与筒体焊接在一起，如图 7－2(c)所示。锥颈斜度一般是 1∶2.5，最小是 1∶5(铸造法兰)。由于锥颈的作用，这种法兰的强度和刚度都较高，适用于压力、温度较高的重要场合。但是这种法兰与壳体形成一整体，法兰受力后会使容器(或管道)产生附加弯曲应力。

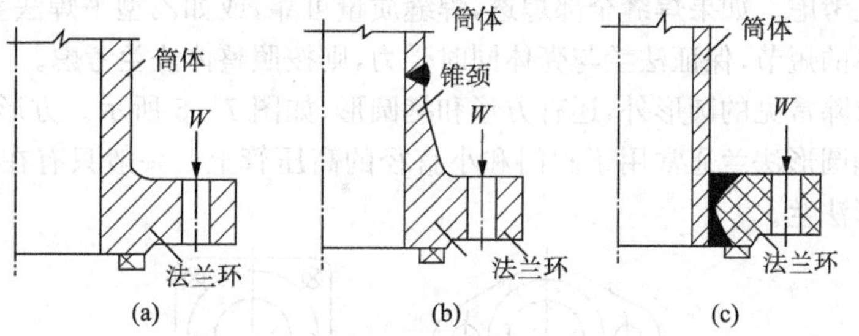

图 7－2　整体法兰

② 活套法兰　这种法兰并不直接固定在壳体上，只是松套在凸缘或翻边上，故又称自由法兰，如图 7－3(a)所示。这种法兰受力与整体法兰不同，它不会在容器或管子上产生附加弯曲应力。其优点包括：形状简单，制造容易，安装和更换方便；可以采用与设备不同种类的材料，从而可以节省贵重金属。但由于法兰要承受全部载荷，因而其厚度尺寸要大一些。

根据实际应用的需求，在原有活套法兰的基础上又派生出一些新的活套法兰。松套与壳体之间采用螺纹连接，又称螺纹法兰，如图 7－3(b)所示；也有一种松套与壳体是通过角焊缝焊接在一起，如图 7－3(c)所示。

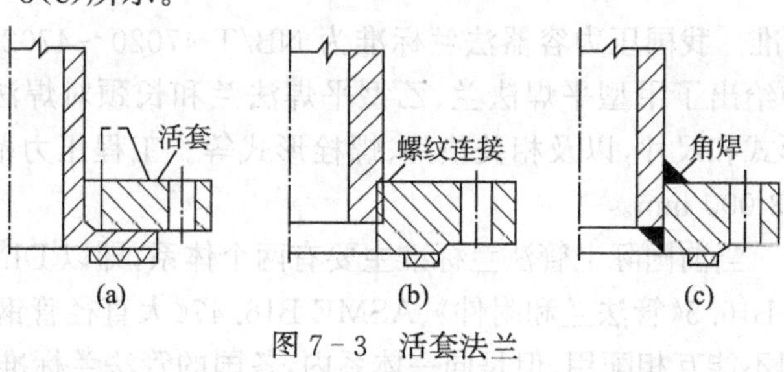

图 7－3　活套法兰

③ 平焊法兰　这是中、低压容器或管道上最常用的法兰形式，如图 7－4 所示。这类法兰的受力特性介于整体法兰和活套法兰之间。这类法兰结构简单，加工方便。在容器法兰标准中，平焊法兰分为甲型[图 7－4(a)]和乙型[图 7－4(b)]。乙型平焊法兰与甲型平焊法兰的主要区别在于，乙型平焊法兰的法兰环上带有一个短节，连接时短节与筒体或封头对接连接，整体

性、强度和刚度都优于甲型平焊法兰。管法兰不分甲型、乙型,都是如图 7-4(c)所示的形式。

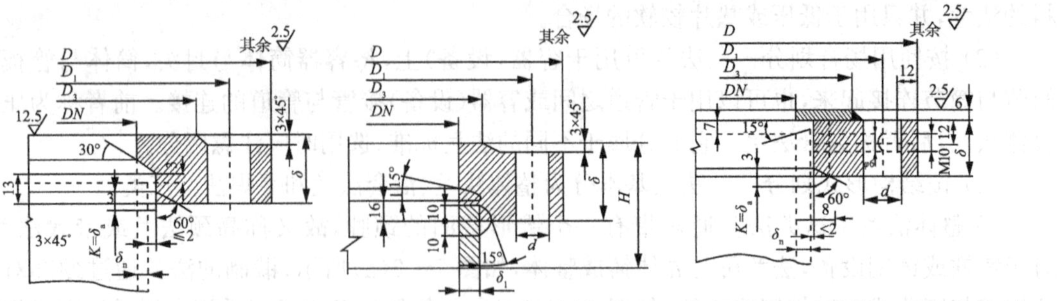

(a)甲型平焊法兰(平焊密封面) (b)乙型平焊法兰(平面密封面) (c)甲型平焊法兰(带衬环,平面密封面)

图 7-4 平焊法兰

甲型平焊法兰填角焊缝较小或不开坡口焊接,不能保证法兰与壳体同时受力,其设计计算按照活套法兰考虑。如果焊缝全部焊透,焊缝质量可靠,或如乙型平焊法兰那样,在法兰盘上焊制一段较厚的短节,保证法兰与壳体同时受力,则按照整体法兰考虑。

法兰的形状除常见的圆形外,还有方形和椭圆形,如图 7-5 所示。方形法兰有利于管子的规则排列。椭圆形法兰通常用于阀门和小直径的高压管上。一般只有在特殊要求时才采用方形或椭圆形法兰。

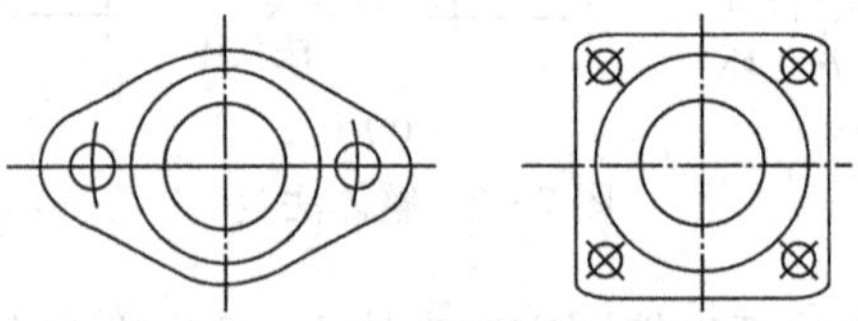

图 7-5 椭圆形与方形法兰

2. 法兰标准

法兰的使用极为广泛。为便于成批生产,提高生产效率,降低成本,保证质量和便于互换,我国有关部门已制定了一系列的法兰标准,包括容器(设备)法兰标准和管道法兰标准。容器法兰和管道法兰使用场合不同,连接尺寸也不同,一般情况下不能通用,必须按各自的标准系列配对选用。

(1) 容器法兰标准 我国压力容器法兰标准为 NB/T 47020～47027《压力容器法兰、垫片、紧固件》。标准中给出了甲型平焊法兰、乙型平焊法兰和长颈对焊法兰这三种法兰的分类、技术条件、结构形式和尺寸,以及相关垫片、螺栓形式等。工程压力范围为 0.25 MPa,公称直径范围为 300～3 000 mm。

(2) 管法兰标准 当前国际上管法兰标准主要有两个体系,即以 DIN 标准为代表的欧洲体系,以及以 ASME B16.5《管法兰和附件》、ASME B16.47《大直径管钢制法兰》为代表的美洲体系。两体系之间不能互相配用,但是同一体系内,各国的管法兰标准,则基本上可以互相配套,这是指其连接尺寸和密封面尺寸相同。

我国目前的管法兰标准较多,主要有国家标准 GB/T 9112～9125《钢制管法兰》,化工行业标准 HG/T 20592～20635《钢制管法兰、垫片、紧固件》以及机械行业标准 JB/T 74～90《管路法兰及垫片》。鉴于 HG/T 20592～20635 管法兰标准包括了欧洲体系和美洲体系,适用范围广、材料品种齐全以及与我国管法兰标准之间的编制联系,建议优先选用该标准。

法兰标准是根据不同的公称直径和不同的公称压力而制定的。选用标准法兰时，必须首先确定法兰的公称直径和公称压力。

所谓公称直径，是将容器及管子直径标准化以后的标准直径，以 DN 表示。容器的公称直径是指容器和设备的内径；管子公称直径是指管子的名义直径，既不是管子内径，也不是管子的外径，而是与两者相近的某一数值，例如 DN100 的无缝钢管，其外径是 108 毫米，内径则视壁厚不同而有多种尺寸。法兰标准中的公称直径就是容器和管子的公称直径。压力容器的公称直径和管子的公称直径系列值见表 7－1。

表 7－1　公称直径及公称压力系列

公称直径系列 DN/mm										
管子、管件	15	20	25	32	40	50	65	80	100	125
	150	175	200	225	250	300	350	400	450	500
	600	650	700	800	900	1 000	1 200	1 400	1 600	1 800
压力容器	300	350	400	450	500	550	600	650	700	800
	900	1 000	110	1 200	1 300	1 400	1 500	1 600	1 700	1 800
	1 900	2 000	2 200	2 400	2 600	2 800	3 000			
公称压力系列 PN/MPa										
管道	0.25	0.6	1.0	1.6	2.5	4.0	6.4	8.0	10.0	16.0
容器	0.25	0.6	1.0	1.6	2.5	4.0	6.4	10.0		

法兰的公称压力表示某法兰在一定材料和一定温度下的最大工作压力，若材料不同，温度改变，则允许的最大工作压力、公称压力之间将有所改变。例如，容器法兰的公称压力是以 Q345 或 Q345R 在 200℃时的最高工作压力为依据制定的，因此，当法兰的材料和工作温度与标准不同时，其最大工作压力将降低或升高。标准法兰的公称压力与其实际能承受的最大工作压力的变换关系见表 7－2。

表 7－2　长颈对焊法兰的最大允许工作压力(摘录)

公称压力，PN	法兰材料	工作温度/℃					
		＞20～200	250	300	350	400	450
1.00	20	0.73	0.66	0.59	0.55	0.50	0.45
	Q345	1.00	0.96	0.96	0.86	0.77	0.49
	20MnMo	1.00	1.07	1.05	1.00	0.94	0.83

选用标准法兰时，若实际工作压力恰好不等于某一等级的公称压力时，应选用比实际工作压力稍大的那一级公称压力的法兰。例如，工作温度为 250℃，工作压力为 0.6 MPa，材料为 Q345，由表 7－2，应选用 PN1.0 的标准法兰；若工作温度为 50℃，则可选用 PN0.6 的法兰。

7.1.2　密封设计

1. 密封原理

防止介质泄漏的基本原理是在连接处增加流体流动的阻力。当流体介质通过密封口的阻力大于密封元件两侧(也即容器内、外部)的压力差时，介质就被密封住了。这一阻力的增加是依靠增大密封面上的密封比压来实现的。密封比压即为保证紧密性而必须在垫片上施加的压应力，其单位为 MPa。

一般来说，流体在密封口泄漏有两种途径，一是垫片渗漏；二是压紧面泄漏。如图 7－6 所示。

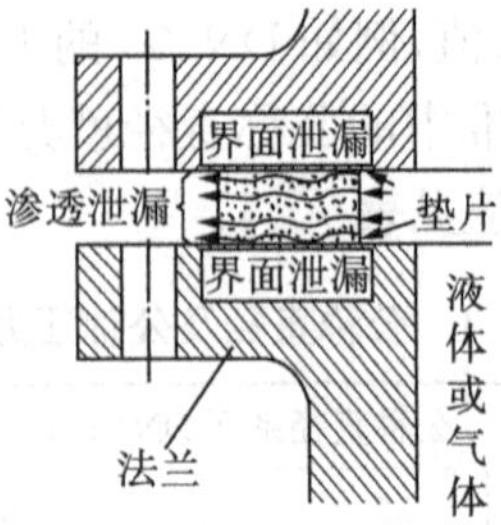

图 7－6　渗透泄漏与界面泄漏

垫片渗漏是因垫圈材质具有微小缝隙所致，常用的垫片材料多为植物纤维（棉、麻、丝等）、矿物纤维（石墨、玻璃、陶瓷等）和化学纤维（尼龙、聚四氟乙烯、各种塑料等），它们都具有一定的纤维间的微小缝隙，故渗透是难免的。在垫片材料中添加某些填充剂（如橡胶等），或与不透性材料组合成形时，这时渗透可减少或减免，因此正确选用密封垫片材料是很重要的，对腐蚀性介质，密封垫片的选择更为重要。

压紧面泄漏是密封失效的主要形式。由于法兰密封面并不可能严格做到平整，而且表面并非绝对光滑，因此，当压紧面上密封比压低于某一限度时，就会发生泄漏。要使法兰连接紧密不漏，必须将压紧面紧紧地压在垫片上，使垫片变形，从而填满压紧面上凹进的空隙，增加密封处流体流动的阻力，从而达到密封的目的。具体密封过程如图 7－7 所示。

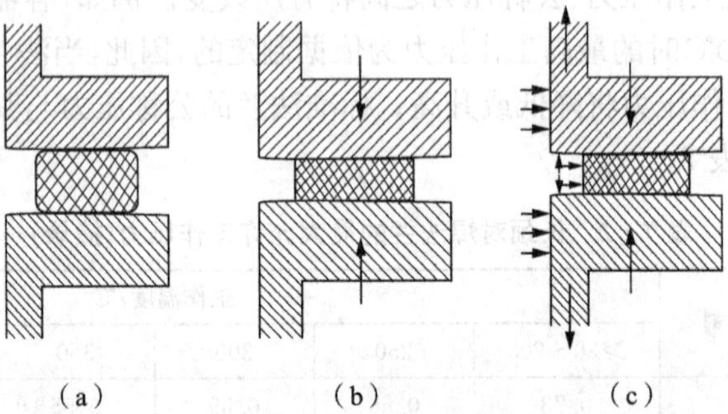

图 7－7　密封机理示意图

图 7－7(a)为尚未预紧的工况。将上下法兰压紧面和密封垫片的接触处的微观尺寸放大，可以看到它们的表面都是凹凸不平的，这些凹凸不平处就是流体泄漏的通道。

图 7－7(b)为预密封的工况。预紧时，当垫片单位面积上所受的压紧力大到某一值时，垫片被压实，压紧面上凹凸不平的微隙被填满，阻止介质泄漏形成了初始密封条件。为达到初始密封而必须施加在垫片上的压应力称为预紧密封比压，用 y 表示，单位为 MPa。

图 7－7(c)为工作密封工况。工作时，由于介质压力作用，在管子及法兰上产生轴向力，使得螺栓被拉伸，法兰压紧面沿着彼此分离的方向移动，垫片的压缩量减少，预紧密封比压下降。如果垫片具有足够的回弹能力，使得压缩变形的恢复能补偿螺栓的伸长和压紧面的分

离，使密封比压不小于工作密封比压，法兰压紧面之间仍能保持良好的密封状态。工作密封比压即为保证工作时紧密性而必须施加在垫片上的压应力，通常用介质计算压力 p_c 的 m 倍 mp_c 表示，单位为 MPa。m 称为垫片系数，量纲为 1。

如果垫片的回弹能力不足，密封比压下降到工作密封比压以下，甚至密封处重新出现缝隙，则密封失效。

由此可见，保证法兰连接紧密不漏有两个条件：①必须在预紧时，使螺栓力在压紧面与垫片之间建立起不低于 y 值的比压力；②当工作时，螺栓力应能够抵抗内压的作用，并且在垫片表面上维持高于 mp_c 值的比压力。

2. 密封分类

根据获得密封比压力方法的不同，压力容器密封可分为强制式密封和自紧式密封两种。强制式密封是完全依靠连接件的作用力强制挤压密封元件达到密封，因而需要较大的预紧力。常见于中、低压容器密封。而自紧式密封主要依靠容器内部的介质压力压紧密封元件实现密封，介质压力越高，密封越可靠。

按被密封介质的压力大小，压力容器的密封又可分为中低压密封和高压密封。中低压密封以螺栓法兰连接结构最为常用，它广泛用于开孔接管和封头与筒体的连接中，属于强制式密封。而高压密封大多属于自紧式密封。

3. 影响密封性能的因素

在实际工作中，影响法兰连接密封的因素是多方面的，包括设计、加工、安装等方面。从设计的角度考虑，影响法兰密封的主要因素有垫片性能、压紧面形式、螺栓预紧力、法兰刚度和操作条件等。

(1) 密封垫片性能　垫片是构成密封的重要元件。适宜的垫片变形和回弹能力是形成密封的必要条件。垫片的变形包括弹性变形和塑形变形，但仅弹性变形具有回弹能力。

回弹能力是指在施加介质压力时，垫片能否适应法兰面的分离。它可用来衡量垫片密封性能的好坏。回弹能力大，便能适应操作压力和温度的波动，密封性能就好。

垫片的变形和回弹能力与垫片的材料、形状、结构、初始预紧力、压紧面提供的表面约束及操作条件(压力、温度、介质)等有关。

(2) 压紧面型式　压紧面又称密封面，直接与垫片接触，是传递螺栓力使垫片变形的表面约束。为了达到预期密封效果，压紧面的型式和表面粗糙度应与选用的垫片相适应。放置金属垫片的压紧面，对法兰尺寸精度要求高，压紧面粗糙度通常要求达到 1.6～0.4 μm。对于软质垫片，压紧面过于光滑反而不利，一般粗糙度达到 12.5～3.2 μm 就够了，粗糙度过小，界面上阻力变小，对阻止介质的泄漏就不利。有时为了防止泄漏，在平面法兰压紧面上车削出 2～3 圈密封线(俗称水线)。压紧面上不允许有径向刀痕或划痕。

为使垫片产生弹性变形或塑性变形，垫片材料的硬度应低于法兰材料的硬度，一般取低于 HB40 以上为宜，否则垫片将会在压紧时损伤法兰压紧面。

实践证明，压紧面的平直度和压紧面与法兰中心轴线垂直同心，是保证垫片均匀压紧的前提。减少压紧面与垫片的接触面积，可以有效地降低预紧力，但若接触面积过小，则易压坏垫片。显然，如果压紧面的型式、尺寸和表面质量与垫片相配不当，则将导致密封失效。

(3) 螺栓预紧力　螺栓预紧力是影响密封的一个重要因素。预紧力必须使连接处实现初始密封条件，并保证垫片不被压坏或挤出。提高螺栓预紧力，可以增加垫片的密封能力，其原因是减少了密封面间的间隙，促使垫片变形，使渗透性垫片材料的毛细管缩小，并且提高了操作时垫片的工作密封比压，使压紧面保持良好的密封状态。螺栓预紧力必须均匀地作用在垫片上，因此，在密封所需的预紧力一定时，减小螺栓直径，增加螺栓个数，对密封是有利的。

(4) 法兰刚度　法兰刚度不足，会引起轴向翘曲变形，特别是当螺栓数目较少时，螺栓间的法兰密封面会因刚度不足产生波浪形变形，使密封失效。

提高法兰抗弯强度可以采用增加法兰盘厚度，减小螺栓力作用的力臂(即缩小螺栓中心圆直径)和增大带颈法兰的长颈部分尺寸等措施。但是过度提高法兰刚度，将使法兰笨重，使法兰连接的造价提高。

(5) 操作条件的影响　操作条件是指连接系统的压力、温度及介质的物理、化学性质。单纯的压力或介质因素对密封的影响并不苛刻，但在与温度联合作用时，尤其在波动的高温作用下，将会严重影响密封性能。

温度对密封性能的影响是多方面的。高温介质黏性小，渗透性大，易造成泄漏。介质在高温下对垫片和法兰的溶解与腐蚀作用加剧，增加了产生泄漏的可能性。在高温下，法兰、螺栓和垫片可能产生蠕变和应力松弛，使密封比压下降。一些非金属垫片，在高温下还会加速老化或变质，甚至被烧毁。此外，在温度作用下，由于密封组合件各部分的膨胀量不一致，对密封也是不利的。如果温度和压力联合作用又有波动时，垫片将会疲劳，使密封失效。在低温下工作的密封连接，由于组合件收缩变形不一致，垫片在低温下弹性降低，管道的冷却收缩，都会加速泄漏的产生。

综上分析，影响密封的因素是多方面的。为了使密封可靠，只有在密封组合件设计时认真考虑各种因素的影响，在结构和选材上加以解决。

4. 压紧面选择

压紧面主要应根据工艺条件、密封口径以及准备采用的垫片等进行选择。压紧面的几何尺寸和表面加工的质量要求，必须与相应的垫片相配合。

在中低压容器和管道中常用的法兰压紧面型式有平面型、凹凸面型和榫槽面型 3 种，如图 7-8 所示。目前这些压紧面的尺寸都有系列标准，设计时应根据有关法兰标准进行选用。

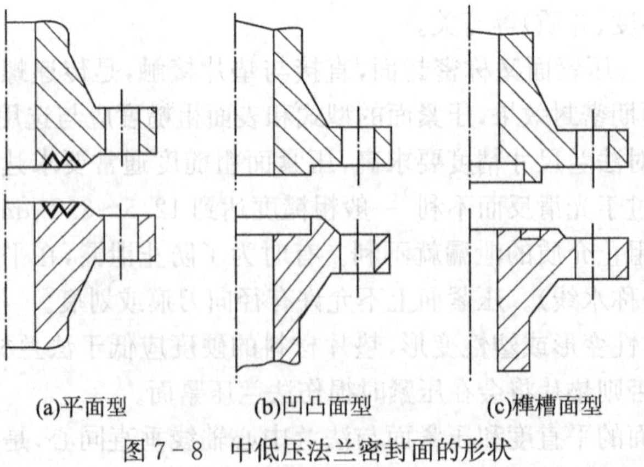

(a)平面型　(b)凹凸面型　(c)榫槽面型

图 7-8　中低压法兰密封面的形状

(1) 平面型密封面　平面型压紧面是一个光滑平面，有时在平面上车制 2～3 圈沟槽[图 7-8(a)]。这种密封结构简单、加工方便、便于进行防腐衬里。但这种压紧面与垫片接触面积较大，预紧时垫片容易被挤到压紧面两侧，不易压紧，故所需压紧力较大，密封性能较差。

一般与平垫片或缠绕式垫片配合使用，适用于压力不高、介质无毒、非易燃易爆场合，以及真空度<1×10^5 Pa 的真空系统。

(2) 凹凸面型密封面　这种压紧面是由一个凸面和一个凹面相配合组成[图 7-8(b)]。在凹面放置垫片，其优点是便于对中，能防止软质垫片被挤出，而且压紧面比平面型密封面窄，较易密封。适用于易燃、易爆、有毒介质，公称直径 DN≤800 mm，公称压力 PN≤1.6～6.4 MPa 的法兰连接。

(3) 榫槽面型密封面　这种压紧面是由一个榫面和一个槽面相配合组成[图 7-8(c)]，垫片放在槽内。由于垫片较窄，又受槽的阻挡，不会被挤出，故比以上两种压紧面均易获得更好的密封效果。而且，可以少受介质的冲刷和腐蚀，安装时又便于对中而使垫片受力均匀。垫片较窄，压紧垫片所需螺栓力相应较小，压力较高时，螺栓尺寸也不会太大。这种压紧面的缺点是结构与制造都比较复杂，更换垫片也较费事。榫面部分容易碰坏，拆装时要十分小心。

这种密封面适用于易燃、易爆、有毒介质以及压力较高的重要场合，以及真空度>1×10^5 Pa 的真空系统。当 PN≤20 MPa 时，可用到 DN=800 mm，当压力较小时，可用于直径更大的场合。

5. 垫片选用

垫片是法兰连接的核心，密封效果的好坏主要取决于垫片的密封性能。在垫片选择时，应根据温度、压力及介质的腐蚀性确定垫片的材料、结构形式和尺寸。同时也应考虑到垫片的价格、制造、更换等条件。

(1) 垫片材料　常用垫片材料有非金属、金属、组合式垫片三种，这三种垫片已经标准化，可按标准选用，标准号为 JB/T 4704～4707。

非金属垫片的优点主要是柔软、耐腐蚀、价格便宜，但耐温度和压力的性能较差。多用于常、中温和中、低压容器或管道的法兰密封。使用最多的是石棉、橡胶、膨胀石墨及合成树脂、塑料等。石棉橡胶垫片以质量比为 60%～80%的石棉纤维与 10%～20%的橡胶为主要成分，耐热、耐寒、耐腐蚀、价格便宜，广泛使用于中、常温和中低压场合。橡胶垫片组织致密、质地柔软、回弹性好、容易剪切、价格便宜。但它不耐高压，容易在矿物油中溶解和膨胀，且不耐腐蚀，在高温下容易老化，失去回弹能力。故选用时应根据介质、压力、温度等情况慎重考虑。膨胀石墨垫具有耐高温、耐腐蚀、低密度、压缩回弹性好等优点，特别适用于有毒、易燃、高温的密封场合，在蒸气场合已用到 650℃，氧化性介质场合为 450℃，采用金属衬里增强时压力也已用到 10 MPa。塑料垫片通常只用于常温、低压和酸类或其他腐蚀介质的密封场合中。

金属垫片具有耐高温、耐高压、耐油、耐腐蚀等优点，主要用于中、高温和中、高压的法兰连接密封。金属垫片材料一般并不要求强度高，而是要求韧性好。常用材料有软铝、铜、软钢、不锈钢、铬镍不锈钢等。金属垫片截面形状有平形、波形、齿形、八角形、椭圆形、透镜形等。平形金属垫片使用时分宽垫片和窄垫片两种。宽垫片因预紧压力要求大，易引起螺栓和法兰变形，压力超过 2 MPa 时在光滑面法兰上很少使用。窄垫片容易预紧，可以在公称压力 6.4～10 MPa 的管道上使用。波形金属垫片的金属板厚度一般为 0.25～0.8 mm，波长 1.2～6 mm。垫片厚度一般为波长的 40%～50%。适宜在光滑密封面、3.5 MPa 以上压力的管道上使用。齿形金属垫片多用于 6.4～10 MPa 的管道上。齿顶距约 1.5 mm，齿深 0.75 mm，齿顶、齿根角均为 90°。

组合式垫片采用金属与非金属材料配合制成。一般是用不同材料的金属薄板把非金属材料(如石棉橡胶、膨胀石墨等)包裹起来,压制或缠绕而成。金属材料在外层,可耐高温、耐腐蚀,非金属材料在内层,使垫片具有良好的弹性和回弹能力。这样组合后的垫片可满足高温、振动、温度波动、高压等工作状态下的密封要求。按组合形式不同可分为:金属外壳是封闭的全包密封垫、金属外壳是敞开的半包密封垫、薄金属带缠绕轧制而成的圆环形或非圆环形密封垫。

(2) 垫片的特性与选择

① 垫片的特性参数　影响密封的诸多因素中,最基本的是垫片的变形和回弹能力,然而从理论上对垫片的密封性能进行分析十分复杂。为使问题简化,在密封设计和垫片选择时,常忽略某些方面的影响,仅根据实验结果,用预紧密封比压 y、垫片系数 m 表征垫片的特性。

各种垫片的预紧密封比压 y 由实验确定。它随垫片材料、形式、尺寸以及压紧面的粗糙度而异,而与介质种类和操作压力无关,它是垫片的固有值,也是计算螺栓预紧力的重要设计参数。

垫片系数 m 是选择垫片的另一个重要参数。其物理意义是表示垫片在操作状态下,实现密封的难易程度。垫片系数的大小取决于垫片的材料、形式、尺寸和介质性质、压力、温度以及压紧面状况等。各种垫片系数由实验确定。

一些垫片的预紧密封比压 y 值和垫片系数 m 如表 7-3 所示。

表 7-3　垫片性能参数

垫片材料		垫片系数 /m	比压力, y/MPa	简图	压紧面形状 (表 7-4)	类别 (表 7-5)
无织物或含少量石棉纤维的合成橡胶;					1(a, b, c, d) 4, 5	Ⅱ
肖氏硬度低于 75		0.50	0	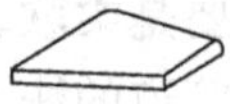		
肖氏硬度大于等于 75		1.00	1.4			
具有适当加固物的石棉(石棉橡胶板)	厚度 3mm	2.00	11	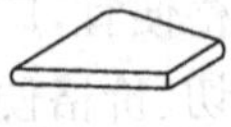		
	厚度 1.5mm	2.75	25.5			
	厚度 0.75mm	3.50	44.8			
内有纤维板橡胶		1.25	2.8	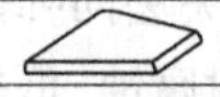		
内有石棉纤维的橡胶,具有金属加强丝或不具有金属加强丝	3层	2.25	15.2	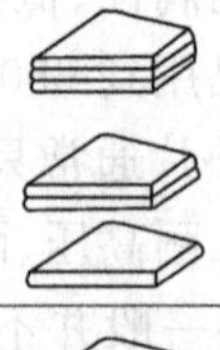		
	2层	2.50	20			
	1层	2.75	25.5			
植物纤维		1.75	7.6		1(a, b, c, d) 4, 5	
内填石棉缠绕式金属	碳钢	2.50	69	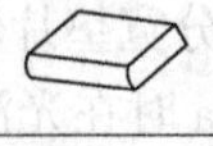		
	不锈钢或蒙乃尔	3.00	69			
波纹金属板类壳内包石棉或波纹金属板内包石棉	软铝	2.50	20	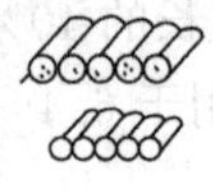	1(a, b)	
	软铜或黄铜	2.75	26			
	铁或软钢	3.00	31			
	蒙乃尔或 4%~6%	3.25	38			
	铬钢不锈钢	3.50	44.8			

续表

垫片材料		垫片系数 /m	比压力, y/MPa	简图	压紧面形状 (表7-4)	类别 (表7-5)
波纹金属板	软铝	2.75	25.5		1(a, b, c, d)	Ⅱ
	软铜或黄铜	3.00	31			
	铁或软钢	3.25	38			
	蒙乃尔或4%~6%	3.50	44.8			
	铬钢不锈钢	3.75	52.4			
平金属板内包石棉	软铝	3.25	38	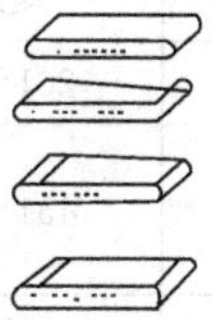	1a, 1b, 1c, 1d, 2	
	软铜或黄铜	3.50	44.8			
	铁或软钢	3.75	52.4			
	蒙乃尔	3.50	55.2			
	4%~6%铬钢	3.75	62.1			
	不锈钢	3.75	62.1			
槽型金属	软铝	3.25	38		1(a, b, c, d) 2, 3	
	软铜或黄铜	3.50	44.8			
	铁或软钢	3.75	52.4			
	蒙乃尔或4%~6%	3.75	62.1			
	铬钢不锈钢	4.25	69.6			
复合柔性石墨波纹金属板	碳钢 不锈钢	3.0	50	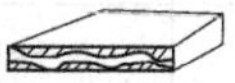	1(a, b)	
金属平板	软铝	4.00	60.7		1(a, b, c, d) 2, 3, 4, 5	Ⅰ
	软铜或黄铜	4.75	89.6			
	铁或软钢	5.50	124.1			
	蒙乃尔或4%~6%	6.00	150.3			
	铬钢不锈钢	6.50	179.3			
金属环	铁或软钢	5.50	124.1	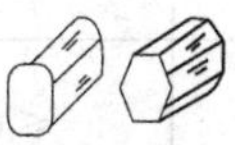	6	
	蒙乃尔或4%~6%	6.00	150.3			
	铬钢不锈钢	6.50	179.3			

注：本表所列各种垫片的 m, y 值及适用的压紧面形状，均属推荐性资料，采用本表推荐的垫片参数 (m, y) 并按本章规定设计的法兰，在一般使用条件下，通常能得到比较满意的使用效果。但在使用条件特别苛刻的场合，如在诸多氧化物介质中使用的垫片，其参数 m, y 应根据成熟的使用经验谨慎确定。

必须指出，上述表列数据是1943年由Rossheim和Markl推荐而沿用至今，经过半个多世纪来的生产实践和研究表明，m 和 y 值实际上与介质的种类、压力、温度等因素有关，而且两者之间还存在内在联系，虽然目前用于法兰螺栓垫片的设计，一般情况下能满足生产的要求，但不是一个能兼顾全部因素的设计方法。

② 垫片的选择　综上所述，垫片的作用是封住压紧面之间的间隙、增大密封口阻力、阻止流体泄漏。因垫片与介质直接接触，所以，合理选用密封垫片，对法兰密封效果及法兰尺寸有很大影响。垫片选择应根据温度、压力、介质的腐蚀性来确定，同时应兼顾价格低廉、制造

容易、安装更换方便等条件。显然，要全部满足以上多方面要求是困难的，应根据实际情况，参考 HG 20592～20635 等垫片选用标准(表 7－4)。

表 7－4　垫片的选用

介质	公称压力 PN/MPa	介质温度/℃	配用压紧面形式	选用垫片	
				名称	材料
油品、油气溶剂(丙烷、丙酮、苯酚、甲醛、异丙醇)、氢气、流化催化剂、≤25%尿素	≤1.6	≤200	平形	耐油橡胶石棉垫片	耐油橡胶石棉板
		201～300		缠绕式垫片	08(15)钢带-石棉带
	2.5	≤200	平形	耐油橡胶石棉垫片	耐油橡胶石棉板
	4.0	≤200	平形(凹凸)	缠绕式垫片 金属包石棉垫片	08(15)钢带-石棉带 马口铁-石棉板
	2.5～4.0	201～450			
	2.5～4.0	451～600		缠绕式合金垫片	0Cr13(1Cr13 或 2Cr13)钢带-石棉带
	6.4～16.0	≤450	梯形槽	八角形断面垫片	08(10)
		451～600			1Cr18Ni9(1Cr18Ni9Ti)
蒸气	1.0,1.6	≤250	平形	石棉橡胶垫	中压石棉橡胶板
	2.5,4.0	251～450	平形(凹凸)	缠绕式垫片 金属包石棉垫片	08(15)钢带-石棉带 马口铁-石棉板
	10.0	450	梯形槽	角形断面垫片	08(10)
水、盐水	6.4～16.0	≤100			
	≤1.6	≤60	平形	橡胶垫圈	橡胶板
		≤150			
气氨、液氨	2.5	≤150	凹凸(榫槽)		
空气、惰性气	≤1.6	≤200	平形	石棉橡胶垫	中压石棉橡胶板
	≤1.6	≤90	平形		
≤8%硫酸 ≤5%盐酸 45%硝酸	0.25,0.6	≤45	平形	软塑料垫片	软聚氯乙烯 聚乙烯,聚四氟乙烯
液碱	≤1.6	≤60	平形	石棉橡胶垫片 橡胶垫片	中压石棉板 橡胶板

③ 垫片尺寸的确定　垫片的宽度与垫片厚度是影响密封效果及螺栓预紧力的重要参数。一般来说，垫片宽度愈大，需要的预紧力也愈大，因而螺栓直径增大或螺栓数目增多。对给定的法兰，垫片宽度根据法兰密封面大小而定。垫片愈窄，愈容易被压紧。在垫片不被压碎的前提下，为了不产生过大的螺栓力，原则上应使用窄垫片，对于中、低压容器，垫片宽度常在 10～30 mm 范围内。

垫片愈厚，变形量愈大，容易填塞压紧面上的微隙，密封比压可减小，操作时也利于补偿密封面的分离，适应性强。因此，内压较高时，以选用厚垫片为宜。但垫片太厚，密封面上的比压变得不均匀，且易被压力介质压坏或挤出。若密封面加工质量较好，则垫片不宜过厚。中、低压容器及管道适用垫片厚度常为 1～3 mm。

实际上，预紧时和操作时垫片在整个宽度上的受力是不均匀的，这是由于螺栓上紧后，并在内压作用下，法兰会产生一定的偏转，垫片靠外周部分要比靠内圈部分压得紧些，即外紧内松。另外，压力介质也可能渗透到垫片的某一宽度处。因此，起密封作用的不是垫片的实际几何宽度，而是只起密封作用的那一部分的接触宽度，称作垫片的基本密封宽度，在此宽度内密封比压视为均匀分布。基本密封宽度的大小与压紧面形状及垫片放置情况有关。几种常见垫片的基本密封宽度的取值见表 7－5。

表 7－5 常见垫片的基本密封宽度

	压紧面形状（简图）	垫片密封基本宽度 b_0	
		Ⅰ	Ⅱ
1*a*	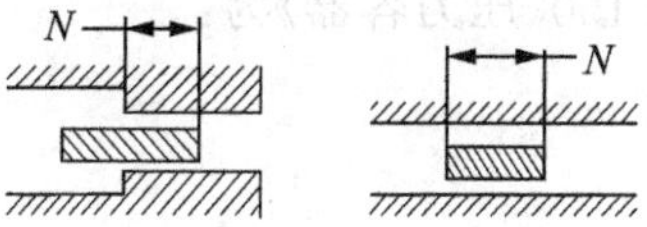	$\frac{N}{2}$	$\frac{N}{2}$
1*b*	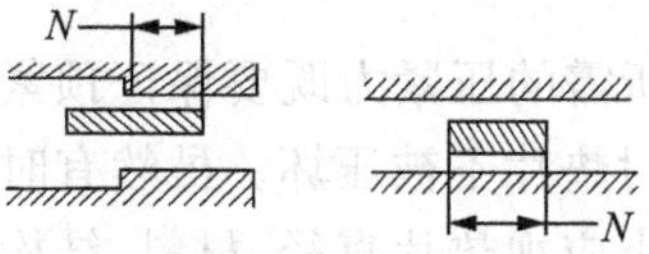		
1*c*	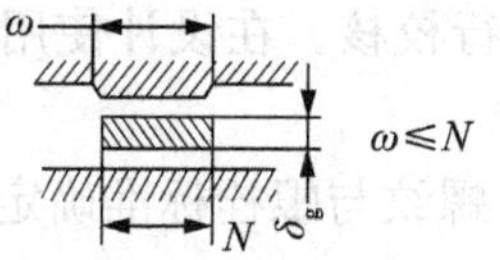	$\frac{\omega+\delta_g}{2}$ $\left(\frac{\omega+N}{4}最大\right)$	$\frac{\omega+\delta_g}{2}$ $\left(\frac{\omega+N}{4}最大\right)$
1*d*	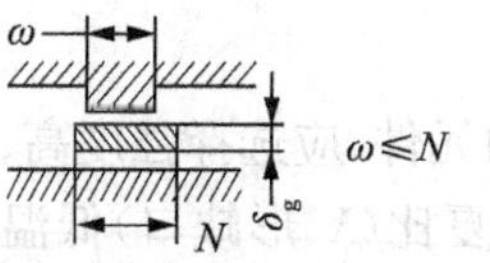		
2	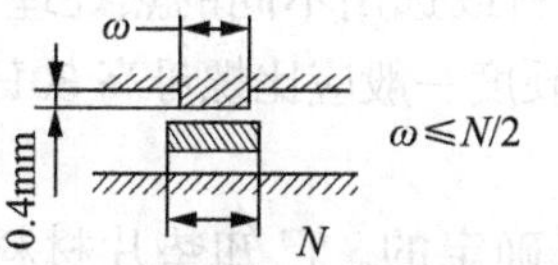	$\frac{\omega+N}{4}$	$\frac{\omega+3N}{8}$
3	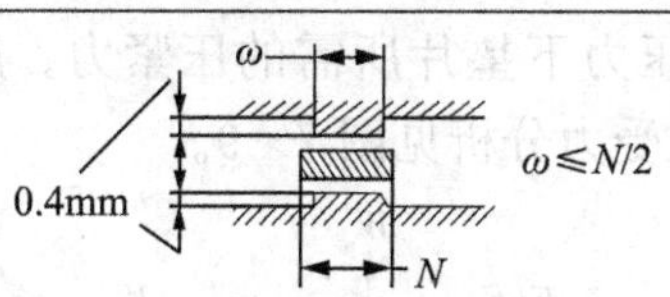	$\frac{N}{4}$	$\frac{3N}{8}$
4	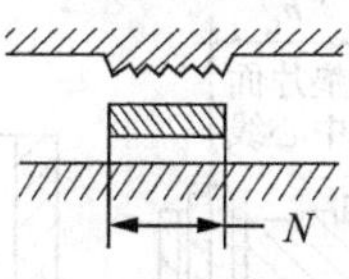	$\frac{3N}{8}$	$\frac{7N}{16}$
5	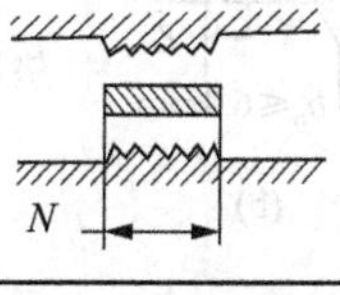	$\frac{N}{4}$	$\frac{3N}{8}$

续表

	压紧面形状(简图)	垫片密封基本宽度 b_0	
		Ⅰ	Ⅱ
6	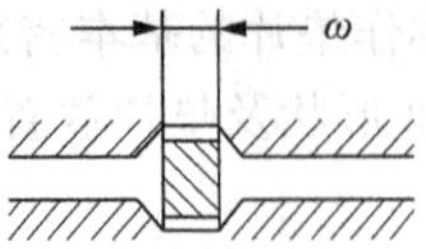	$\frac{\omega}{8}$	

注：当锯齿深度不超过 0.4 mm，齿距不超过 0.8mm 时，应采用 1*b* 及 1*d* 的压紧面形状。

当垫片较宽时，外紧内松的情况更为突出，受力更不均匀。考虑这一因素，在设计计算中取有效密封宽度 b 作为螺栓力计算中的垫片宽度。有效密封宽度 b 要比基本密封宽度 b_0 更小些，即 $b \leqslant b_0$。有效密封宽度 b 的具体取值按 GB 150《压力容器》为：

当 $b_0 \leqslant 6.4$ mm 时，$b = b_0$；

当 $b_0 > 6.4$ mm 时，$b = 2.53\sqrt{b_0}$。　　(7-1)

7.1.3　螺栓设计

法兰连接密封是靠螺栓压紧垫片来实现的。所需的压紧力既要保证预紧和操作时保持一定的密封比压，达到有效的密封要求，又要使密封垫片不被压坏。虽然有时法兰是按标准选用，螺栓个数和直径大小已确定，但压紧力的大小应视垫片直径、材料、结构形式和操作压力而异。因此，必要时要根据实际情况对螺栓强度进行校核。在设计使用非标准法兰时，必须进行螺栓设计。

螺栓设计包括材料选择、计算螺栓直径与个数、按螺纹与螺栓标准确定螺栓尺寸，以及验算螺栓间距等内容。

1. 螺栓材料选择

作为连接件的螺栓，是法兰密封结构中的主要受力元件，应选择强度高、韧性好的钢材。用于设计温度≤−20℃的螺栓，要选用低合金钢，并进行夏比(V 形缺口)低温冲击试验。为避免螺栓与螺母咬死或胶合，通常选用不同强度级别的材料或选用不同的热处理方法，使其具有不同的硬度。考虑螺母的更换比螺栓容易，螺栓材料的硬度一般应比螺母高 30HB 以上。

2. 螺栓载荷计算

螺栓载荷是根据保证密封所需的最小压紧力来确定的。已知垫片材料的性能(m, y)及垫片的计算密封宽度，就可以计算出一定直径和压力下垫片所需的压紧力。压紧力在压紧(操作前)和操作状况下不一样，应分别计算。螺栓受力分析见图 7-9。

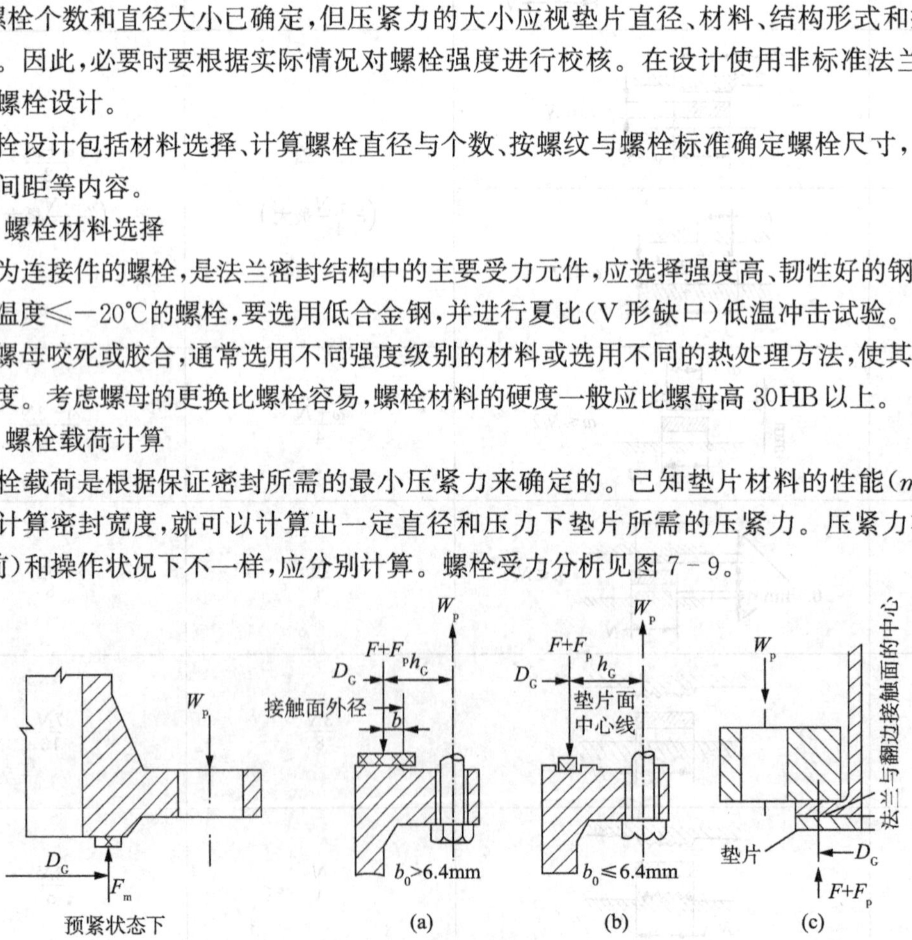

图 7-9　螺栓受力分析

(1) 预紧

预紧时，螺栓受力如图 7－9 所示，因为没有内压，螺栓拉力 W_p 等于保证垫片初始密封所需预紧力 F_a：

$$W_a = F_a = \pi D_G b y \tag{7-2}$$

式中 W_a——预紧情况下的螺栓载荷，N；

b——垫片计算宽度，mm。根据法兰密封面与垫片的接触情况，按表 7－5 取垫片有效宽度 b_0 值，然后按式(7－1)确定 b 值；

y——垫片预紧比压，由表 7－3 查得，MPa；

D_G——垫片压紧力作用处的直径，视垫片与法兰面接触情况而定，mm。

对于典型活套法兰，D_G 取法兰与翻边接触面中心处的平均直径，如图 7－9(c)所示。

对于其他法兰：

当 $b_0 > 6.4$ mm，D_G 取垫片接触面外径减去 $2b$，如图 7－9(a)所示；

当 $b_0 \leqslant 6.4$ mm，D_G 取为垫片接触面的平均直径，如图 7－9(b)所示。

(2) 操作

由于内压产生轴向力(F_p)的作用，螺栓受力增大，根据力的平衡条件可得到：

$$W_p = F_p + F = \pi D_G b(2m) p_c + \frac{\pi D_G^2}{4} p_c \tag{7-3}$$

式中 W_p——操作状态下，需要的最小螺栓载荷，N；

F——操作状态下，需要的最小垫片压紧力，N；

F_p——内压产生的轴向力，N；

m——垫片系数，查表 7－3；

p_c——计算压力，MPa。

在式(7－3)中，垫片系数 m 值是由实验测定的，由于在测定 m 的原始实验时，垫片面积只取一半，故 m 值在应用时需乘以 2，因此式(7－3)中不是 m 而是 $2m$。

3. 螺栓直径与个数

按式(7－2)和式(7－3)得到的螺栓载荷是计算螺栓尺寸的基本依据。根据这两种情况的螺栓拉力可分别计算预紧与操作情况下所需的螺栓总面积，由此确定实际选用螺栓的个数与直径。

预紧时，按常温下计算：

$$A_a = \frac{W_a}{[\sigma]} \quad \text{mm}^2 \tag{7-4}$$

操作时，按设计温度计算：

$$A_p = \frac{W_p}{[\sigma]^t} \quad \text{mm}^2 \tag{7-5}$$

式中，$[\sigma]$、$[\sigma]^t$ 分别为预紧(常温)时和操作(设计温度)时的螺栓许用应力。

由于实际螺栓不仅受到拉伸作用，还会受弯曲、扭转、冲击等作用，故螺栓许用应力应比相同材料容器的小，即安全系数比其他受压元件的大。常用螺栓材料的许用应力见附录 A。

螺栓实际所需面积(设为 A_m)应取 A_a、A_p 中的最大者，实际螺栓面积 A_b 应不小于需要的螺栓面积 A_m，最小螺栓截面积以螺纹小径及无螺纹部分的最小直径分别计算，取最小值。则螺栓的螺纹根径 d_0 为：

$$d_0 \geqslant \sqrt{\frac{4A_m}{n\pi}} \approx 1.13\sqrt{\frac{A_m}{n}} \quad \text{mm} \tag{7-6}$$

式中　d_0——螺栓根圆直径或螺栓最小截面直径，mm；

n——螺栓初定个数。为了对称上紧，应取偶数，最好是4的倍数。用于校核时，可参考法兰标准中确定的螺栓个数。

查阅螺纹标准，把计算所得的d_0圆整到螺纹标准公称直径，并使圆整后的实际螺纹的总面积不小于A_m。

压力容器法兰需使用等长双头螺栓，螺栓的公称直径不应小于M12，可按JB 4707标准选用。管道法兰（简称管法兰）的连接螺栓最小直径为M10。容器上连接管道的螺栓和螺母的螺纹，当公称直径大于M48时，推荐选用细牙螺纹，且当设计压力$p>6.4$ MPa时，容器法兰用螺栓的螺纹公差不低于6级。

当法兰连接密封结构在较高温度下操作时，要考虑螺栓中温度应力的影响。内加热时，若无良好保温，法兰温度要比螺栓高，两者的轴向膨胀伸长量不一致，必然会产生温差应力，设计时需要考虑。

4. 螺栓间距校核

为使螺栓载荷均匀地作用于垫片，同时减少相邻螺栓间法兰弯曲变形的程度，设计时，通常采用减少螺栓直径，增加螺栓个数的措施来达到法兰良好的密封效果。但是螺栓数目过多，螺栓布置过密也将造成加工、装拆的麻烦，还会削弱法兰环的强度，甚至使两螺栓间没有足够的扳手活动空间，造成无法上紧螺栓的后果。因此，法兰上两螺栓孔中心圆上的最大和最小弧长都应有所限制。

根据GB 150《压力容器》，螺栓间的最大弧长间距不应超过按下面经验公式计算的数值，即

$$S_{max} = 2d_B + \frac{6t}{m+0.5} \quad \text{mm} \tag{7-7}$$

式中　d_B——螺栓公称直径，mm；

t——法兰厚度，mm；

m——垫片系数。

两螺栓孔中心圆上的最小弧长S_{min}及法兰最小内、外径向尺寸，可根据扳手活动空间来确定。GB 150《压力容器》规定的最小间距和径向尺寸见表7-6。其中E为螺栓孔中心至法兰外缘的最小径向尺寸，mm；R为螺栓孔中心至法兰环与锥颈连接处的最小径向尺寸，mm。

表7-6　螺栓最小径向尺寸E、R及螺栓中心最小间距（弧长）S_{min}　(mm)

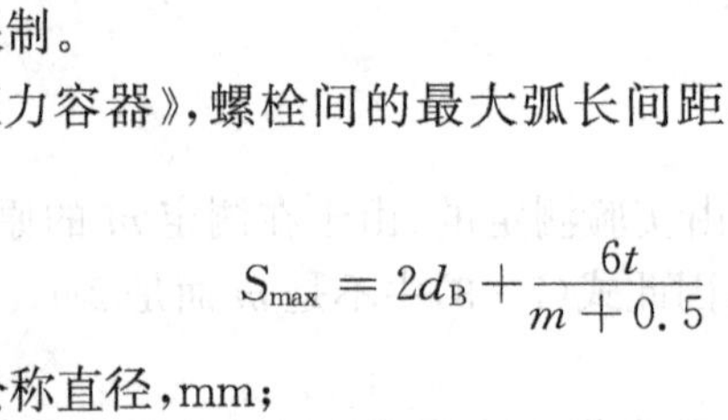

注：$\widehat{S}_{min}$系指螺栓分布圆上的弧长

续表

螺栓公称直径 d_B/mm	R/mm	E/mm	螺栓最小间距 S_{min}/mm	螺栓公称直径 d_B/mm	R/mm	E/mm	螺栓最小间距 S_{min}/mm
12	20	16	32	30	44	30	70
16	24	18	38	36	48	36	80
20	30	20	46	42	56	42	90
22	32	24	52	48	60	48	102
24	34	26	56	56	70	55	116
27	38	28	62				

［例 1 - 1］ 校核图 7 - 10 所示的带颈法兰连接的螺栓强度。其设计条件为：设计压力 1.0 MPa。取计算压力 $P_c=1.0$ MPa；设计温度为 250℃；结构尺寸 $D_0=1\ 255$ mm，$D_i=1\ 000$ mm，$D_b=1\ 145$ mm，$\delta_1=30$ mm，$\delta_0=10$ mm，$h=77$ mm，$\delta_f=62$ mm；螺栓 M36，20 只；法兰材料 20 号钢，$[\sigma]_f=123$ MPa，$[\sigma]_f^t=95$ MPa；筒体材料 Q345R(16MnR)，$[\sigma]_n^t=156$ MPa；螺栓材料 40MnB 钢，$[\sigma]_b=123$ MPa，$[\sigma]_b^t=176$ MPa；采用石棉橡胶垫片，$D=1\ 054$ mm，$d=1\ 010$ mm，$\delta=3$ mm。

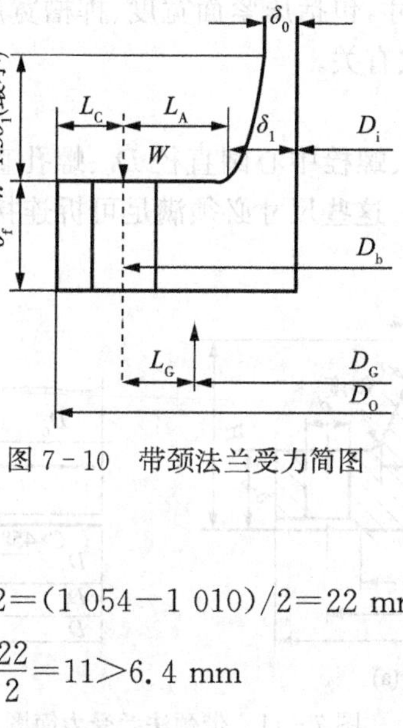

图 7 - 10 带颈法兰受力简图

解：(1) 垫片宽度计算

垫片实际宽度 $N=(D-d)/2=(1\ 054-1\ 010)/2=22$ mm

垫片密封基本宽度 $b_0=\dfrac{N}{2}=\dfrac{22}{2}=11>6.4$ mm

垫片有效密封宽度 $b=2.53\sqrt{b_0}=2.53\sqrt{11}=8.4$ mm

(2) 螺栓载荷计算

查表 7 - 3 得石棉橡胶板(厚 3 mm)的 $y=11.0$ MPa，$m=2$。

① 在操作状态下需要的最小螺栓载荷

$$W_p=\frac{\pi}{4}D_G^2p_c+2\pi D_Gmbp_c$$

$$=\frac{\pi}{4}(1\ 037.2)^2\times1+2\pi\times1\ 037.2\times2\times8.4\times1$$

$$=844\ 490.3+109\ 428.7=953\ 919\ \text{N}$$

式中，$D_G=D-2b=1\ 054-2\times8.4=1\ 037.2$ mm

② 在预紧状态下需要的最小螺栓载荷

$$W_a=\pi D_G by=\pi\times1\ 037.2\times8.4\times11=300\ 929\ \text{N}$$

③ 螺栓强度校核，M36 螺栓的根径 $d_0=31.67$ mm

螺栓实际总截面积 $A_b=\frac{\pi}{4}d_0^2\times n=\frac{\pi}{4}\times(31.67)^2\times20=15\ 747\ \text{mm}^2$

$A_p=\frac{W_p}{[\sigma]_b^t}=\frac{953\ 919}{176}=5\ 420\ \text{mm}^2$，$A_a=\frac{W_a}{[\sigma]_b}=\frac{300\ 929}{212}=1\ 419.5\ \text{mm}^2$，即 $A_b>A_p$，$A_b>A_a$，故螺栓强度足够，取 $A_m=\max(A_p,A_a)=5\ 420\ \text{mm}^2$。

7.1.4 法兰设计

法兰只是法兰连接中的一个元件，法兰设计必须联系到垫片选择和螺栓设计。至于法兰本身的设计，当选定材料和形式之后，主要是确定法兰各部分的尺寸——通常是参考法兰标准，初拟法兰尺寸，然后进行应力计算使之满足需要。

法兰尺寸的确定主要包括压紧面尺寸、连接尺寸、强度尺寸和结构尺寸等 4 个基本尺寸的确定。

1. 压紧面尺寸确定

压紧面尺寸也称密封面尺寸，包括压紧面宽度、榫槽宽度和深度等。这些尺寸应由密封设计确定，与选用的压紧面形式有关。

2. 连接尺寸确定

连接尺寸是指法兰外径 D、螺栓中心圆直径 D_b、螺孔直径 d 和螺孔数 n，如图 7-11 所示。其中 D_b、d 和 n 最为重要。这些尺寸必须满足可拆连接的要求，应保证法兰可以互换和通用。

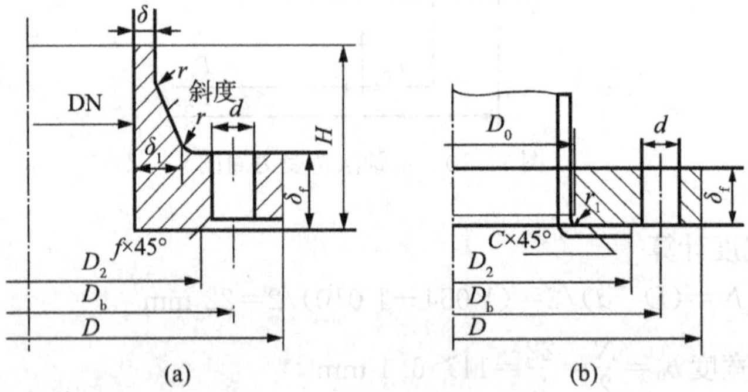

图 7-11 带颈法兰受力简图

为便于连接，螺栓中心圆直径和相邻两螺栓孔弦长的尺寸允差，按压力容器法兰标准为 ±0.6 mm，按管法兰标准为 ±0.3 mm。任意两螺栓弦长的允差为：当 DN≤550 mm 时，允差值为 ±1.0 mm；当 DN 为 600～1 200 mm 时，允差值为 ±1.5 mm；当 DN>1 200 mm 时，允差值为 ±2.0 mm。

3. 强度尺寸确定

强度尺寸包括法兰有效厚度 δ_f、法兰颈部高度 h、法兰颈部小端和大端有效厚度 δ_0 及 δ_1 等。其中主要是法兰的有效厚度 δ_f。这是与操作条件、法兰形式和材料强度有关的一个基本尺寸，应由计算确定。标准中所给的数据是经标准化圆整后的强度计算值。如果选用标准法兰，而材料选用与标准中不同，并且又要求达到同样的工作压力，则作为强度尺寸之一的法兰有效厚度 δ_f 可按下式换算：

$$\delta_f = \delta_{f标准}\sqrt{\frac{[\sigma]_{标准}}{[\sigma]}} \tag{7-8}$$

式中 $[\sigma]$，δ_f——选用材料的许用应力与法兰厚度；

$[\sigma]_{标准}$，$\delta_{f标准}$——法兰标准规定的材料的许用应力与法兰厚度。

尺寸 h、δ_0、δ_1 等和强度计算有关，由结构设计确定。对于压力容器法兰，按标准所给出的数值大体上有以下关系：

$$\frac{\delta_1}{\delta_0} = 1.6 \sim 1.8 \tag{7-9}$$

$$\frac{\delta_1}{\delta_f} = 0.43 \sim 0.73 \tag{7-10}$$

$h-\delta_f = 40 \sim 60$ mm（长颈对焊法兰）

$h-\delta_f = 100 \sim 120$ mm（乙型平焊法兰）

4. 结构尺寸确定

这类尺寸视法兰的结构型式而定。例如整体法兰的颈部斜度和倒圆半径 r，活套法兰的套合直径 D_i 和倒角，平焊法兰的焊缝尺寸，螺纹法兰的螺纹尺寸，衬里法兰的检漏孔尺寸等。当设计非标准法兰时，这些尺寸可参考法兰标准确定。

5. 法兰强度校核

法兰的受力分析方法主要分以弹性分析为基础和以塑性分析为基础的两大类。其中，以弹性分析为基础的方法，是控制法兰中的应力在弹性范围内，同时保证法兰的密封要求，是目前采用最为广泛的方法，以华脱尔斯（Waters）法为代表。以塑性分析为基础的计算方法，认为法兰的强度失效是极为罕见的，故它不在于计算法兰中的应力，而着重于整个可拆连接结构的密封，对法兰的强度是以塑性失效准则进行控制的。但计算较复杂，还未被广泛使用。

本文以弹性分析法为重点，介绍用华脱尔斯法对法兰进行强度校核计算。

(1) 法兰力矩计算

作用于法兰的外力矩是作用于法兰各轴向力对螺栓中心线取积后的总和。即各轴向力和其相应的力臂相乘后，取各乘积之和。法兰承受的力矩也要按预紧时和操作时两种情况来考虑。

① 预紧时力矩的计算

预紧时，作用在法兰上的力矩只是垫片反力和它的力臂的乘积。显然，这一垫片反力等于预紧时的螺栓力。若力的作用点在垫片中心，则此力的力臂就是垫片中心和螺栓中心线之间的距离。考虑到实际螺栓的总截面积 A_b 将比计算面积 A_m 大，为防止预紧时螺栓过量拧紧造成法兰超载，在计算螺栓最大载荷时，螺栓面积是按实际总截面积与计算面积的平均值考虑的，于是预紧状态作用在法兰上的力矩为

$$M_a = \frac{A_m + A_b}{2}[\sigma]_b L_G (\mathrm{N \cdot mm}) \tag{7-11}$$

式中，A_m——设计所需的螺栓总截面积，mm^2；

A_b——实际使用的螺栓总截面积，mm^2；

$[\sigma]_b$——常温下螺栓材料的许用应力，MPa；

L_G——螺栓孔中心至垫片压紧力 F_G 作用位置处的径向距离，mm。

② 操作时力矩的计算

操作时的力矩是由操作时的垫片反力和介质静压力所产生的轴向力形成的。力臂的选取均以力作用于中点位置而定。各种型式法兰的 L_D、L_T、L_G 计算式是不同的，应该视法兰的具体形式确定(参见 GB 150)。

操作时的力矩为

$$M_p = F_D L_D + F_T L_T + F_G L_G (\text{N} \cdot \text{mm}) \tag{7-12}$$

式中　F_D——作用于法兰内径截面上的内压引起的轴向力，$F_D=\frac{\pi}{4}D_i^2 p_c$，N；

F_T——内压引起的总轴向力 F 与内径截面上的轴向力 F_D 之差，N；

F_G——窄面法兰垫片压紧力，包括 F_a、F_p、W(预紧)三种工况。

L_D、L_T、L_G 按表 7-7 计算。

表 7-7　法兰力矩的力臂

	L_D	L_T	L_G
整体法兰 任意法兰(按整体法兰计算时)	$L_A+0.5\delta_1$	$\frac{L_A+\delta_1+L_G}{2}$	$\frac{D_b-D_G}{2}$
松式法兰 任意式法兰(按活套法兰计算时)	$\frac{D_b-D_i}{2}$	$\frac{L_D+L_G}{2}$	$\frac{D_b-D_G}{2}$
活套法兰	$\frac{D_b-D_i}{2}$	$\frac{L_b+L_G}{2}$	$\frac{D_b-D_G}{2}$

(2) 法兰设计力矩

法兰设计力矩取预紧状态作用在法兰上的力矩和操作时作用在法兰上的力矩中的较大值：

$$M_0 = \max\left\{\begin{matrix} M_a \dfrac{[\sigma]_f^t}{[\sigma]_f} \\ M_p \end{matrix}\right\} \tag{7-13}$$

(3) 法兰应力的计算

计算出法兰设计力矩以后，法兰中三个方向的最大应力可按公式计算。

① 对整体法兰、带颈松式法兰以及按整体法兰计算的任意式法兰应力按下列规定计算。

轴向应力：
$$\sigma_H = \frac{fM_0}{\lambda \delta_1^2 D_i} \tag{7-14}$$

径向应力：
$$\sigma_R = \frac{(1.33\delta_f e+1)M_0}{\lambda \delta_f^2 D_i} \tag{7-15}$$

环向应力：
$$\sigma_T = \frac{YM_0}{\delta_f^2 D_i} - Z\sigma_R \tag{7-16}$$

式中，$\lambda=\frac{\delta_f e+1}{T}+\frac{\delta_f^3}{d_1}$；$e=\frac{F_1}{h_0}$；$h_0=\sqrt{D_i\delta_0}$；$d_1=\frac{U}{V_1}h_0\delta_0^2$。

当 $D_i<20\delta_1$ 时，以 D_{i1} 代替 D_i。

系数 T、U 根据参数 K 按 GB 150 中表 7-9 查得；

整体法兰系数 F_1 按 GB 150 中表 7－7 计算；

整体法兰系数 V_1 按 GB 150 中表 7－7 计算；

整体法兰颈部应力校正系数按 GB 150 表 7－7 查得，或按 GB 150 中表 7－7 计算，当 $f<1$ 时，取 $f=1$；

对带颈松式法兰及 $f<1$ 的整体法兰，$D_{i1}=D_1+\delta_1$，对 $f\geqslant 1$ 的整体法兰，$D_{i1}=D_1+\delta_0$。

系数 Y、Z 根据参数 K 按 GB 150 中表 7－9 查得。

② 活套法兰以及按活套法兰计算的任意式法兰应力按下列规定计算。

轴向应力：$\sigma_H=0$

径向应力：$\sigma_R=0$

环向应力按下式计算：

$$\sigma_T=\frac{YM_0}{\delta_1^2 D_i} \tag{7-17}$$

③ 切应力

对活套法兰翻边部分的切应力及焊接法兰焊缝的切应力应按下列规定进行计算。

(a) 剪切载荷 W

预紧状态的剪切载荷 W 按式(7－2)计算；

操作状态的剪切载荷 W 按式(7－3)计算。

(b) 剪切面积

对活套法兰，按式(7－18)计算：

$$A_\tau=3.14D_il \tag{7-18}$$

对其他法兰，按式(7－19)计算：

$$A_\tau=3.14D_\tau l \tag{7-19}$$

式中 A_τ——剪切面积，mm²；

D_τ——剪切面计算直径，取圆筒外径，mm；

l——剪切面计算高度，mm。

切应力以预紧和操作两种状态分别按式(7－20)计算切应力：

$$\tau=\frac{W}{A_\tau} \tag{7-20}$$

④ 应力校核：

轴向应力：

对于整体法兰，$\sigma_H\leqslant\min(1.5[\sigma]_f^t, 2.5[\sigma]_n^t)$；

对于按整体法兰计算的任意法兰，$\sigma_H\leqslant\min(1.5[\sigma]_f^t, 1.5[\sigma]_n^t)$；

对于带颈松式法兰：$\sigma_H\leqslant 1.5[\sigma]_f^t$。

径向应力：$\sigma_R\leqslant[\sigma]_f^t$

环向应力：$\sigma_T\leqslant[\sigma]_f^t$

组合应力：$\begin{cases}\dfrac{\sigma_H+\sigma_R}{2}\leqslant[\sigma]_f^t\\[2mm]\dfrac{\sigma_H+\sigma_T}{2}\leqslant[\sigma]_f^t\end{cases}$

切应力：预紧和操作两种状态下的剪应力应分别小于或等于翻边（或圆锥）材料在常温和

设计温度下的许用应力的 0.8 倍。

[例 7-2] 为一台精馏塔塔节选配法兰，该塔内径 D_i=1 000 mm，壁厚 4 mm，操作温度 T=280℃，设计压力 p=0.2 MPa，法兰材料可选 20R 和 16MnR，试分别确定使用这两种材料的法兰类型及尺寸。

解：(1) 确定法兰类型

根据 DN=1 000 mm，p=0.2 MPa(估计 PN 不会超过 0.6 MPa)，因此可选用甲型平焊法兰。

(2) 确定法兰的公称压力 根据 p=0.2 MPa，T=280℃，查法兰标准，法兰材料如用 20 R，当取 PN=0.25 MPa 时，300℃的[p]=0.15 MPa，满足不了 p=0.2 MPa 的需要，所以法兰的 PN 应提高一等级，定 PN=0.6 MPa。

法兰材料若用 16 MnR，定 PN=0.25 MPa 时，300℃的[p]=0.21 MPa，满足 p=0.2 MPa 的需要，所以可选 PN=0.25 MPa。

(3) 确定法兰结构尺寸 根据确定的 DN=1 000 mm，PN=0.6 MPa 和 PN=0.25 MPa，查法兰标准可得法兰尺寸(图 7-12)及法兰质量，材料 16 MnR，质量 61.13 kg；材料 20 R，质量 73.68 kg。

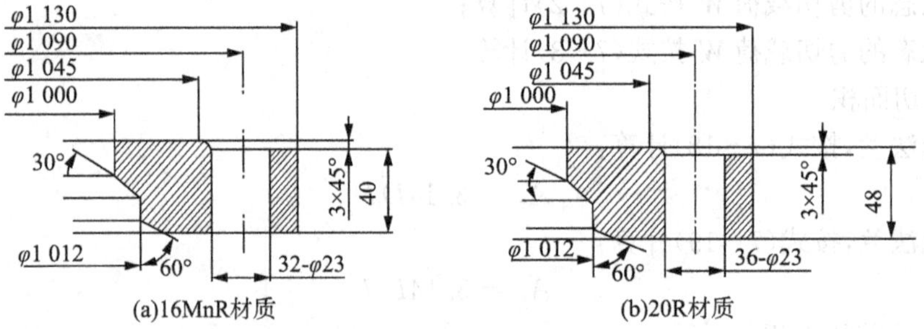

图 7-12 法兰结构尺寸

7.2 开孔与补强

为了使设备能够进行正常的操作、测试和检修，在壳体和端盖上往往需要有各种开孔，供安装工艺接管或零部件，如物料进出口管、人孔、手孔、清洗孔、视镜、液面计、温度计、压力计接管等。开孔的大小取决于开孔的用途和连接零部件的尺寸。

由于开孔，一方面使容器承载截面减小，破坏了原有的应力分布，并产生应力集中；另一方面接管处容器壳体与接管形成不连续结构而产生边缘应力。这使得开孔或开孔接管部位的局部应力比壳体中的薄膜应力大，有时可达器壁基本应力的 3 倍以上(甚至高达 5～6 倍)。压力容器开孔接管以后，除了有应力集中现象，接管上有时还有其他外载荷，又由于材质和制造缺陷等各种因素的综合作用，开孔接管附近就成为压力容器的破坏源，是疲劳破坏和脆性断裂的高发区。因此，必须正确分析开孔附近的应力集中，并采取适当的补强方法。

7.2.1 开孔附近的应力分析

壳体开孔后，截面上原来均匀分布的应力变得不均匀，在开孔边缘处出现应力集中(容器开孔后孔边缘局部区域的应力急剧增大的现象)。常用应力集中系数 K 来表征应力集中的程度。

所谓应力集中系数，是指开孔边缘的最大应力值与壳体上不考虑开孔的基本应力(最大薄膜应力)之比。若壳体未开孔时的名义应力为 σ，开孔后的最大应力为 $\sigma_{\max}$，则应力集中系数 K 为

$$K = \sigma_{\max}/\sigma$$

通常情况下，在各种孔形中，圆孔的应力集中程度最低。因此，GB 150 对开孔形状进行了限制。根据弹性力学解，可得到无限平板开小圆孔时的单向拉伸时应力集中系数[图 7-13(a)]。

$$\left.\begin{aligned}\sigma_r &= \frac{\sigma}{2}\left(1-\frac{a^2}{r^2}\right)+\frac{\sigma}{2}\left(1-\frac{4a^2}{r^2}+\frac{3a^4}{r^4}\right)\cos 2\theta\\ \sigma_\theta &= \frac{\sigma}{2}\left(1+\frac{a^2}{r^2}\right)-\frac{\sigma}{2}\left(1+\frac{3a^4}{r^4}\right)\cos 2\theta\\ \tau_{r\theta} &= -\frac{\sigma}{2}\left(1+\frac{2a^2}{r^2}-\frac{3a^4}{r^4}\right)\sin 2\theta\end{aligned}\right\} \quad (7-21)$$

根据弹性力学叠加原理，可以方便得到其他情况下的应力集中系数。图 7-13 提供了常见开孔边缘的应力集中现象。

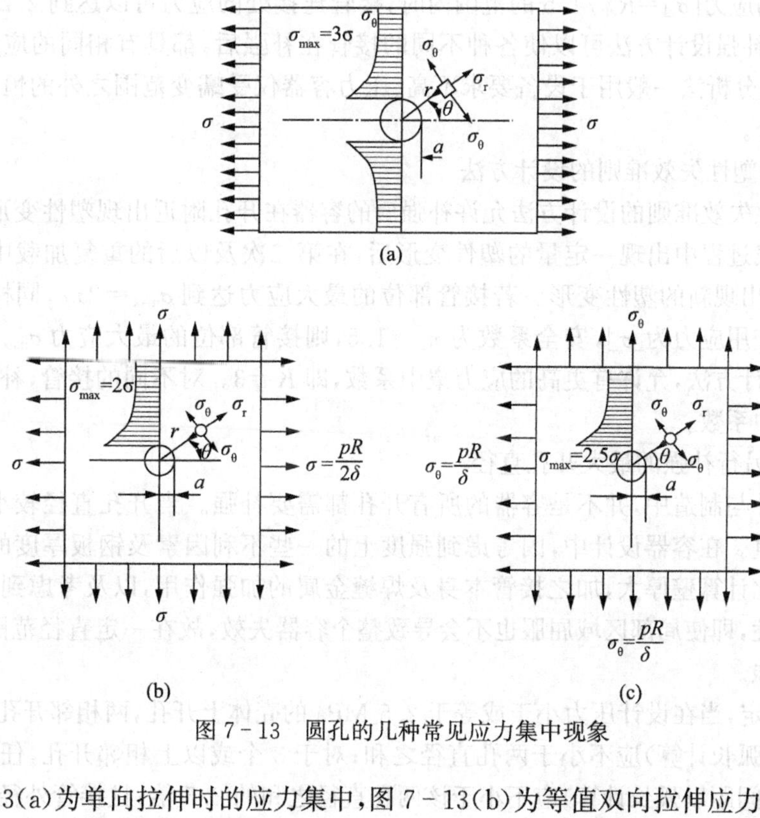

图 7-13 圆孔的几种常见应力集中现象

图 7-13(a)为单向拉伸时的应力集中，图 7-13(b)为等值双向拉伸应力集中，类似球壳小开孔，图 7-13(c)双向拉伸应力集中($\sigma_2=0.5\sigma$)，近似薄壁圆柱壳小开孔时的应力集中。

7.2.2 开孔补强设计

容器开孔引起应力集中，产生很大的应力峰值，但是这种应力集中现象具有明显的局部性质，在孔边最甚，随着离孔边距离的增加迅速衰减到正常部位的应力水平。大量试验表明，如果将连接处的接管或壳体壁厚适当加厚，上述局部地区的应力集中系数在很大程度上得到缓和，并可控制在所允许的范围内。

开孔补强设计的目的是使孔边应力集中现象降低到某一允许范围，但不能完全消除应力集中现象。

1. 开孔补强设计方法

(1) 等面积补强法

等面积补强法要求容器开孔后，在容器和接管连接处周围的补强金属必须等于或大于开孔所丧失的量，最好不降低容器开孔后的平均应力。这种补强方法以弹性失效为基础，安全可靠，使用方便，即使在接管同时受内压、弯矩、推力等作用时也能给出足够的安全裕度。中、低压容器补强广为采用此法。

(2) 根据极限分析准则的设计方法

由于开孔只造成壳体的局部强度削弱，而对于局部拉伸应力、弯曲应力，由于它们具有局部性、不均匀性，当最大应力达到屈服极限时，只能引起某个局部发生屈服，其他部分则仍处于弹性状态，且对局部屈服地区有限制作用，所以不会导致整个容器失效。根据极限分析准则，对壳体上的局部薄膜应力、弯曲应力，应力强度可以允许产生一定的塑性变形。当容器的应力控制在许用应力$[\sigma]=R_{eL}/1.5$的范围内时，接管连接处的应力可以达到$2.25[\sigma]$。也就是说，采用这种补强设计方法可以使各种不同的接管在补强后，都具有相同的应力集中系数$K=2.25$。极限分析法一般用于设备要求不高、压力容器仅受蠕变范围之外的恒定压力作用的开孔补强场合。

(3) 根据弹塑性失效准则的设计方法

根据弹塑性失效准则的设计方法允许补强后的容器在开孔附近出现塑性变形，但必须保证在第一次加载过程中出现一定量的塑性变形后，在第二次及以后的重复加载中，除了蠕变效应外，不会再出现新的塑性变形。若接管部位的最大应力达到$\sigma_{max}=2\sigma_{eL}$，同样，如果取一次薄膜应力的许用应力为$[\sigma]$，安全系数为$n_s=1.5$，则接管部位的最大应力$\sigma_{max}=3[\sigma]$。显然，按该补强设计方法，允许有更高的应力集中系数，即$K=3$。对不同的接管，补强后也都有相同的应力集中系数。

2. 允许不另行补强的最大开孔直径

在工程设计与制造中，并不是容器的所有开孔都需要补强。当开孔直径较小时，应力集中现象不太严重。在容器设计中，因考虑到强度上的一些不利因素及钢板厚度的规格化等，容器实际壁厚比计算壁厚大，加之接管本身及焊缝金属的加强作用，以及考虑到应力集中的局部性和自限性，即使局部区域屈服也不会导致整个容器失效，故在一定直径范围内的开孔，允许不进行补强。

GB 150 规定，当在设计压力小于或等于 2.5 MPa 的壳体上开孔，两相邻开孔中心的间距(对曲面间距以弧长计算)应不小于两孔直径之和；对于 3 个或以上相邻开孔，任意两孔中心的间距(对曲面间距以弧长计算)应不小于该两孔直径之和的 2.5 倍；且接管外径小于或等于 89 mm 时，只要接管最小厚度满足表 7-8 要求，就可不另行补强。

表 7-8 不另行补强的接管最小厚(表中接管壁厚的腐蚀裕量为 1 mm)

接管外径/mm	25	32	38	45	48	57	65	76	89
接管壁厚/mm	≥3.5			≥4.0		≥5.0		≥6.0	

3. 开孔补强结构

常见的补强结构有补强圈补强、厚壁接管补强和整锻件补强三种形式。

(1) 补强圈补强

补强圈补强是最常见的补强结构，如图 7-14(a)～(c)。在开孔周围贴焊补强圈，补强圈的材料和厚度一般与壳体相同，补强圈与壳体间采用填角搭接焊，为了保证补强效果，两者之间必须紧密焊牢。为了便于焊后检验，在补强圈上开有一个 M10 螺孔，以便在压力试验前通入 0.4～0.5 MPa 压缩气体进行焊缝紧密性试验。

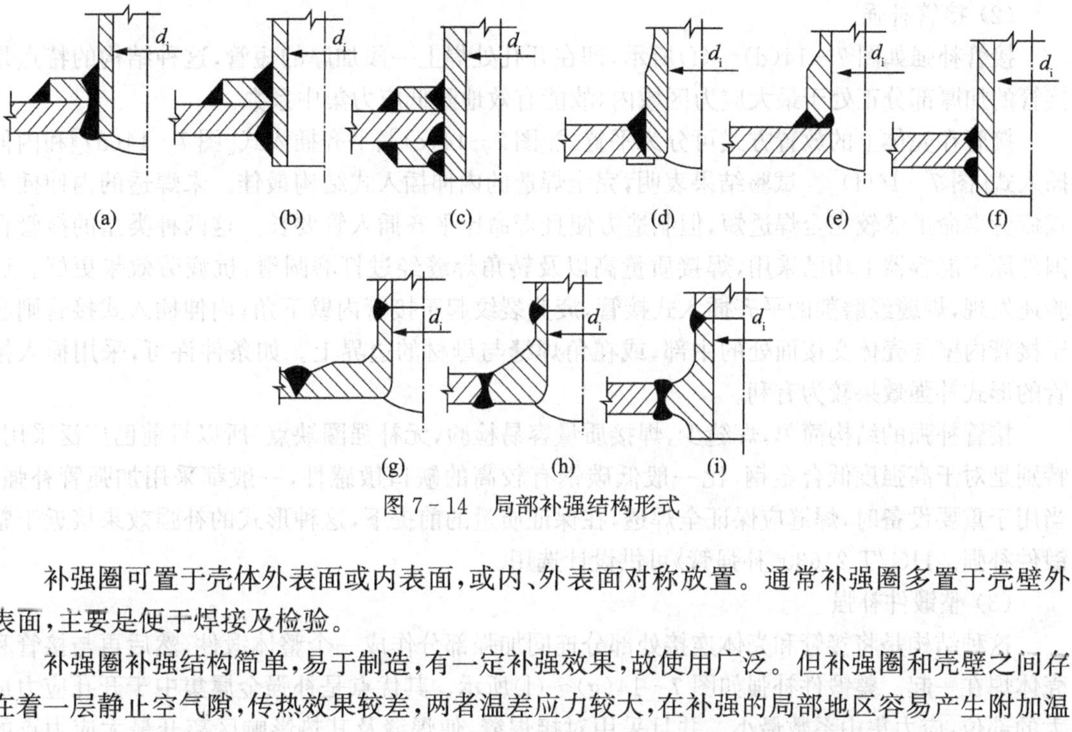

图 7-14　局部补强结构形式

补强圈可置于壳体外表面或内表面，或内、外表面对称放置。通常补强圈多置于壳壁外表面，主要是便于焊接及检验。

补强圈补强结构简单，易于制造，有一定补强效果，故使用广泛。但补强圈和壳壁之间存在着一层静止空气隙，传热效果较差，两者温差应力较大，在补强的局部地区容易产生附加温差应力。同时，搭接板结构没有和壳体或接管金属形成整体，抗疲劳性能差。并且由于补强区域过于分散，补强效果不高。与接管补强、整锻件补强相比应力集中系数相对较大。特别是补强圈与壳体搭接处刚性大。使角焊缝在冷却收缩后产生较大的约束作用，容易在焊缝处产生裂纹，对于应力比较敏感的高强钢更容易开裂。故对于高温、高压或受载有反应波动的重要压力容器不宜采用这种补强结构，通常这种补强形式只用于静压常温条件下的中、低压容器上。

鉴于上述原因，GB/T 150—2024《压力容器》限定：

① 钢材的标准常温抗拉强度 R_m＜540 MPa；

② 补强圈厚度应小于 1.5 倍壳体厚度；

③ 壳体名义厚度≤38 mm。

超出上述范围时，应采用其他补强措施。

我国已有补强圈标准(JB/T 4736《补强圈》)，设计时尽量按标准选用，见表 7-9。

表 7-9 补强圈尺寸

接管公称直径/mm	70	80	100	125	150	175	200	225	300	350	400	450	500
接管外径	76	89	108	133	159	194	219	245	273	377	426	480	530
补强圈内径	80	93	112	137	163	198	223	249	277	381	430	484	534
补强圈外径	140	160	200	250	300	368	400	440	480	620	680	760	840

(2) 接管补强

接管补强如图 7-14(d)～(f)所示，即在开孔处焊上一段加厚的短管，这种结构的特点是接管的加厚部分正处于最大应力区域内，故能有效地降低应力集中系数。

接管在壳体上的放置方式可分为平置式[图 7-14(e)]、平齐插入式[图 7-14(d)]和内伸插入式[图 7-14(f)]。试验结果表明，完全焊透的内伸插入式结构最佳。未焊透的内伸插入式疲劳寿命虽然较完全焊透短，但制造方便且寿命比平齐插入管要长。这两种类型的接管在国外原子能容器上均已采用，焊接质量高以及转角焊缝经过打磨圆滑，抗疲劳效果更好。试验还发现，焊缝经磨削的平齐插入式接管，疲劳裂纹起于接管内壁下角；内伸插入式接管则起于接管内壁与壳体交接面处的中部，或在角焊缝与母材的边界上。如条件许可，采用插入接管的形式补强效果较为有利。

接管补强的结构简单，焊缝少，焊接质量容易检验，无补强圈缺点，所以目前已广泛采用。特别是对于高强度低合金钢，比一般低碳钢有较高的缺口敏感性，一般都采用加强管补强。当用于重要设备时，焊缝应保证全焊透，在保证质量的前提下，这种形式的补强效果接近于整锻件补强。HG/T 21630《补强管》可供设计选用。

(3) 整锻件补强

这种结构是将接管和壳体连接处部分连同加强部分作成一个整体锻件，然后再与接管和壳体焊在一起。整锻件补强如图 7-14(g)～(l)所示。其优点是补强金属集中于开孔应力最大的部位，应力集中系数最小。并且采用对接焊缝，使焊缝及其热影响区离开最大应力点的位置，抗疲劳性能好，疲劳寿命约缩短 10%～15%左右。若采用密集补强形式[图 7-14(h)]，又加大过渡圆角半径，则补强效果更佳。但整锻件制造较困难，加工量大，所以只有在严格规定或操作条件恶劣的重要设备上采用。

工程设计中采用什么样的补强形式，不但要从强度上考虑，还需从工艺要求、制造容易、方便施工等方面综合考虑。

7.2.3 开孔补强计算

对于开孔补强的计算方法，GB 150—2011《压力容器》同时给出了等面积法和分析法。

等面积补强法要求容器开孔后，在容器和接管连接处周围的补强金属量必须等于或大于开孔所削弱的量，希望不降低容器开孔后的平均应力。这种补强方法比较安全可靠，使用简便，即使在接管同时受内压、弯矩、推力等作用的情况下也能给出足够的安全裕度。适用于压力作用下壳体和平封头上的圆形、椭圆形或长圆形开孔。当在壳体上开椭圆形或长圆形孔时，孔的长径与短径之比应不大于 2.0。等面积补强法的适用范围：

(1) 当圆筒内径 $D_i \leqslant 150$ min 时，开孔最大直径 $d_{op} \leqslant D_i/2$，且 $d_{op} \leqslant 520$ mm；当圆筒内径 $D_i > 1\,500$ mm 时，开孔最大直径 $d_{op} \leqslant D_i/3$，且 $d_{op} \leqslant 1\,000$ mm；

(2) 凸形封头或球壳开孔的最大允许直径 $d_{op} \leqslant D_i/2$；

(3) 锥形封头开孔的最大直径 $d_{op} \leqslant D_i/3$，为开孔中心处的锥壳内直径。

注：椭圆形或长圆形开孔的开孔最大直径 d_{op}指长轴尺寸。

对于圆柱壳大开孔接管的补强计算问题，可采用基于弹塑性失效准则的分析法。

1. 补强材料和开孔要求

补强材料一般应与筒体或端盖相同，若补强材料的许用应力小于筒体或端盖材料许用应力，则补强件的面积应按筒体或端盖材料的许用应力与补强件许用应力之比而增加。若补强材料许用应力大于壳体材料许用应力，则所需补强面积不得减少。

对于接管材料与壳体材料不同时，引入强度削弱系数 $f_r = [\sigma]_r^t/[\sigma]^t$，表示设计温度下接管材料与壳体材料许用应力的比值，当 $f_r > 1.0$ 时，取 $f_r = 1.0$。

所有开孔宜避开焊缝，开孔边缘与焊缝的距离应不小于 3 倍壳体的实际壁厚，且不小于 100 mm。若开孔必须通过焊缝时，开孔两侧各不小于 1.5 倍开孔直径，范围内的焊缝需经 100%射线或超声波探伤。

2. 补强的计算截面选取

所需的最小补强面积应在下列规定的截面上求取：

(1) 对于圆筒或锥壳开孔，该截面通过开孔中心点与筒体轴线；

(2) 对于凸形封头或球壳开孔，该截面通过封头开孔中心点，沿开孔最大尺寸方向，且垂直于壳体表面。

(3) 对于圆形开孔，开孔直径 d_{op}取接管内直径加 2 倍厚度附加量，对于椭圆形或长圆形开孔 d_{op}取所考虑截面上的尺寸(弦长)加 2 倍厚度附加量。

3. 有效补强范围

由于开孔附近的应力集中的局部性，补强金属只有在靠近开孔边缘的局部范围内才能起到有效的补强，此范围称为有效补强范围。在此范围以外，视为无补强效果。

有效补强如图 7－15 所示，图中 *WXYZ* 所组成的长方形内为有效补强区。

(1) 有效补强宽度：

$$B = \max\begin{cases} 2d_{op} \\ d_{op} + 2\delta_n + 2\delta_{nt} \end{cases} \quad \text{(取两者中的较大者)}$$

(2) 有效补强高度：

① 外伸接管有效补强高度

$$h_1 = \min\begin{cases} \sqrt{d_{op}\delta_{nt}} \\ \text{接管实际外伸高度} \end{cases} \quad \text{(取两者中的较小者)}$$

② 内伸接管有效补强高度：

$$h_2 = \min\begin{cases} \sqrt{d_{op}\delta_{nt}} \\ \text{接管实际内伸高度} \end{cases} \quad \text{(取两者中的较小者)}$$

式中 d_{op}——开孔直径，等于接管内直径加 2 倍厚度附加量，mm；

δ_n——壳体开孔处的名义厚度，mm；

δ_{nt}——接管名义厚度，mm。

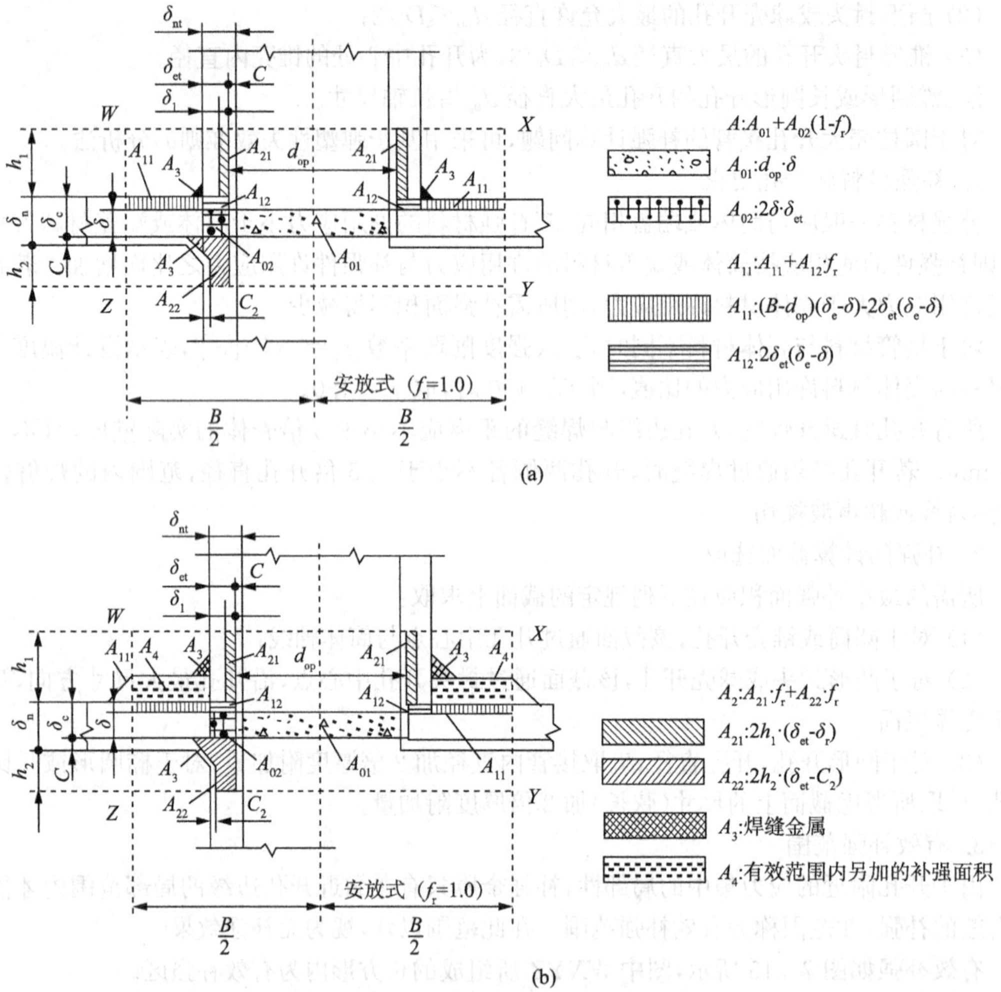

图 7－15　有效补强范围示意图

4. 补强面积计算

(1) 内压容器开孔所需要的补强面积：

① 壳体开孔所需补强面积

内压容器的圆筒、球壳、锥壳、椭圆形封头及碟形封头开孔后所需要的补强面积为

$$A = d_{op}\delta + 2\delta\delta_{et}(1 - f_r) \qquad (7-22)$$

式中　d_{op}——开孔直径，圆形孔取接管内直径加 2 倍厚度附加量，椭圆形或长圆孔取所考虑平面上的尺寸（弦长，包括厚度附加量），mm；

δ_{et}——接管有效厚度，mm；

f_r——强度削弱系数，等于设计温度下接管材料与壳体材料许用应力之比，当该比值大于 1.0 时，取 $f_r = 1.0$；对安放式接管，取 $f_r = 1.0$；

δ——壳体开孔处的计算厚度，mm。按下述方法确定：对于圆筒或球壳开孔，为开孔处的壳体计算厚度；对于锥壳（或锥形封头）开孔，按锥壳的计算厚度公式计算，式中 D_c 取开孔中心处锥壳内直径；

若开孔位于椭圆形封头中心 80％直径范围内，按式(7－23)计算，否则按椭圆封头的计算厚度公式计算。

$$\delta=\frac{p_c K_1 D_i}{2[\sigma]^t\phi-0.5p_c} \tag{7-23}$$

式中　K_1——椭圆形长短轴比值决定的系数，由表(7－10)查得。

表 7－10　系数 K 值

$\frac{D_i}{2h_i}$	K	$\frac{D_i}{2h_i}$	K	$\frac{D_i}{2h_i}$	K	$\frac{D_i}{2h_i}$	K
2.6	1.46	2.1	1.07	1.6	0.76	1.1	0.53
2.5	1.37	2.0	1.00	1.5	0.71	1.0	0.50
2.4	1.29	1.9	0.93	1.4	0.66		
2.3	1.21	1.8	0.87	1.3	0.61		
2.2	1.14	1.7	0.81	1.2	0.57		

若开孔位于碟形封头球面部分内，按式(7－24)计算，否则按碟形封头的计算厚度公式计算。

$$\delta=\frac{p_c R_i}{2[\sigma]^t\phi-0.5p_c} \tag{7-24}$$

式中　R_i——球壳或半球形封头的半径，椭圆形封头当量球面或碟形封头球面半径，mm。

② 平盖开孔所需补强面积

平盖的开孔直径 $d_{op}\leqslant 0.5D_o$(D_o取平盖计算直径，对非圆形平盖取短轴长度)，所需最小补强面积按式(7－25)计算。

$$A=0.5d_{op}\delta_p \tag{7-25}$$

式中　δ_p——平盖计算厚度，按平盖计算厚度公式计算，mm。

若平盖的开孔直径 $d_{op}>0.5D_o$，按大开孔补强计算。

(2) 外压容器开孔所需要的补强面积

壳体、端盖承受外压时，除了强度问题外，尚需满足稳定条件。因此，按外压计算所得壁厚值较承受同样内压时计算的大。而局部补强的目的主要是解决应力集中，故受外压时局部补强需要补回的面积可以小些。美国、日本及我国规范认为，承受外压的单层焊接容器所需补回的金属面积为挖去金属面积的 50％，即

$$A=0.5[d_{op}\delta+2\delta\delta_{et}(1-f_r)] \tag{7-26}$$

式中　δ——按外压容器计算确定的开孔处壳体厚度，mm。

(3) 补强面积

在有效的补强范围内，可作为补强的截面积按式(7－27)计算。

$$A_e=A_1+A_2+A_3 \tag{7-27}$$

式中　A_e——补强面积，mm^2；

A_1——壳体有效厚度减去计算厚度之外的多余面积，$A_1=(B-d_{op})(\delta_e-\delta)-2\delta_{et}(\delta_e-\delta)(1-f_r)$，$mm^2$；

A_2——接管有效厚度减去计算厚度之外的多余面积，$A_2=2h_1(\delta_{et}-\delta_t)f_r-2h_2(\delta_{et}-C_2)f_r$，$mm^2$；

式中　δ_t——接管计算厚度，mm；

C_2——腐蚀裕量，mm；

A_3——焊缝金属截面积(图 7-15)，mm^2

若 $A_e \geqslant A$，则开孔不需另加补强；

若 $A_e < A$，则开孔需另加补强，其另加补强面积按式(7-28)计算。

$$A_4 \geqslant A - A_e \tag{7-28}$$

式中 A_4——有效补强范围内另加的补强面积(图 7-15)，mm^2。

在进行上述计算时应注意：凡与容器没有完全连接的金属，如用部分焊透连接的接管及补强件不能作为补强部分。另外，作为补强的金属不能考虑用在多于一个的开孔上。

当采用补强圈进行局部补强时，补强圈的外径与内径，可根据接管的公称直径按表 7-9 查取。补强圈的厚度 δ_r 可粗略地按下式计算

$$\delta_r = \frac{A - (A_1 + A_2 + A_3)}{D_2 - D_1} \tag{7-29}$$

式中 D_1、D_2——分别为补强圈的内外径。

当采用标准补强圈时，可按 JB/T 4736 或 HG 21506 选用。

[例 7-3] 设计浮头换热器物料进、出口管的补强结构。已知筒体材料为 Q345R，DN=600 mm，设计压力为 p=2.5 MPa，设计温度为 t=200℃，筒体壁厚 δ_n=10 mm，筒体厚度附加量 C=2.5 mm，壳体焊缝系数 φ=0.85，接管焊缝系数 φ_t=1，接管厚度附加量 C_t=2.5 mm，接管壁厚 δ_n=7 mm。进、出口管尺寸为 ϕ273×7 mm，内平齐接管，材料为 Q245R，开孔不在焊缝上，试确定此开孔是否需要补强？补强圈厚度为多少？

解：已知筒体材料为 Q345R，设计压力为 p=2.5 MPa，设计温度为 t=200℃，筒体壁厚 δ_n=10 mm，壳体厚度附加量为 C=2.5 mm，壳体焊缝系数 φ=0.85，接管焊缝系数 φ_t=1，接管厚度附加量 C_t=2.5，接管壁厚 δ_n=7 mm。

由手册查得：筒体材料的 $[\sigma]^t$=183 MPa，接管材料的 $[\delta]_t^t$=123 MPa。

(1) 确定是否需要补强

根据 GB/T 150.3—2024《压力容器》，满足下述全部要求时，可允许不另行补强：

① 设计压力 $p \leqslant 2.5$ MPa；

② 两相邻开孔中心的间距(对曲面间距以弧长计算)应不小于两孔直径之和，对于 3 个或以上相邻开孔，任意两孔中心的间距(对曲面间距以弧长计算)应不小于该两孔之和的2.5倍；

③ 接管外径小于或等于 89 mm；

④ 接管壁厚满足表 7-8 要求，表中接管壁厚的腐蚀裕量为 1 mm，需加大腐蚀裕量时，应相应增加壁厚；

⑤ 开孔不得位于 A、B 类焊接接头上；

⑥ 钢材的标准抗拉强度下限值 $R_m \geqslant 540$ MPa 时，接管与壳体的连接宜采用全焊透的结构形式。

由本设计条件知，筒体开孔直径不能满足上述要求，故应进行开孔补强计算。

(2) 筒体、接管壁厚计算

筒体计算厚度：$\delta = \dfrac{pD_i}{2[\sigma]^t\varphi - p} = \dfrac{2.5 \times 600}{2 \times 170 \times 0.85 - 2.5} = 5.2$ mm

接管计算壁厚：$\delta = \dfrac{pd_i}{2[\sigma]^t\varphi - p} = \dfrac{2.5 \times (273 - 2 \times 7)}{2 \times 170 \times 0.85 - 2.5} = 2.7$ mm

(3) 需要补强的截面积

由式(7-24)得

$$A = d_{op}\delta + 2\delta\delta_{et}(1 - f_r)$$

式中 d_{op}——开孔直径,圆形孔取接管内直径加2倍厚度附加量,故 $d_{op} = d_0 - 2\delta_{nt} + 2C_t = 273 - 2\times7 + 2\times2.5 = 264$ mm;

δ——壳体开孔处的计算厚度;

δ_{et}——接管有效厚度,$\delta_{et} = \delta_n - C_t = 7 - 2.5 = 4.5$ mm;

f_r——强度削弱系数,$f_r = \frac{[\sigma]_t^t}{[\sigma]^t}$,如果此值大于1则取 $f_r = 1$。

所以,$A = 264\times5.2 + 2\times5.2\times4.5\times(1 - 0.672) = 1\,388.15$ mm^2

(4) 补强范围

有效宽度:$B = \begin{cases} 2d_{op} = 2\times264 = 528 \text{ mm} \\ d_{op} + 2\delta_n + 2\delta_m = 264 + 2\times10 + 2\times7 = 298 \text{ mm} \end{cases}$

取两者中较大值:$B = 528$ mm

有效高度:

外侧:$h_1 = \begin{cases} \sqrt{d_{op}\delta_{nt}} = \sqrt{264\times7} = 43 \text{ mm} \\ \text{接管实际外伸高度} = 128 \text{ mm} \end{cases}$

取两者中较小值:$h_1 = 43$ mm

内侧:$h_2 = \begin{cases} \sqrt{d_{op}\delta_{nt}} = 43.0 \text{ mm} \\ \text{接管实际内伸高度} = 0 \end{cases}$ 取两者中较小值:$h_2 = 0$

(5) 有效补强金属面积

筒体多余金属面积:$A_1 = (B - d_{op})(\delta_e - \delta) \quad 2\delta_{et}(\delta_e - \delta)(1 - f_r)$

故,$A_1 = (528 - 264)(7.5 - 5.2) - 2\times4.5(7.5 - 5.2)(1 - 0.672) = 600.4$ mm^2

接管多余金属面积:$A_2 = 2h_1(\delta_{et} - \delta)f_r - 2h_2(\delta_e t - C_2)f_r$

故:$A_2 = 2\times43\times(4.5 - 2.7)\times0.072 = 104.03$ mm^2

焊缝面积:$A_3 = 2\times\frac{1}{2}\times7\times7 = 49$ mm^2

故,$A_1 + A_2 + A_3 = 600.4 + 104.03 + 49 = 753.43$ mm^2

由计算可知:$A_1 + A_2 + A_3 < A$,开孔必须另加补强金属。

(6) 需另加的补强截面积

$$A_4 \geqslant A - (A_1 + A_2 + A_3) = 1\,385.9 - 753.43 = 632.47 \text{ mm}^2$$

(7) 确定补强圈尺寸

取补强材料为Q345R,补强圈外直径取 $D_0 = 480$ mm,(由补强圈标准JB/T 4736查取)。

补强圈计算厚度:

$$\delta_B = \frac{A_4}{D_0 - d_{op}} = \frac{632.47}{480 - 264} = 2.93 \text{ mm}$$

考虑到与壳体焊接的质量,取 $\delta_{Bn} = 10$ mm。

选用标准补强圈:DN250×10(JB/T 4736)。

7.3 支 座

压力容器及设备是通过支座固定在工艺流程中的某一位置上的。支座形式主要分为三大类:立式容器支座、卧式容器支座和球形容器支座。

立式容器支座应用较为广泛的有耳式支座、腿式支座、支承式支座和裙式支座四种,如图7-16所示。前三种常见于中小型直立设备,且安装数目不得少于3个,其中,腿式支座用于总高小于5 m、公称直径400~1 600 mm、高度与直径之比小于5的小型直立设备;支承式支座主要用于总高小于10 m、高度与直径之比小于5的小型直立设备。裙式支座主要应用于总高大于10 m、高度与直径之比大于5的高大型塔设备,支座是塔设备设计的一项重要内容,但目前尚无统一标准。

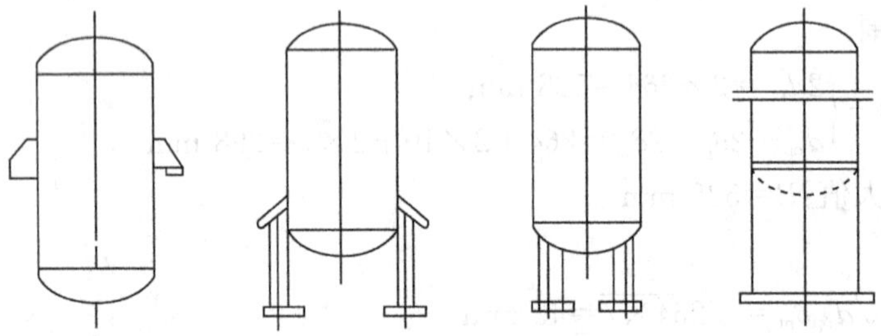

图7-16 立式容器支座

卧式容器支座一般可分为鞍式、圈式和支腿式三种,如图7-17所示。其中应用最普遍的是鞍式支座,简称鞍座。因自身重力可能造成严重挠曲的大直径薄壁容器和真空容器可采用圈式支座。支腿式结构简单,一般只用于小型卧式设备。

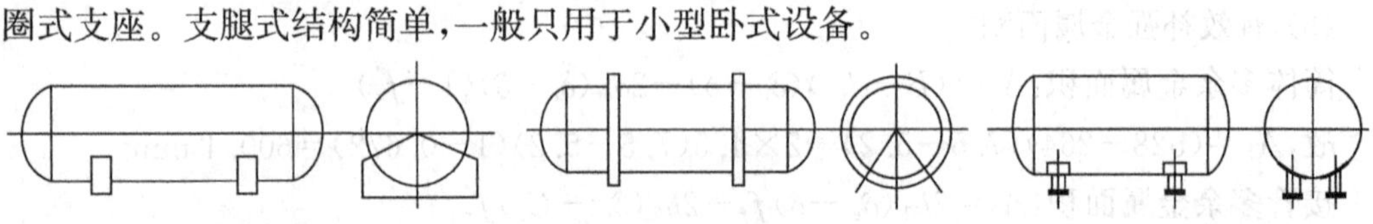

图7-17 卧式容器支座

球形容器支座有柱式、裙式、半埋式和高架式四种,如图7-18所示。现在还没有标准化,此类支座设计要与球罐本体设计同时进行。

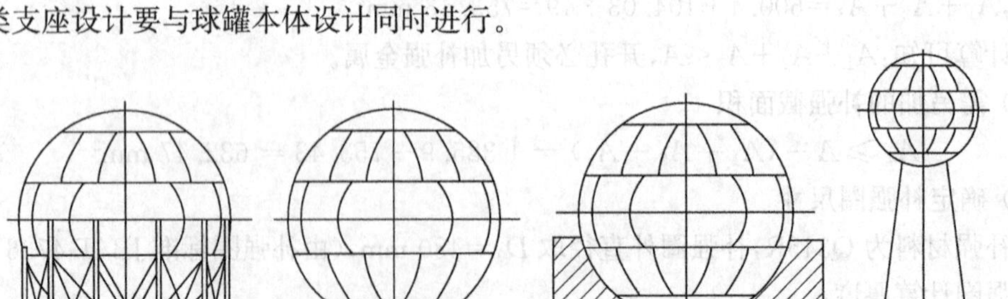

图7-18 球形容器支座

支座形式是根据设备的重量、结构、承载类型(风载荷、地震载荷、偏心载荷或冲击载荷等)、外部机械载荷情况(如外接管道施加的力或弯矩)和维修等要求来选定的。不论何种支座,都应满足以下两点要求:①承托容器的支座本身不失效,即强度是安全的,刚度是足够的;②固定支座的设备壳体不失效,即连接支座的壳体局部应力必须在许可的范围内。

NB/T 47065－2007《容器支座》包含鞍式支座、腿式支座、耳式支座和支撑式支座等四个部分。

本节仅讨论卧式容器中鞍式支座的结构特点及其计算方法。

7.3.1 鞍式支座的结构与选型

鞍式支座通常由数块钢板焊接制成(图7－19)。鞍座是由垫板(又叫加强板)、腹板、筋板和底板构成。垫板的作用是改善壳体局部受力情况。筋板的作用是将垫板、腹板和底板连成一体,加大刚性,一起有效传递压缩力和抵抗外弯矩。

鞍座在下列条件下应设置加强垫板:

(1) 设备壳体的计算壁厚小于或等于3 mm;

(2) 设备壳体的计算壁厚大于3 mm,但小于$D_i/500$(D_i为容器内径,mm);

(3) 设备外壳用高合金钢制造,配以碳钢支座;

(4) 设备壳体与支座之间的温差大于200℃;

(5) 设备壳体需要焊后热处理时,应设置加强垫板,且加强垫板需在热处理前焊上;

(6) 壳体鞍座处的最大周向应力大于$1.25[\sigma]^t$。

当筒壁较厚的计算厚度大于3 mm,且大于或等于$D_i/500$时,在鞍座支承反力作用下,筒壁内的周向应力又不大于许用应力值时,可以不加垫板。此时,腹板和筋板的厚度与鞍座的高度H(即自筒体圆周最低点至基础表面)直接决定着鞍座允许负荷的大小。鞍座包角θ和宽度m、b_1的大小直接影响着支座处筒壁应力值的高低。标准JB/T 4712《鞍式支座》中鞍座的包角有120°和150°两种,鞍座宽度则随筒体直径的增大而加大。

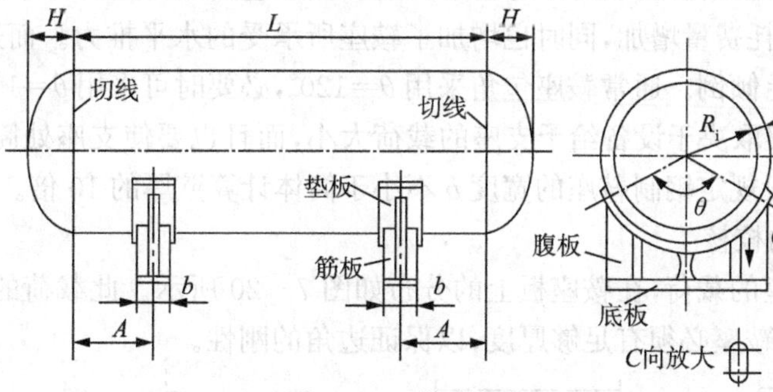

图7－19 鞍式支座

根据底板上螺栓孔形状的不同。鞍座分成两种形式,固定鞍座(底板开圆形螺栓孔)和滑动鞍座(底板开长圆形螺栓孔)。每台设备一般均用两个鞍座支承,并且采用一个固定鞍座和一个滑动鞍座。这是因为设备随着温度的变化会产生热胀冷缩,若两个鞍座都固定,则会在器壁产生热应力。滑动支座底板下面必须安装基础垫板,且基础垫板必须保持平整光滑,以保证设备在温度变化时能够自由伸缩。

NB/T 47065.1规定鞍式支座的直径范围为DN159～4 000。对于同一个公称直径分轻、重型两种结构型式,轻型可以满足一般容器的使用要求;重型可以满足换热器、介质比重较大或长径比较大的设备的使用要求。

鞍式支座的选用步骤如下：

(1) 已知设备总重，算出作用在每个鞍座的实际负荷 Q；

(2) 根据设备的公称直径和支座高度，从 NB/T 47065.1 中可查出轻型(A 型)和重型(B 型)两个允许负荷值$[Q]$；

(3) 按照允许负荷等于或大于计算负荷即$[Q] \geqslant Q$的原则选定轻型或重型。如果计算负荷超过重型鞍座的允许负荷值时，则需加大腹、肋板厚度，并需进行设计计算。

7.3.2 鞍式支座的设计计算

一般根据设备的公称直径，参考标准 NB/T 47065.1 选择标准形式的鞍式支座。特殊情况下则需另外设计。

1. 结构设计

结构设计主要包括鞍座位置的确定、鞍座包角和宽度的确定、腹板厚度校核。

(1) 鞍座设置及结构

采用双鞍座时，支座位置的选取一方面要考虑端盖对圆筒体的加强效应，另一方面还要合理安排载荷分布，避免因荷重引起的弯曲应力过大。为此，要遵循以下原则：

① 双鞍座卧式容器的受力状态可简化为受均布载荷的外伸简支梁，根据材料力学分析，当跨中截面与支座截面弯矩相等时，外伸端长度 A 约为梁全长 L 的 20%，即要求 $A \leqslant 0.2L$，否则支座截面的弯矩将过大；

② 由于端盖对筒体有局部加强作用，若支座邻近端盖则可充分利用端盖的加强效应。一般认为，当 $A \leqslant 0.5R_m$ 时端盖对支座部分的壳体能起到加强作用，因此在满足 $A \leqslant 0.2L$ 时，尽量使 $A \leqslant 0.5R_m$（R_m 为筒体的平均半径）。

(2) 鞍座包角和宽度的确定

鞍座包角 θ 是鞍座腹板支承筒体的包角。增大鞍座包角 θ 可使筒体中的应力降低，但鞍座将变得笨重，材料耗费量增加，同时也增加了鞍座所承受的水平推力。而过分减小包角，将使容器容易从支座上倾倒。通常鞍座包角采用 $\theta=120°$，必要时可采用 $\theta=150°$。

鞍座宽度 b 不仅取决于设备给予支座的载荷大小，而且也要使支座处筒壁内的周向应力不超过许用值。一般规定钢制鞍座的宽度 b 不小于筒体计算壁厚的 10 倍。

(3) 腹板厚度的校核

容器作用于鞍座的载荷，在鞍座板上的分布如图 7-20 所示。此载荷的水平分量将使鞍座两边角分开，因此鞍座必须有足够厚度，以保证边角的刚性。

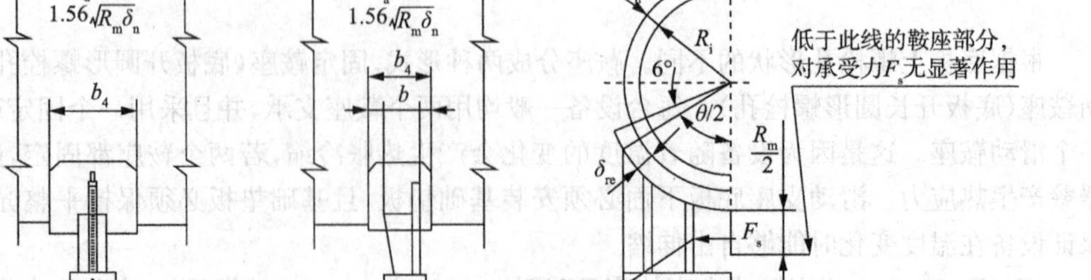

图 7-20　鞍式支座

半个鞍座水平推力是各水平分力的总和，以下式表示：

$$F_s = K_9 F \tag{7-30}$$

式中 F——每个支座的反力，N；

K_9——系数，见表 7－11。

表 7－11 系数 K_9

鞍座包角 θ/(°)	120	135	150
K_9	0.204	0.231	0.259

鞍座腹板厚度上的平均应力校核公式如下：

无垫板或垫板不起加强作用时，

$$\sigma_9 = \frac{F_s}{H_s b_0} = \frac{K_9 F}{H_s b_0} \leqslant \frac{2}{3}[\sigma]_{sa} \tag{7-31a}$$

垫板起加强作用时，

$$\sigma_9 = \frac{F_s}{H_s b_0 + b_r \delta_{re}} = \frac{K_9 F}{H_s b_0 + b_r \delta_{re}} \leqslant \frac{2}{3}[\sigma]_{sa} \tag{7-31b}$$

式中 b_0——鞍座腹板厚度，mm；

b_r——鞍座垫板有效宽度，取 $b_r = b_2$；

H_s——计算高度，即承受水平推力的有效高度，取 $H_s = R_m/3$ 和鞍座实际高度两者中的较小值，mm；

R_m——容器的平均半径，mm；

$[\sigma]_{sa}$——腹板材料许用应力，MPa。

2. 载荷分析

目前，国内外均采用齐克理论，将鞍座支承的卧式容器看作受均布载荷的一端固支、一端铰支的外伸梁来分析，如图 7－21 所示。

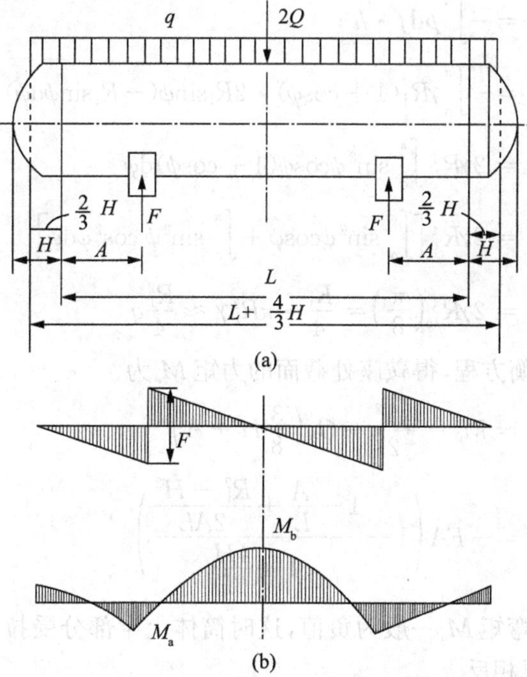

图 7－21 双鞍座卧式容器的受载分析图

由图 7－21 可知，外伸梁上受到的均布载荷 q 和支反力 F 的计算方法如下：

设容器总质量为 $2Q$(包括容器自重、附件及保温层质量、介质质量或水压试验时水的质量等)，筒体长度为 L(两端盖切线间的距离)，封头凸出部分折合成圆筒容积的 2/3，则两端封头凸出部分的当量长度为 $4H/3$。由此，均布载荷为

$$q=\frac{2Q}{L+\frac{4}{3}H}=\frac{2Q}{L\left(1+\frac{4}{3}\cdot\frac{H}{L}\right)} \tag{7-32}$$

双鞍座卧式容器每个支座的反力为

$$F=\frac{1}{2}qL\left(1+\frac{4}{3}\cdot\frac{H}{L}\right) \tag{7-33}$$

式中，H——封头内壁曲面高度，mm。对于平端盖，$H=0$。

根据这种受载情况对卧式圆筒形设备的内力进行分析。

(1) 鞍座截面处筒体轴向内弯矩 M_a 的计算

鞍座截面处弯矩计算可取外伸端为分离体，如图 7－22 所示。

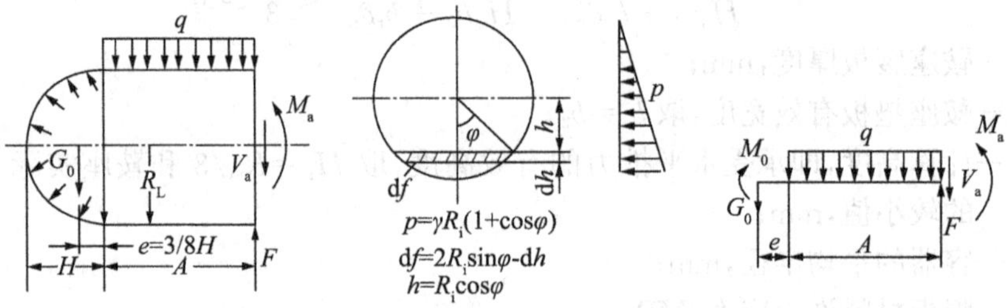

图 7－22 鞍座处截面的弯矩计算

在注满液体且静压力 p 作用于封头时所产生的力矩 M_0 为

$$\begin{aligned}M_0&=-\int_0^\pi p\,\mathrm{d}f\cdot h\\&=-\int_0^\pi \gamma R_i(1+\cos\psi)\cdot 2R_i\sin\psi(-R_i\sin\psi\mathrm{d}\psi)\cdot R_i\cos\psi\\&=2\gamma R_i^4\int_0^\pi \sin^2\psi\cos\psi(1+\cos\psi)\mathrm{d}\psi\\&=2\gamma R_i^4\left[\int_0^\pi \sin^2\psi\cos\psi+\int_0^\pi \sin^2\psi\cos^2\psi\mathrm{d}\psi\right]\\&=2\gamma R_i^4\left(\frac{\pi}{8}\right)=\frac{R_i^2}{4}\cdot\pi R_i^2\gamma\approx\frac{R_i^2}{4}q\end{aligned} \tag{7-34}$$

对分离体取力矩平衡方程，得鞍座处截面的力矩 M_a 为

$$\begin{aligned}M_a&=M_0-\frac{qA^2}{2}-G_0\left(\frac{3}{8}H+A\right)\\&=-FA\left(1-\frac{1-\frac{A}{L}+\frac{R_i^2-H^2}{2AL}}{1+\frac{4H}{3L}}\right)\end{aligned} \tag{7-35}$$

鞍座截面处筒体内弯矩 M_a 一般为负值，这时筒体上半部分受拉，下半部分受压。若 M_a 为正值时，筒体受力情况相反。

(2) 筒体跨中截面轴向弯矩 M_b 的计算

对鞍座截面取力矩平衡，得跨筒体中截面轴向弯矩为

$$M_b = q\left(\frac{L}{2}-A\right)\cdot\frac{L}{2}\left(\frac{L}{2}-A\right)+M_a=\frac{FL}{4}\left(\frac{1+\frac{2(R_i^2-H^2)}{L^2}}{1+\frac{4H}{3L}}-\frac{4A}{L}\right) \tag{7-36}$$

轴向弯矩 M_b 一般为正值，表示筒体上半部受压，下半部受拉。

3. 应力计算与校核

由筒体受力图可知，筒体跨中截面和支座截面是容器可能发生失效的危险截面。因此为了进行强度或稳定性校核，需要确定危险截面上的最大应力的位置与大小。

(1) 筒体轴向应力计算与校核

在操作压力和弯矩的作用下，筒体轴向应力的最大值可能出现在鞍座处截面或跨中截面，如图 7-23 所示。

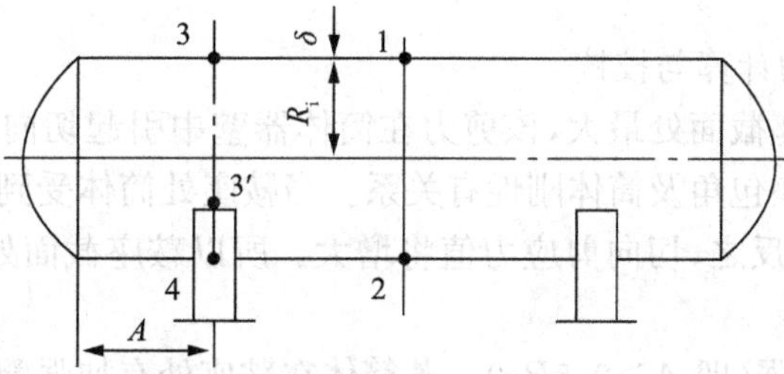

图 7-23　筒体中最大轴向应力的位置

对于正压操作的卧式容器，最大拉应力可能在 2 或 3 点，1、4 两点可能出现压应力。对于负压操作的设备，最大压应力可能出现在 1 或 4 点，此时 2、3 两点可能出现拉应力。

操作压力引起的筒体轴向薄膜应力为

$$\sigma=\frac{p_c R_m}{2\delta_e}\text{（正压操作为正，负压操作为负）}$$

筒体上各点的轴向合成应力是由操作压力和弯矩引起的轴向应力的代数和。

在筒体跨中截面(1、2 点)：

$$\sigma_1=\frac{p_c R_m}{2\delta_e}-\frac{M_b}{\pi R_m^2\delta_e} \tag{7-37}$$

$$\sigma_2=\frac{p_c R_m}{2\delta_e}-\frac{M_b}{\pi R_m^2\delta_e} \tag{7-38}$$

在鞍座处截面(3 或 3′、4 点)：

$$\sigma_3=\frac{p_c R_m}{2\delta_e}-\frac{M_a}{K_1\pi R_m^2\delta_e} \tag{7-39}$$

$$\sigma_4=\frac{p_c R_m}{2\delta_e}-\frac{M_a}{K_2\pi R_m^2\delta_e} \tag{7-40}$$

式中　δ_e——筒体有效厚度，mm；

R_m——筒体的平均半径，mm；

K_1、K_2——筒体抗弯截面模量削弱系数，见表 7-12。

表 7-12　系数 K_1、K_2

条　件	鞍座包角 θ/(°)	K_1	K_2
被封头加强的圆筒，即 $A \leqslant R_m/2$，或在鞍座平面上有加强圈的圆筒	120	1.0	1.0
	135	1.0	1.0
	150	1.0	1.0
未被封头加强的圆筒，即 $A > R_m/2$，且在鞍座平面上无加强圈的圆筒	120	0.107	0.192
	135	0.132	0.234
	150	0.161	0.279

按上式计算所得的轴向拉应力不应超过设计温度下材料的许用应力$[\sigma]^t$；轴向压应力不应超过轴向许用压缩应力$[\sigma]_{cr}$。

若轴向应力超过允许值，一般可调整容器的长径比或增加厚度，并重新计算，直至满足强度条件。

(2) 筒体切向剪应力计算与校核

筒体上的剪力在鞍座截面处最大，该剪力在筒体器壁中引起切向剪应力，鞍座截面上的切向剪应力的大小与鞍座包角及筒体刚性有关系。当鞍座处筒体受到刚性构件加强时，切向剪应力的数值相应减小；反之，切向剪应力值将增大。所以鞍座截面处的切向剪应力应分以下两种情况计算。

① 筒体未被端盖加强（即 $A > 0.5R_m$）　若筒体在鞍座处有加强圈加强，其最大剪应力计算式为

$$\tau = \frac{K_3 F}{R_m \delta_e}\left[\frac{L - 2A}{L + \frac{4}{3}H}\right] \tag{7-41}$$

② 筒体被端盖加强（即 $A \leqslant 0.5R_m$）　此时，截面上最大切向剪应力 τ 位于圆筒上靠近鞍座边角处，其计算式为

$$\tau = \frac{K_3 F}{R_m \delta_e} \tag{7-42}$$

此时封头上的最大剪应力由下式计算：

$$\tau_h = \frac{K_4 F}{R_m \delta_{he}} \tag{7-43}$$

式中　τ_h——封头的最大剪应力，MPa；

δ_{he}——封头的有效厚度，mm；

K_3、K_4——系数，由表 7-13 查得。

表 7-13　系数 K_3、K_4

条　件	鞍座包角 θ/(°)	K_3	K_4
圆筒在鞍座平面上有加强圈	120	1.0	—
	135	1.0	
	150	1.0	

续表

条　件	鞍座包角 $\theta/(^{\circ})$	K_3	K_4
圆筒在鞍座平面上无加强圈，且 $A>R_m/2$，或靠近鞍座处有加强圈	120	1.171	—
	135	0.958	
	150	0.799	
圆筒被封头加强（即 $A\leqslant R_m/2$）	120	0.880	0.401
	135	0.654	0.344
	150	0.484	0.295

筒体的切向剪应力不应超过设计温度下材料许用应力的 0.8 倍，即 $\tau\leqslant 0.8[\sigma]^t$。

封头的切向剪应力，应满足式(7-44)的要求：

$$\tau_h\leqslant 1.25[\sigma]^t-[\sigma]_h \tag{7-44}$$

式中　σ_h——由内压在封头中引起的应力，MPa。

对于椭圆封头：
$$\sigma_h=\frac{Kp_cD_i}{2\delta_{he}} \tag{7-45a}$$

对于碟形封头：
$$\sigma_h=\frac{Mp_cR_h}{2\delta_{he}} \tag{7-45b}$$

对于半球形封头：
$$\sigma_h=\frac{p_cD_i}{4\delta_{he}} \tag{7-45c}$$

式中　K——椭圆形封头形状系数，$K=\frac{1}{6}\left[2+\left(\frac{D_i}{2H}\right)^2\right]$；

M——碟形封头形状系数，$M=\frac{1}{4}\left(3+\sqrt{\frac{R_h}{r}}\right)$；

R_h——碟形封头球面部分内直径，mm；

r——碟形封头过渡段转角内直径，mm。

(3) 支座截面处筒体的周向应力计算与校核

支座反力在鞍座处筒体截面引起切向剪应力，这些切向剪应力导致筒体径向截面产生周向弯矩 M_p。支反力在与鞍座接触的筒体上还产生周向压缩力 p，在支座截面筒体最低点，周向压缩力达到最大。因此要校核鞍座截面筒体最低点由最大周向压缩力产生的周向压应力，以及鞍座边角处由最大周向弯矩与周向压缩力共同产生的组合周向压应力。

① 筒体最低点处的周向压应力 σ_5：

$$\sigma_5=-\frac{kK_5F}{\delta b_2} \tag{7-46}$$

式中　k——系数，当容器不焊在支座上时，取 $k=1$；当容器焊在支座上时，取 $k=0.1$；

K_5——系数，见表 7-14；

b_2——筒体有效宽度，取 $b_2=b+1.56\sqrt{R_m\delta_e}$，mm；

b——支座宽度，mm；

δ——厚度；当无垫板或垫板不起加强作用时，$\delta=\delta_e$；当垫板起加强作用时，$\delta=\delta_e+\delta_{re}$；

δ_{re}——鞍座垫板有效厚度。

表 7-14 系数 K_5、K_6

鞍座包角 θ/(°)	K_5	K_6	
		$A/R_m \leqslant 0.5$	$A/R_m \geqslant 1$
120	0.760	0.013	0.053
132	0.720	0.011	0.043
135	0.711	0.010	0.041
147	0.680	0.008	0.034
150	0.673	0.008	0.032
160	0.650	0.006	0.025

② 无加强圈圆筒鞍座处最大周向应力 σ_6：

(a) 鞍座边角处的最大周向应力：

当 $L \geqslant 8R_m$ 时，
$$\sigma_6 = -\frac{F}{4\delta b_2} - \frac{3K_6 F}{2\delta^2} \tag{7-47a}$$

当 $L < 8R_m$ 时，
$$\sigma_6 = -\frac{F}{4\delta b_2} - \frac{12K_6 F R_m}{L\delta^2} \tag{7-47b}$$

式中 K_6——系数，由表 7-14 查得。

(b) 鞍座垫板边缘处圆筒中的周向应力 σ'_6：

当 $L \geqslant 8R_m$ 时，
$$\sigma'_6 = -\frac{F}{4\delta_e b_2} - \frac{3K_6 F}{2\delta_e^2} \tag{7-48a}$$

当 $L < 8R_m$ 时，
$$\sigma'_6 = -\frac{F}{4\delta_e b_2} - \frac{12K_6 F R_m}{L\delta_e^2} \tag{7-48b}$$

式(7-48)～式(7-51)中，第二项为周向弯矩引起的壁厚上的弯曲应力，其中 K_6 值为鞍座板包角($\theta+12°$)的相应值。

③ 有加强圈的圆筒

(a) 加强圈位于鞍座平面上：

最大弯矩发生在鞍座边角处，此时圆筒的内外表面处最大弯曲应力 σ_7 为

$$\sigma_7 = -\frac{K_8 F}{A_0} + \frac{C_4 K_7 F R_m e}{I_0} \tag{7-49}$$

式中 A_0——一个支座的所有加强圈与圆筒起加强作用有效段的组合截面积之和，mm^2；

e——对内加强圈，为加强圈与圆筒组合截面形心距圆筒外表面的距离；对外加强圈，为加强圈与圆筒组合截面形心距圆筒内表面的距离，mm；

I_0——一个支座的所有加强圈与圆筒起加强作用有效段的组合截面对该截面形心的惯性矩之和，mm^4。

鞍座边角处加强圈内、外缘处的周向应力 σ_8 为

$$\sigma_8 = -\frac{K_8 F}{A_0} + \frac{C_5 K_7 F R_m d}{I_0} \tag{7-50}$$

式中 d——对内加强圈，为加强圈与圆筒组合截面形心距加强圈内缘表面的距离；对外加强圈，为加强圈与圆筒组合截面形心距加强圈外缘表面的距离，mm。

系数 C_4、C_5、K_7、K_8 值由表 7-15 查取。

表 7-15 系数 C_4、C_5、K_7、K_8

加强圈位置		位于鞍座平面上						靠近鞍座		
$\theta/(°)$		120	132	135	147	150	162	120	135	150
C_4	内加强圈	−1	−1	−1	−1	−1	−1	+1	+1	+1
	外加强圈	+1	+1	+1	+1	+1	+1	−1	−1	−1
C_5	内加强圈	+1	+1	+1	+1	+1	+1	−1	−1	−1
	外加强圈	−1	−1	−1	−1	−1	−1	+1	+1	+1
K_7		0.053	0.043	0.041	0.034	0.032	0.025	0.058	0.047	0.036
K_8		0.341	0.327	0.323	0.307	0.302	0.283	0.271	0.248	0.219

(b) 加强圈靠近鞍座平面：

此时，周向压应力 σ_5 的计算式按式(7-46)；鞍座边角处周向应力 σ_6 的计算按式(7-47a)和式(7-47b)。

K_6 按 $A\leqslant 0.5R_m$ 选取；K_7、K_8 值与加强圈在鞍座平面内的情况相同。

④ 周向应力的校核

以上计算所得的周向压缩应力 σ_5 不得超过设计温度下筒体材料的许用应力$[\sigma]^t$，即 $\sigma_5\leqslant[\sigma]^t$。

而合成周向压缩应力 σ_6、σ_6'、σ_7、σ_8，属于局部应力，不得超过设计温度下筒体材料许用应力的 1.25 倍，即 $|\sigma_6|\leqslant 1.25[\sigma]^t$、$|\sigma_6'|\leqslant 1.25[\sigma]^t$、$|\sigma_7|\leqslant 1.25[\sigma]^t$、$|\sigma_8|\leqslant 1.25[\sigma]^t$。

如上述条件不满足，则可加宽支座宽度 b，或考虑采用鞍座垫板作为加强板加强。当采用鞍座垫板为加强板加强后，仍不能满足强度要求时，可考虑增大鞍座包角或鞍座宽度 b 值，或两者同时增加。若采用上述措施仍不能使周向应力满足强度条件时，可考虑在鞍座面上采用加强圈加强。加强圈的结构及设计计算请参考 NB/T 47042《卧式容器》。

[例 7-4] 试为例 7-3 浮头式换热器选配双鞍式支座及作强度校核。已知条件如下：设计压力 $p=2.5$ MPa，筒体内径 $D_i=600$ mm，设计温度 $t=200$℃，焊缝系数 $\Phi=0.85$，筒体有效厚度 $\delta_e=\delta_n-C=10-2.5=7.5$ mm，筒体长度 $L=6\ 722$ mm，筒体材料为 Q345R，$[\sigma]^t=183$ MPa，标准椭圆封头。最大重量为 $2Q=62\ 000$N。

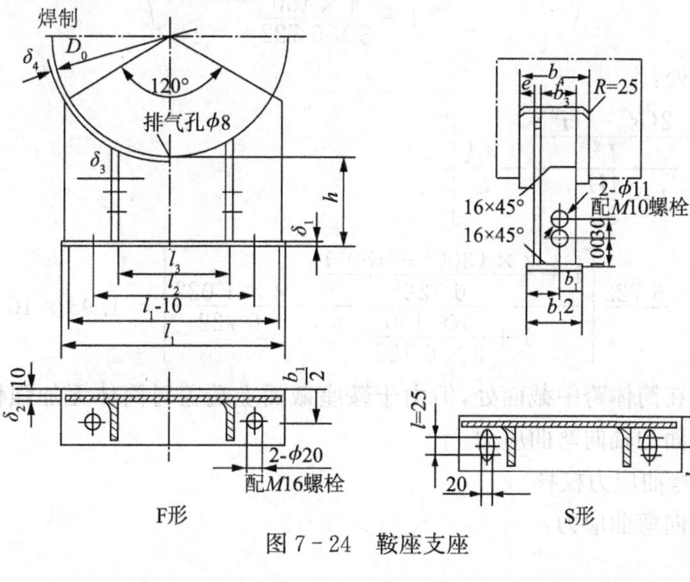

图 7-24 鞍座支座

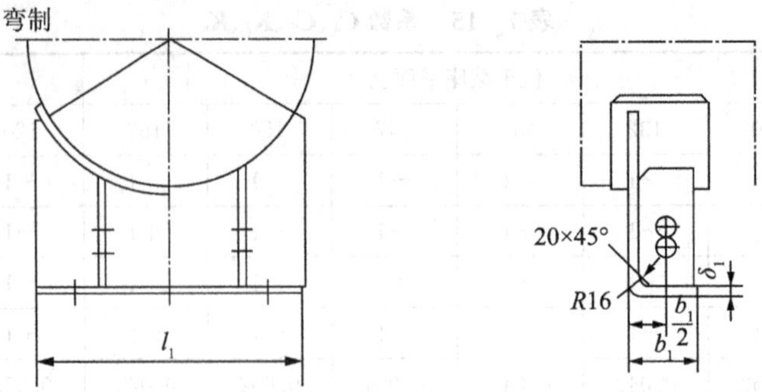

续图 7－24

解：(1) 鞍式支座选用及配置

按 NB/T 47065.1《鞍式支座》选用并确定各部尺寸，给定鞍座包角 $\theta+12°$，腹板厚度 $b_0=10$ mm，加强垫板厚度 $\delta_m=10$ mm，垫板宽度 $b_4=250$ mm，支座宽度 $b=160$ mm，垫板从支座边缘伸出长度 $C=34$ mm。有关结构尺寸如图 7－24 所示。

为了使筒体受力较合理，减小跨中截面的弯矩，取 $A\leqslant 0.2L$，$A=1\ 022$ mm，此时，$A>0.5R_i$，端盖对筒体无加强作用。

(2) 支反力计算

每个支座反力 $F=2Q/2=31\ 000$N

(3) 筒体轴向弯矩计算

已知筒体最大弯矩位于容器支座截面或筒体跨中截面。

鞍座截面处：

$$M_a=-FA\left(1-\frac{1-\dfrac{A}{L}+\dfrac{R_i^2-H^2}{2AL}}{1+\dfrac{4H}{3L}}\right)$$

$$=-31\ 000\times1\ 022\left(1-\frac{1-\dfrac{1\ 022}{6\ 722}+\dfrac{300^2-150^2}{2\times1\ 022\times6\ 722}}{1+\dfrac{4\times150}{3\times6\ 722}}\right)=-5.5\times10^6\ \text{N}\cdot\text{mm}$$

筒体跨中截面处：

$$M_b=\frac{FL}{4}\left[\frac{1+\dfrac{2(R_i^2-H^2)}{L^2}}{1+\dfrac{4H}{3L}}-\frac{4A}{L}\right]$$

$$=\frac{31\ 000\times6\ 722}{4}\left[\frac{1+\dfrac{2\times(300^2-150^2)}{6\ 722^2}}{1+\dfrac{4\times150}{3\times6\ 722}}-\frac{4\times1\ 022}{6\ 722}\right]=1.93\times10^7\ \text{N}\cdot\text{mm}$$

可知最大弯矩在筒体跨中截面处，但由于鞍座截面上端盖对筒体无加强作用，故应校核鞍座截面与跨中截面的轴向弯曲应力。

(4) 筒体轴向弯曲应力校核

跨中截面处轴向弯曲应力：

正压操作时轴向薄膜应力为正，故轴向弯曲应力最大值在容器充满物料但无压力时，此时筒体最高点处有最大压应力为

$$\sigma_1=\frac{-M_b}{\pi R_i^2\delta_e}=-\frac{1.93\times10^7}{\pi\times300^2\times7.5}=-9.1\ \text{MPa}$$

操作状态下，筒体最低点处有最大拉应力为

$$\sigma_2=\frac{pR_i}{2\delta_e}+\frac{M_b}{\pi R_i^2\delta_e}=\frac{2.5\times300}{2\times7.5}+\frac{1.93\times10^7}{\pi\times300^2\times7.5}=59.1\ \text{MPa}$$

鞍座截面处轴向弯曲应力：

操作状态下，筒体最高点处有最大拉应力：由于 $A>0.5R_i$，且无加强圈，查表 7-12，$K_1=0.107$，$K_2=0.192$。

故 $\sigma_3=\dfrac{pR_i}{2\delta_e}+\dfrac{M_a}{\pi K_1R_i^2\delta_e}=\dfrac{2.5\times300}{2\times7.5}+\dfrac{5.5\times10^6}{\pi\times0.107\times300^2\times7.5}=74.3\ \text{MPa}$

装满液体来加压时，筒体鞍座截面最低点处有最大压应力：

$$\sigma_4=\frac{-M_a}{\pi K_2R_i^2\delta_e}=\frac{-5.5\times10^6}{\pi\times0.192\times300^2\times7.5}=-13.47\ \text{MPa}$$

因此筒体上最大轴向拉应力为 $\sigma_3=74.3$ MPa，最大轴向压应力 $\sigma_4=-13.47$ MPa。

材料的轴向许用压缩应力为

$$A=\frac{0.094}{R_i/\delta_e}=\frac{0.094}{300/7.5}=0.002\,35$$

查外压圆筒和球壳厚度计算图，可得 $B=140$ MPa，即 $[\sigma]_{cr}=140$ MPa

故 $\sigma_3<[\sigma]^t=170$ MPa，$\sigma_4<[\sigma]_{cr}=140$ MPa。筒体轴向弯曲应力满足强度条件及稳定性条件。

(5) 鞍座处筒体切向剪应力校核

由于 $A>0.5R_i$，且无加强圈，查表 7-13 得 $K_3=1.171$，故

$$\tau=\frac{K_3F}{R_i\delta_e}\left(\frac{L-2A}{L+\frac{4}{3}H}\right)=\frac{1.171\times31\,000}{300\times7.5}\times\left(\frac{6\,722-2\times1\,022}{6\,722+\frac{4}{3}\times150}\right)$$

$$=10.90\ \text{MPa}<0.8[\sigma]^t=0.8\times170=136\ \text{MPa}$$

筒体切向剪应力满足强度条件。

(6) 鞍座处筒体周向应力校核

所选鞍座具有垫板，垫板宽度 $b_4=250$ mm，垫板厚度 $\delta_m=10$ mm，已知 $b+1.56\sqrt{R_i\delta_e}=160+1.56\sqrt{300\times7.5}=234$ mm，由于 $b_4>b_2$，且垫板包角不少于$(\theta+12°)$，故应考虑垫板的加强作用。

在截面最低点处：

$\theta=120°$，查表 7-14 得 $K_5=0.760$，故

$$\sigma_5=-\frac{kK_5F}{(\delta_e+\delta_{re})b_2}=-\frac{1\times0.760\times31\,000}{(7.5+7.5)\times234}=-6.71\ \text{MPa}<[\sigma]^t$$

因 $L/R_i=6\,722/300=22.4$ mm>8，$\theta=120°$，$A>0.5R_i$，查表 7-14 得 $K_6=0.053$。

鞍座边角处筒体的最大合成周向压缩应力为：

$$\sigma_6=-\frac{F}{4(\delta_e+\delta_{re})b_2}-\frac{3K_6F}{2(\delta_e^2+\delta_{re}^2)}$$

$$=-\frac{31\ 000}{4(7.5+7.5)\times 234}-\frac{3\times 0.053\times 31\ 000}{2\times(7.5^2+7.5^2)}$$

$$=-24.11\ \text{MPa}<1.25\,[\sigma]^t=1.25\times 183=228.75\ \text{MPa}$$

因为垫板包角为 $\theta+12°=132°$，故 $K_6=0.043$，则

鞍座垫板边缘处筒体的周向压缩应力为：

$$\sigma_6'=-\frac{F}{4\delta_e b_2}=-\frac{3K_6F}{2\delta_e^2}=-\frac{-31\ 000}{4\times 7.5\times 234}-\frac{3\times 0.043\ 4\times 31\ 000}{2\times 7.5^2}$$

$$=-40.3\ \text{MPa}<1.25[\sigma]^t$$

筒体周向应力满足强度及稳定性要求。

(7) 鞍座腹板强度校核

所选鞍座高度 $H_s=200$ mm，腹板厚度 $b_0=10$ mm，材料为 Q235，鞍座材料的许用应力 $[\sigma]^t=111$ MPa。已知$\frac{R_i}{3}=\frac{300}{3}=100<H_s=200$ mm，因 $\theta=120°$，$K_9=0.204$。

腹板应力为

$$\sigma_9=\frac{K_9F}{H_s b_0}=\frac{0.204\times 31\ 000}{100\times 10}=6.324\ \text{MPa}<\frac{2}{3}[\sigma]_{sa}=\frac{2}{3}\times 111=74\ \text{MPa}$$

满足强度条件。

以上计算均满足要求，所选鞍座合理。

习 题 七

1. 法兰垫片密封的原理是什么？影响密封的因素有哪些？
2. 标准法兰的密封面有哪些形式？各有何特点？
3. 压力容器法兰的选用原则是什么？
4. 法兰的结构形式有哪些？各有何特点？
5. 法兰标准化有何意义？选择标准法兰时，按哪些因素确定法兰的公称压力？
6. 垫片的性能参数有哪些？它们各自的物理意义是什么？
7. 按 GB/T 150 规定，在哪些情况下壳体上开孔可不另行补强？为什么这些孔可不另行补强？
8. 补强元件有哪几种结构？各有何特点？
9. 采用补强圈补强时，GB/T 150 对其使用范围作了何种限制，其原因是什么？
10. 开孔补强有哪些设计准则？它们是建立在哪些力学基础上的？
11. 为什么容器开孔接管处会产生较高的局部应力？这种应力有何特征？
12. 双鞍座卧式容器支座位置按哪些原则确定？为什么？
13. 设置双鞍座的受压圆筒上有哪些应力？试分析产生这些应力的原因。
14. 鞍座包角大小对筒体应力有何影响？
15. 对于内压或外压作用的双鞍座卧式容器，最大轴向拉应力和压应力分别出现在什么位置？
16. 鞍座中心至封头切线距离 A 的大小对筒体轴向应力、切向剪应力和周向应力有何影响？

第8章　压力容器超压泄放装置

8.1 概　述

为了满足压力容器安全使用的要求，设计和制造压力容器时必须从技术上保证受压元件在设计条件下有足够的强度，操作过程中则要求采取措施严格控制在不高于容器设计压力和设计温度下工作，但是在压力容器实际运行时，由于种种原因可能发生工艺过程失控或受到外界因素干扰，造成超压或超温，容器会因强度不足发生破裂，甚至引起爆炸、燃烧、有毒有害物质大量泄漏的严重事故。超压泄放就是应对这种特殊情况的安全措施。超压泄放装置的作用及基本要求：

(1) 超压泄放装置的作用

超压泄放装置（以下简称泄压装置）的作用是：一旦压力容器内介质压力超过容器最大设计承载能力时，会立即动作并自动泄放压力介质，使容器实际承受的压力被限制在安全许可范围内，从而防止压力容器过度超压并保护容器免于发生破坏事故。

(2) 泄压装置的基本要求

① 当容器内介质压力达到最大设计承载能力时（不高于容器设计压力或最大允许工作压力）时，能立即动作并泄放压力介质，其动作压力在设定值及其允差范围内。

② 具有足够的泄放能力，在动作后能达到额定的泄放量，而且大于或等于容器的安全泄放量。

③ 设置后不会影响容器的正常运行，在工作压力条件下能保证密封。

④ 在规定的使用期内能可靠地工作，不会失灵也不至于因腐蚀、疲劳、蠕变等原因造成在较低压力下频繁动作或提前泄放。

因此，重要的压力容器都要求设置安全泄放装置，主要有安全阀与爆破片。

8.2 安　全　阀

安全阀是石油化工行业中常用的一种安全泄放装置，当压力容器在使用过程中遇到意外情况导致内部压力骤增并可能引起爆炸时，安全阀会立即动作并自动泄放压力介质，使容器实际承受的压力被限制在安全许可范围内，从而防止压力容器过度超压并保护容器免于发生破坏事故。一旦压力恢复正常，它即自行关闭，以保证设备的正常运行。

根据设备的具体动作条件正确选用安全阀，是保证安全阀正常工作以及起到安全保护作用的必要条件。

8.2.1 安全阀的结构及性能特点

安全阀（Safety valve）主要由密封结构（阀座和阀瓣）以及加载机构（弹簧或重锤、导阀）组成（图 8－1），它是一种由进口侧流体介质作用推动阀瓣开启、泄压后自动关闭的特种阀门，属于重闭式泄压装置。出现事故时安全阀只泄放超压部分的介质，在泄放后容器能很快恢复正常运行。

安全阀的主要缺点是：

(1) 密封性较差，由于阀瓣为机械动作元件，与阀座一起因受频繁启闭、腐蚀、介质中固体颗粒磨损的影响易发生泄漏。

(2) 由于弹簧惯性及结构上的原因，阀瓣的开启有滞后现象，不能满足快速泄压的要求。

(3) 对于黏性介质或有结晶物析出的物料，阀瓣与阀座容易被黏住。

(4) 结构较复杂，产品规格、泄放压力和材料受到制造成本限制。

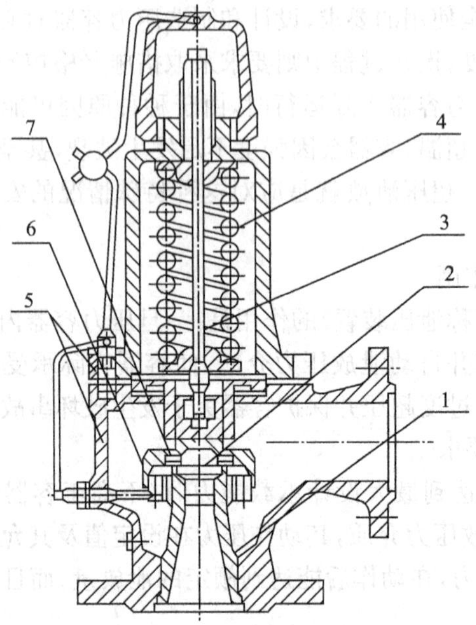

图 8-1 安全阀结构示意图

1—阀座；2—阀瓣；3—阀杆；4—弹簧；5—阀体；6—调节器；7—反冲盘

8.2.2 安全阀的分类

(1) 按国家标准分类

按国家标准《安全阀的一般要求》分为：直接载荷式、带动力载荷式、带补充载荷式、先导式。

(2) 按阀瓣开启高度分类

① 全启式 $h \geqslant d/4$，h 表示开启高度，d 表示安全阀阀座喉部直径，适用于安全泄放量较大的场合。

② 微启式 $d/40 \leqslant h < d/4$，适用于安全泄放量较小和要求压力较平稳的场合。

(3) 按结构不同分类

① 封闭弹簧式和不封闭弹簧式　对于有毒介质、易燃易爆介质应采用封闭弹簧式安全阀，并且将排放管导入回收容器内引入安全地点，以免中毒、燃烧、爆炸事故的发生。对于蒸气或惰性气体类介质可选用不封闭弹簧式安全阀。

② 带扳手和不带扳手　扳手的主要作用是检查阀瓣的灵活程度，有时也可作紧急泄压用。如需带有提升机构，需采用带扳手的安全阀。

③ 带散热片和不带散热片　对于开启压力大于 3 MPa 的蒸气用安全阀或介质温度超过

325℃的气体用安全阀，应采用带散热片安全阀。

④ 有波纹管和无波纹管　一般安全阀都没有波纹管。有波纹管结构的安全阀为平衡型安全阀，适用于介质腐蚀性较严重或背压波动较大的情况。

(4) 按平衡内压的方式分类：

安全阀分弹簧式、杠杆式和先导式。

8.2.3　安全阀的整定压力

装有安全阀时，容器的设计压力按以下步骤确定：

(1) 根据容器的工作压力 p_w，确定安全阀的整定压力 p_z，一般取 $p_z=(1.05\sim1.1)p_w$；当 $p_z<0.18$ MPa 时，可适当提高 p_z 相对于 p_w 的比值；

(2) 取容器的设计压力 p 等于或稍大于整定压力 p_z，即 $p>p_z$。

8.2.4　安全阀的选用

对于一般低、中、高压容器选用弹簧式，对于压力较低、温度较高且无振动的容器可采用杠杆式。尤其要注意的是对于有可能被物料堵塞或腐蚀的安全阀应在其入口前设爆破片装置，有突发超压或发生瞬时分解爆炸危险物料的反应设备，如安全阀不能满足要求，应装设爆破片装置。

8.3　安全阀排放量计算

安全阀铭牌上一般标记有该阀用于某种条件(压力、温度、介质)下的额定排放量，但实际上的使用条件(压力、温度、介质)往往与铭牌上的条件不完全相同，在这种情况下需要对安全阀的排放量重新计算，总之，要求安全阀的排放能力必须大于或等于压力容器的安全泄放量。

8.3.1　盛装压缩气体或水蒸气压力容器的安全泄放量

(1) 对压缩机贮气罐和蒸气罐等容器的安全泄放量，分别取该压缩机和蒸气发生器的最大产气(汽)量。

(2) 气体贮罐等的安全泄放量，按式(8-1)计算：

$$W = 2.83\times10^{-3}\rho v d_i^2 \tag{8-1}$$

式中　W——压力容器的安全泄放量，kg/h；

ρ——泄放压力下的气体密度，kg/m^3；

v——压力容器进口管内气体流速，m/s；

d_i——压力容器进口管的内径，mm。

8.3.2　盛装液化气体压力容器的安全泄放量

(1) 介质为易燃液化气体或位于有可能发生火灾的环境下工作的非易燃液化气体。

① 无绝热保温层时，安全泄放量按式(8-2)计算：

$$W = 2.55\times10^{5}FA^{0.82}/q \tag{8-2}$$

式中　W——压力容器的安全泄放量，kg/h；

F——系数，压力容器置于地面以下用沙土覆盖时，$F=0.3$；压力容器置于地面上时，$F=1.0$；容器置于大于 10 L/(m^3·min)喷淋装置下时，$F=0.6$；

q——在泄放压力下液化气体汽化潜热，kJ/kg；

A——压力容器受热面积，m^2。

半球形封头的卧式容器 $A=\pi D_0 L$（D_0 压力容器外直径，L 压力容器总长）；椭圆形封头的卧式容器 $A=\pi D_0(L+0.3D_0)$；立式容器 $A=\pi D_0 h_1$（h_1 容器最高液位）；球形容器 $A=\frac{\pi}{2}D_0^2$ 或从地面起 7.5 m 高度以下所包括的外表面积，取两者中较大值。

② 有完善的绝热保温层时，安全泄放量按式(8－3)计算：

$$W=2.61(650-t)\lambda A^{0.82}/\delta q \tag{8-3}$$

式中 t——泄放压力下的饱和温度，℃；

λ——常温下绝热材料的导热系数，kJ/(m·h·℃)；

δ——保温层厚度，m。

(2) 介质为非易燃液化气体的压力容器，置于无火灾危险的环境下工作时，安全泄放量可根据有无保温层，分别参照式(8－2)或式(8－3)计算，取不低于计算值的 30%。

(3) 因化学反应使气体体积增大的压力容器，其安全泄放量应根据容器内化学反应可能生成的最大气量及反应时间来确定。

8.3.3 安全阀排放能力计算

这里只讨论气体且处于临界条件下安全阀的排放能力。

$$W'=7.6\times10^{-2}CKpA_1\sqrt{\frac{M}{ZT}} \tag{8-4}$$

式中 W'——安全阀的排放能力，kg/h；

A_1——安全阀最小排放面积，mm^2；

p——安全阀泄放压力(绝压)，取 $p'+0.1$ MPa (其中 p' 为系统最大工作压力 MPa)；

C——气体的特性系数，是等熵指数 k 的函数，$C=520\sqrt{k\left(\frac{2}{k+1}\right)^{\frac{k+1}{k-1}}}$，其圆整数见表 8－1。

M——气体的摩尔质量，kg/mol；

T——泄放装置进口侧气体的温度，K；

Z——气体的压缩系数，可按有关手册查得，对空气 $Z=1.0$；

K——安全阀的额定泄放系数，等于泄放系数与减低系数(取 0.9)的乘积，泄放系数与安全阀的结构有关，通常由安全阀制造厂提供，最好按实际的试验数据选用，在没有试验数据时，按下述规定选用：全启式安全阀 $K=0.60\sim0.70$，带调节圈的微启式安全阀 $K=0.40\sim0.50$，不带调节圈的微启式安全阀 $K=0.25\sim0.35$。

表 8－1 气体特性系数

k	C	k	C	k	C	k	C	k	C
1.00	315	1.16	333	1.32	349	1.48	363	1.64	376
1.02	318	1.18	335	1.34	351	1.50	364	1.66	377
1.04	320	1.20	337	1.36	352	1.52	366	1.68	379
1.06	322	1.22	339	1.38	354	1.54	369	1.70	380
1.08	324	1.24	341	1.40	356	1.56	369	2.00	400
1.10	327	1.26	343	1.42	358	1.58	371	2.20	412
1.12	329	1.28	345	1.44	359	1.60	372		
1.14	331	1.30	347	1.46	361	1.62	374		

注：k 气体绝热指数(见表 8－2)。

表 8-2　常用气体性质表

气体	分子式	摩尔质量 /(kg/kmol)	绝热指数 k/ 0.101 3 MPa,5℃	气体	分子式	摩尔质量 /(kg/kmol)	绝热指数 k/ 0.101 3 MPa,5℃
空气		28.96	1.40	氨	NH_3	17.03	1.31
氮气	N_2	28.02	1.40	氯化氢	HCl	36.46	1.41
氧气	O_2	32.00	1.40	硫化氢	H_2S	34.08	1.32
氢气	H_2	2.015	1.41	一氧化二氮	N_2O	44.02	1.30
氯气	Cl_2	70.91	1.35	二氧化硫	SO_2	64.07	1.29
一氧化碳	CO	28.00	1.40	甲烷	CH_4	16.03	1.31
二氧化碳	CO_2	44.00	1.30	乙烯	C_2H_4	28.03	1.25

8.3.4　安全阀最小排放面积和口径计算

安全阀最小排放能力 W'，必须大于等于压力容器的安全泄放量 W，在已知压力容器安全泄放量后，就可以确定安全阀的最小排放面积 A_1 及安全阀阀座口径，参照安全阀样本或其他资料，选用合适的安全阀。

$$A_1 = \frac{W}{7.6\times10^{-2}CKp\sqrt{M/ZT}} \tag{8-5}$$

对全启式安全阀，即 $h\geqslant\frac{d}{4}$ 时：

$$A_1 = \frac{\pi}{4}d^2 \tag{8-6}$$

由式(8-6)可得全启式安全阀阀座喉部直径 d：

$$d = 2\sqrt{\frac{A_1}{\pi}} \tag{8-7}$$

对微启式安全阀，即 $h<\frac{d}{4}$ 时：

平面型密封面

$$A_1 = \pi d_1 h \tag{8-8}$$

锥面型密封面

$$A_1=\pi d_1 h\sin\phi \tag{8-9}$$

由式(8-8)、式(8-9)可得微启式安全阀阀座喉部直径 d：

$$d = \frac{A_1}{\pi h\sin\phi} \tag{8-10}$$

式中　h——安全阀开启高度，mm；

d——安全阀阀座喉部直径，mm；

d_1——安全阀阀座口径，mm；

ϕ——锥形密封面的半锥角，(°)。

根据计算出的安全阀阀座喉部直径 d，按稍大于而接近于 d 的标准系列安全阀阀座喉部直径，确定安全阀的公称直径，具体见表 8-3。

表 8-3 安全阀阀座喉部直径与安全阀公称直径对照表

微启式安全阀阀座喉部直径/mm	12	16	20	25	32	40	65	80		
全启式安全阀阀座喉部直径/mm				20	25	32	50	65	100	125
安全阀公称直径/mm	15	20	25	32	40	50	80	100	150	200

8.3.5 确定安全阀的公称压力

安全阀是按照公称压力标准系列进行设计制造的，它的公称压力系列是：1.6，2.5，4.0，6.4，10，16，32，单位是 MPa。公称压力是安全阀在常温状态下的最高许用应力，因此，高温压力容器在选用安全阀时，还应考虑高温下材料许用应力的降低，即选用的安全阀其公称压力不应小于设计压力除以材料用于高温下许用应力的减弱系数，用算式表示为：

$$PN \geqslant \frac{[\sigma]}{[\sigma]^t}p \tag{8-11}$$

式中 PN——安全阀的公称压力，MPa；

p——压力容器的设计压力，MPa；

$[\sigma]$——阀体材料在常温下的许用应力，MPa；

$[\sigma]^t$——阀体材料在设计温度下的许用应力，MPa。

8.4 爆 破 片

爆破片装置主要由爆破片（控制爆破压力的敏感元件）和夹持器（夹持固定爆破片，用以保证密封以及爆破压力稳定）组成（图 8-2），是一种由进出口介质压差作用驱使膜片破裂而自动泄压的装置，属于非重闭式泄压装置。常见的爆破片形式有正拱形、反拱形、平板形。

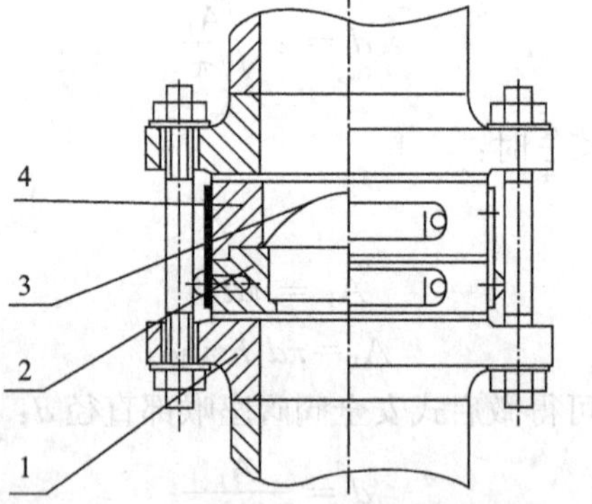

图 8-2 爆破片装置的结构示意图

1—法兰；2—下夹持器；3—爆破片；4—上夹持器

8.4.1 爆破片装置的性能特点

爆破片装置的主要优点是：

(1) 动作迅速，爆破压力精度高。

(2) 无机械动作元件，密封可靠。

(3) 结构简单，产品规格及爆破压力范围广，泄放口径从几毫米到 2 m，爆破压力从几百毫米水柱到几百兆帕，可采用多种特殊的耐腐蚀材料制造，例如：镍、钛、蒙乃尔（Monel）、因科镍（Inconel）、哈氏合金（Hastelloy）等。

爆破片装置的最大缺点是破裂后不能复原，需停车更换膜片后才能继续运行，而且在动作后泄放出绝大部分介质，造成的经济损失大，对于易燃、有毒介质因大量泄放所造成的危害性也较大。

8.4.2　爆破片的使用场合

（1）爆破片的安全装置适用于压力快速增大的场合，也常用于保护安全阀的性能而与之串联使用。

（2）爆破片的安全装置不能单独用于排放介质毒性程度为极度、高度危害或易爆及液化石油气等场合，在这些场合爆破片可以和安全阀组合使用。

（3）用于排放液体介质时，应选择合适于全液相的爆破片安全装置。

8.4.3　爆破片的爆破压力

压力容器装有爆破片安装装置时，容器的设计压力按以下步骤确定。

（1）确定爆破片的最低标定爆破压力 p_{smin} 根据不同形式的拱形金属爆破片，推荐的 p_{smin} 值参见表 8－4；

表 8－4　最低标定爆破压力 p_{smin}

爆破片形式	载荷性质	p/MPa
普通正拱形	静载荷	$\geqslant 1.43p_w$
开缝正拱形	静载荷	$\geqslant 1.25p_w$
正拱形	脉动载荷	$\geqslant 1.7p_w$
反拱形	静载荷、脉动载荷	$\geqslant 1.1p_w$

注：设计者若有成熟的经验或可靠数据，亦可不按表 8－4 的规定。

（2）选定爆破片的制造范围，爆破片的制造范围见表 8－5；

表 8－5　爆破片的制造范围　　单位：MPa

爆破片类别	设计爆破压力	全范围		1/2 范围		1/4 范围		0 范围	
		上限（正）	下限（负）	上限（正）	下限（负）	上限（正）	下限（负）	上限	下限
正拱形	>0.30～0.40	0.045	0.025	0.025	0.015	0.010	0.010	0	0
	>0.40～0.70	0.065	0.035	0.030	0.020	0.020	0.010	0	0
	>0.70～1.00	0.085	0.045	0.040	0.020	0.020	0.010	0	0
	>1.00～1.40	0.110	0.065	0.060	0.040	0.040	0.020	0	0
	>1.40～2.50	0.160	0.085	0.080	0.040	0.040	0.020	0	0
	>2.50～3.50	0.210	0.105	0.100	0.050	0.040	0.025	0	0
	>3.50	6%	3%	3%	1.5%	1.5%	0.8%	0	0
反拱形	⩾0.1	0	10%	0	5%	—	—	0	0

注：对于正拱形爆破片，当设计爆破压力小于 0.3 MPa 时，可由制造单位和使用单位（或设计单位）协商商定一个双方都能接受的较大的制造范围。

(3) 计算爆破片的设计爆破压力 p_b,p_b 等于 p_{smin}加上所选爆破片的制造范围的下限(取绝对值);

(4) 确定容器的设计压力 p,p 不小于 p_b 加上所选爆破片的制造范围的上限。

8.5 安全阀和爆破片装置的组合结构

为了满足不同介质、工艺条件的泄压要求,除了可选用单个泄压装置外,还可综合利用安全阀和爆破片装置各自的优良性能采用组合结构。详细内容见参考文献[2],以及参考文献[23]。

习 题 八

1. 压力容器为什么会产生泄漏?
2. 压力容器超压运行有哪些危害?如何避免?
3. 什么是压力容器的安全泄放量?确定安全泄放量的目的是什么?
4. 安全阀与爆破片的应用场合有何不同?各有什么作用?

第9章 压力容器制造与检验

9.1 压力容器制造

9.1.1 制造前的准备

压力容器制造厂在制造之前，为了确保制造质量，降低制造成本，必须认真做好制造前的准备工作。

1. 技术准备

技术准备是压力容器制造最重要、内容最广泛的环节，也可以说，制造的一切工作几乎都源于技术准备。技术准备主要包括以下内容。

(1) 做好投标技术文件。技术标的内容主要包括两部分：第一，根据图样和运输条件，确定压力容器的制造方案；第二，为保证制造的压力容器质量符合图样和现行技术标准规范的要求，确定制造所要采取的工艺和技术措施。

(2) 签订制造合同。由制造单位、建设单位和安装单位根据压力容器的结构、几何尺寸及重量等，充分考虑方便、有利安装和满足运输要求，协商签订技术协议，作为合同附件。

(3) 熟悉并审核图样。做好压力容器制造的技术指导，并解决图样中可能存在的问题，为压力容器制造工作的顺利进行做好必要的准备。由于种种原因，有的图样存在各种的问题，这些问题必须解决在投料前，否则会给制造工作带来不必要的损失。审核图样主要针对以下几个环节：图样批准手续的合法性；图样技术要求的标准规范性；零部件规格、材质、数量和重量的准确性；图样结构尺寸的相符性；制造工艺的可行性。

(4) 编制材料和配件使用限额。材料和配件使用限额是降低压力容器制造成本，提高经济效益的重要途径，也是供应部门制订材料和配件预算的依据。材料和配件使用限额要发至供应部门、财务部门和下料车间等，同时技术部门要留存备查。

(5) 供应部门接到材料和配件使用限额单后，要首先在自备仓库内进行所需材料和配件的平衡，仓库里没有或不够的，要立即组织采购。对于经多方努力，在规定期限内还是采购不到的材料和配件，供应部门要尽快提出其代用申请单，经技术部门审核后报设计单位审批，设计单位审批后的材料和配件代用单要发至制造、安装和建设单位。应强调的是：必须以设计单位同意的材料和配件代用，严格执行设计单位的要求；对代用的材料和配件，其使用限额要重新进行编制。

(6) 对于压力容器制造的新技术、新工艺，进行操作技能和技术培训。制订培训计划，编制培训教材。另外，根据图样要求制订新技术、新工艺试验方案，指导试验实施，进行试验效果鉴定，试验合格后做出工艺评定书。

(7) 编制制造工艺。制造工艺通常包括以下内容：制造总则，机加工件加工，零部件预制、组装和总装，焊接、热处理、压力试验和气密性试验，防腐、衬里和保温，包装和加固以及质量检验、检测和检查等。

2. 材料准备

材料是保证压力容器制造的物质基础，是保证压力容器使用质量和安全的主要因素，其准备工作必须认真落实。用于压力容器制造的材料种类很多，如用于容器壳体的板材，用于内外部附件的管材、型材，以及用于焊接的焊丝、防腐涂料及衬里，保温的钢结构材料等，主要的材料是钢板。

(1) 钢板预处理

为了提高钢材的耐腐蚀能力、抗疲劳能力，以及延长其使用寿命，需要通过对钢板矫平、喷丸除锈、自动涂装、烘干等几个流程进行钢板预处理。以优化钢材表面工艺制作状态，使之有利于钢板表面的宏观检查、超声检查，有利于数控切割机下料和精密落料。

钢板的预处理还需满足如下要求：①预处理前应检查、核对材料的标志，检查钢板有无严重缺陷。②预处理前确保钢板表面清洁、干燥、无油污，同时表面清理应在室内进行，清理后的钢板不得露天存放。经表面处理的材料，应及时将材料标志移植。③对于同一批次数量较大的板材，预处理时必须进行首检，先除锈一两张，合格后才可继续施工。

(2) 材料进场验收

材料必须符合图样和规定标准的要求，材料采购要严格执行验货制度，除仔细核查其质量合格证明等资料外，还应对其实物进行检查和检验，并向材料提供方索取质量保证书面条款。在材料进场前验收，验收必须满足如下材料验收原则：

① 材料的入场验收控制程序和方法应严格按照相关标准或订货技术协议进行。

② 入场的材料均应附有质量证明书或相应的材料合格证，否则应予以拒收。

③ 质量证明书和材料的要求应符合相关材料标准的规定，还应符合压力容器相关标准的规定。

④ 若质量证明书注明复印件无效或不等效、内容不全、内容与实物标记不符、材料质证的真实性或对性能和化学成分有疑，应对材料进行复验或拒收。

材料来源的渠道一般有三种：库存自备材料、市场采购材料、到材料生产厂订货。对于制造单位来说，需要经常保持一定数量常用材料的储备，才能满足正常生产的需求。对库存没有或不够的材料，要及时到市场采购或直接到材料生产厂订货。

9.1.2 加工成型与组装

我们通常把压力容器的制造分为如下几个过程：备料、机械加工与坡口制备、成型加工、装配等。

1. 备料

备料中的放样和划线是压力容器制造过程中的第一道工序，直接决定零件成型后的尺寸和几何形状精度，对以后的组对和焊接工序都有很大的影响。

放样、划线包括展开、放样、划线、打标记等环节。筒节的划线是在钢板上划出展开图。筒节的展开计算比较简单，即以筒节的平均直径为基准。但是，复合板筒节的弯卷与均质板不同，其中性层并不处于板厚的一半处，而是移向强度高的金属一侧。因此，不锈钢复合卷板卷圆时，中性层是向靠近复层方向移动的。因而其展开长度按下式计算：

$$L = \pi(D_i + 2Y_H) \tag{9-1}$$

式中 D_i——筒节直径，mm；

Y_H——中性层至筒节内半径的距离(见表 9-1)，mm。

为了便于生产应用，数值 Y_H 列于表 9-1 中。

表 9-1 不锈钢复合板卷圆时 Y_H 值

厚度/mm		筒节在各种内径时，中性层至内弯曲半径的距离/mm												
复合板	包覆层	400	500	600	700	800	900	1 000	1 100	1 200	1 400	1 600	1 800	2 000
8	2～3	3.3	3.3	3.3	3.4	3.4	3.4	3.4	3.4	3.4	3.4	3.4	3.4	3.4
10		4.1	4.1	4.2	4.2	4.2	4.2	4.2	4.2	4.2	4.2	4.3	4.3	4.3
12		5.0	5.1	5.1	5.1	5.2	5.2	5.2	5.2	5.2	5.2	5.2	5.3	5.3
14		5.8	5.9	5.9	6.0	6.0	6.0	6.0	6.0	6.1	6.1	6.1	6.1	6.1
16	2.5～3.5	6.7	6.8	6.9	6.9	6.9	6.9	7.0	7.0	7.0	7.0	7.1	7.1	7.1
18		7.6	7.7	7.8	7.8	7.9	7.9	7.9	8.0	8.0	8.0	8.0	8.1	8.1
20		8.3	8.5	8.6	8.6	8.7	8.7	8.8	8.8	8.8	8.8	8.9	8.9	8.9
22	3～4	9.2	9.4	9.5	9.6	9.6	9.7	9.7	9.7	9.8	9.8	9.8	9.8	9.8
24		9.9	10.1	10.2	10.3	10.4	10.5	10.5	10.6	10.6	10.7	10.7	10.7	10.7

钢板在卷板机上弯卷时受辊子的碾压，厚度会减薄，长度会伸长。因此，下料尺寸应比计算出来的尺寸要短一些。在普通三辊卷板机上弯卷，几乎是纯弯曲作用，伸长量很小，钢板在冷态下弯卷，一般可不考虑伸长量。当需要考虑伸长量时，筒节展开长度按下式计算：

$$L = \pi D_m - \Delta L = \pi(D_i + S) - \Delta L \tag{9-2}$$

式中 L——筒节展开长，mm；

D_m——筒节平均直径，mm；

D_i——筒节内径，mm；

S——板厚，mm；

ΔL——钢板伸长量，mm。

通常：

$$\Delta L = (0.10 \sim 0.12)\pi D_m \frac{S}{D_i}$$

封头的展开较筒节复杂，有些封头，如椭圆形封头、球形封头和折边锥形封头，属于不可展开的零件，它们从坯料制成零件后，中性层尺寸发生变化。因此，这类零件的坯料计算比较复杂。其计算过程可查阅相关文献，本书不再一一列举。

由于封头成型过程中受模具间隙、加热温度、压力边大小等具体工艺条件的影响，封头坯料尺寸可做适当修正。目前国内不少企业根据自己的经验整理出一些既简单又实用的坯料计算经验公式。

筒节的放样、划线工作一般均靠人工进行，压力容器的制造多为单件小批量生产，因此划线的劳动量大，速度慢。容器的划线又是十分重要的工作，一旦产生错误，将导致整个筒节的报废。近年来，在划线工序的改进方面，已出现数控自动划线和数控水刀自动划线两种方法。

数控自动划线是在电子计算机数控全自动气割机上进行的，并与气割下料工序联合完成。首先，按图纸要求，采用 CAD 手段直接在计算机上编程，由计算机控制切割运动直接割出所需形状。电子计算机数控划线十分精确，任何复杂形状，只要是能用计算方程式表达的图形，均可用电子计算机进行划线。缺点则是，电子计算机本身的耗资较高，而且划线速度较慢。

“水刀”数控自动划线是将超高压水射流发生器与二维数控加工平台组合而成的一种平面切割机床，并与气割下料工序联合完成。它将水流的压力提升到足够高，使水流具有极大的动能（水流速度超过两倍声速），在高速水流中混合一定比例的磨料，则可以穿透几乎所有坚硬材料，诸如陶瓷、石材、玻璃、金属等。在二维数控加工平台的引导下，可以在材料的任意位置开始加工或结束加工，按设定的轨迹以适当的速度移动，可实现任意图形的平面加工。

放样和划线之后就是下料。采用机械剪切下料是工业生产中最广泛采用的方法。常用的机械剪切下料多采用圆盘剪和龙门剪板机，而以龙门剪板机的应用最为广泛，但通常只能做直线剪切，剪切长度也受到机床跨距的限制，一般最大剪切长度为 2 000～2 500 mm，厚度为 32 mm。如图 9－1 所示，把需要剪切的钢板放在两把剪刀之间，当上剪刀切入钢板 1/4～1/3 厚度时，钢板上所受剪力超过其抗剪强度而被剪断。因此，钢板剪口断面上约有 1/4 板厚是光亮的剪切口，其余是粗糙的剪断层。如图 9－1 所示，上、下刀刃之间，由于间隙 S 的存在，剪切过程不属纯剪切，而是伴随着弯曲作用，这时剪切面上 B 区（见图 9－2）钢板受到一个向下的弯曲力。如在斜口剪板机上剪切钢板时，被剪下部分还受到上剪刀将它拨开（沿 AE 线）的弯曲力。因此剪下来的钢板在弯曲的作用下扭曲变形。当所剪钢板是厚而窄的条板时，扭曲变形特别显著，所以剪切后应矫平。

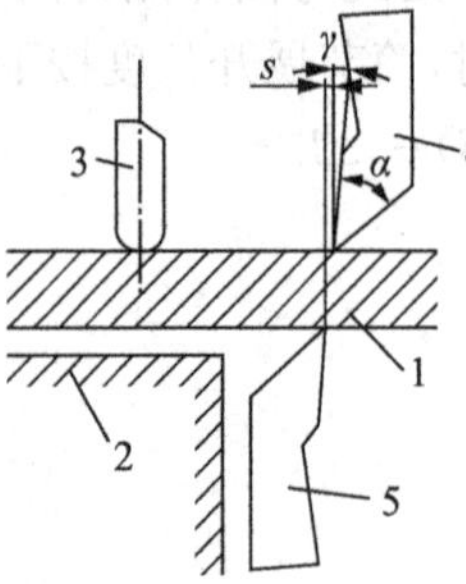

图 9－1　用刃口切割示意图

1—被切割钢板；2—机床工作台；3—压夹具；4—上剪刀
5—下剪刀；α—剪切角（75°～80°）；γ—剪刀安装角（2°～3°）

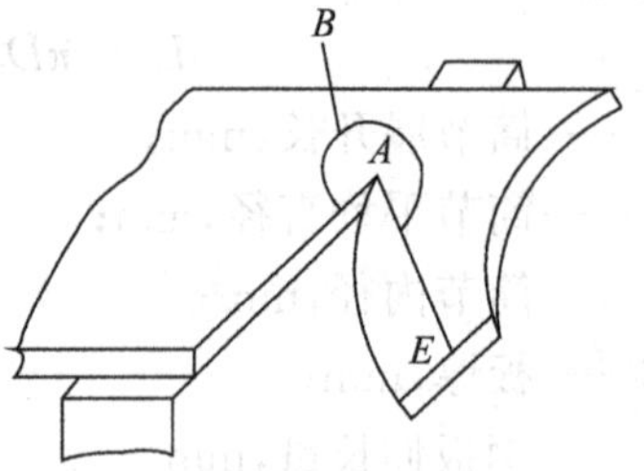

图 9－2　剪切窄板时的变形

就压力容器而言，零件采用冲压落料的大多为塔内件，如泡帽、浮阀、山形螺栓板、异形垫片等，而承压壳体零件只有钢瓶类容器，其上、下两半壳体采用冲压落料。其工作原理属冲切下料，即在 350t 冲床上安装由上、下冲减模组成的冲裁模具，板料（一般为卷料）进入模具后经定位、预压、冲裁下料、卸料四个工步一次完成。经落料的毛坯即为半球体的圆形坯料。冲压落料大多用在批量（多达数十万件）生产中，小批量零件很少采用，因为冲切模具较昂贵。

火焰切割通常称为气割，它是利用可燃气体与氧气混合燃烧产生的火焰流（通常称为预热火焰），将被切割的金属材料加热到其燃烧温度，然后喷射高速氧流（称为切割氧），使割缝处被加热到燃点，使金属发生剧烈燃烧，并吹除掉燃烧后产生的氧化物，从而把金属分割开来。可燃气体与氧气的混合以及切割的喷射都是依靠割炬来实现的。

火焰切割主要用于碳素结构钢和低合金结构钢的切割下料工作。其主要特点是：设备简单、生产效率高、成本低。特别适用于切割厚度较大的或形状较为复杂的零件的坯料。近年来，火焰切割技术发展迅速，数控切割技术开始广泛采用。这大大提高了气割工作的生产率和切割质量，并降低了成本。火焰切割过程如图 9－3。

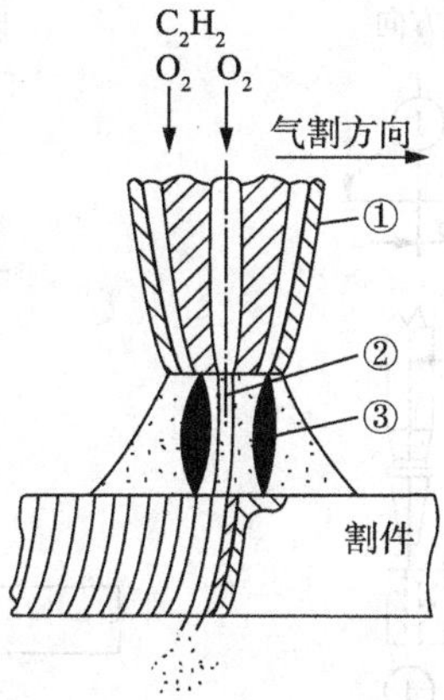

图 9-3　火焰切割过程示意图

1—割嘴；2—切割氧流；3—预热火焰

此外，还有等离子切割。众所周知，常温下的气体是不导电的，它是由中性的分子和原子组成的。如果设法提高气体分子和原子的能量(如加热或用 X、γ 射线照射等)，使原子外层电子具有足够能量，从原子中分离出来，这样，原来是中性的原子就变成了带负电的电子或带正电的离子，这个过程称为气体的电离。充分电离了的气体就是等离子体，或称等离子态。它是一种特殊的物质状态，现在物理学上把它列于固体、液体、气体之后，作为物质的第四态。由于等离子体全部由正离子和电子组成，因而具有极高的导电能力，可以承受很大的电流密度，从而具有极高的温度(可达到 6 000～33 000K)，并具有极好的导电性。

2. 机械加工与坡口制备

压力容器承压壳体上的所有 *A*、*B* 类焊缝均为全焊透焊缝，都要进行无损检测。为保证焊缝质量，坡口的制备十分重要。坡口形式由焊接工艺确定，而坡口的尺寸精度、表面粗糙度及清洁度取决于加工方法。筒体纵缝通常可采取刨边、铣边、车削加工、火焰切割等工艺手段来制备。壳壁开孔可采用气割、车削、镗、钻等方法。对于筒体上较大的开孔、加工，原有的设备已无法满足，现已采用机器人进行开孔、坡口的制备。

压力容器壳体焊缝坡口在下列情况下可选择刨边：

(1) 允许冷卷成形的纵环缝、封头坯料拼接；

(2) 不锈钢、有色金属及复合板的纵环缝；

(3) 坡口形式不允许用气割方法制备的或坡口尺寸较精确的，如 U 形坡口、窄间隙坡口；

(4) 其他不适宜采用热切割方法制备的坡口，如低合金高强度材料等。

对于大型厚壁、合金钢容器，大多采用热卷、温卷成型，其环缝坡口可在立式车床上加工完成，其优点是对各类坡口形式都适用，钝边直径尺寸精度高，钝边加工直径容易控制，又能保证环缝装配组对准确。封头环缝及顶部中心开孔的坡口也可在立式车床上加工。

采用火焰切割方法制备坡口，是目前压力容器行业广泛使用的最为经济的手段。切割坡口时，通常是将分离切割与坡口制备合为一步完成的。当在半自动或自动切割机上做双嘴或三嘴切割时，生产率成倍提高。双嘴切割 V 形坡口可一次完成坡口制备，此时的割嘴配置如图 9-4 所示。

不带钝边的 X 形坡口可采用单割炬分两次切割，也可用双割炬一次割出。带钝边的 X

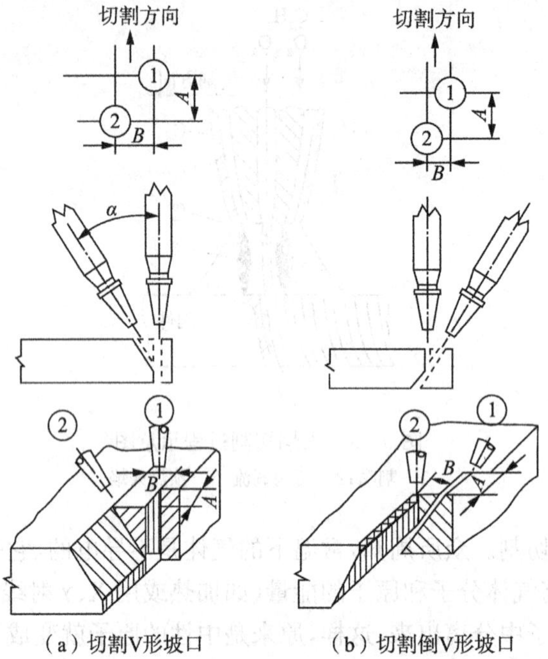

图 9-4 用两个割炬切割 V 形坡口

①、②—割炬

形坡口可采用单割炬分两次切割,也可用三割炬一次加工出来。X 形坡口一次切割的割嘴配置如图 9-5 所示。

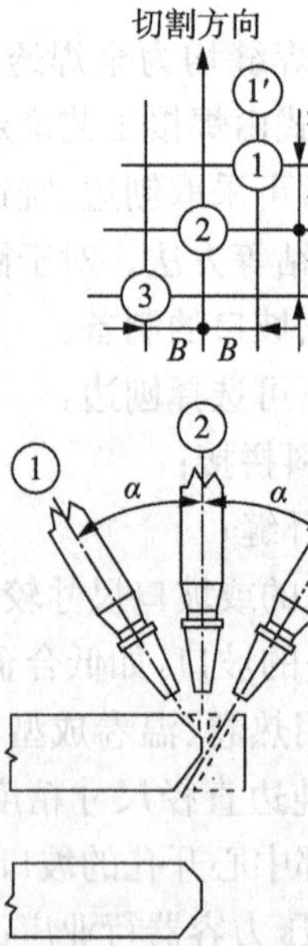

图 9-5 用三个割炬切割 X 形坡口

①、②、③—割炬

除了上述的刨边机加工坡口、立式车床加工坡口、切割坡口外,在一些特定的场合还会采取一些其他的方法加工坡口,例如封头法向斜插孔坡口加工,筒壁侧侧向开孔坡口加工。这里不作过多介绍，有兴趣的读者可自行查阅相关资料。

3. 成型加工

(1) 冲压成型

压力容器的封头，除了大型锻件平封头是由锻造厂供应毛坯外，其他类型的封头，如球封头、椭圆形封头等大多采用冲压成型。此外，大直径厚壁封头瓣片、筒节瓣片，也可以冲压成型。国内标准在大直径封头板料拼接方面有严格的要求，要求封头的各种不相交的拼接焊缝中心线间距至少应为封头钢板厚度的 3 倍，且不小于 100 mm。在国外对大直径封头坯料的拼接没有规定，接管可以开在焊缝上。用国外的理念讲，一是封头焊缝有合格的评定支持；二是节省材料，从经济方面考虑。常用的冲压方法有三种：封头整体冲压、瓦片冲压以及瓣片冲压。

(2) 卷制成型

卷制成型是单层卷焊式压力容器筒节制造的主要工艺手段。卷制成型是将钢板放在卷板机上进行滚卷成筒节，其优点为：成型连续、操作简便、快速、均匀。

筒节的弯卷过程是钢板的弯曲塑性变形过程。在卷板过程中，钢板产生的塑性变形沿钢板厚度方向变化。其外圆周伸长，内圆周缩短，中间层保持不变。

其外圆周的伸长率可按如下公式计算：

$$\varepsilon=\frac{S}{2R}\left(\frac{R_0}{R_0+S/2}-\frac{R}{R_0+S/2}\right)\times 100\% \tag{9-3}$$

若 $R_0 \gg S/2$，则上式可写成：

$$\varepsilon=\frac{CS}{R}\left(1-\frac{R}{R_0}\right)\times 100\% \tag{9-4}$$

式中　ε——外圆周的伸长率；

S——板厚；

C——系数，对于碳钢可取 $C=50$，对于高强度低合金钢，可取 $C=65$；

R_0, R——弯卷前、后的平均半径。

若 $R_0 \to \infty$（平板），则可得

$$\varepsilon=\frac{CS}{R}\times 100\% \tag{9-5}$$

众所周知，变形率的大小直接影响到材料所产生的冷加工硬化现象。钢板越厚或卷成的筒节直径越小，则钢板的变形率越大，其冷加工硬化现象也越严重，在钢板内产生的内应力也就越大。这样，就会严重影响筒节的制造质量，甚至会产生裂纹，导致筒节报废。

为了保证筒节的制造质量，根据长期生产实践中积累的经验，一般冷态弯卷时，最终的外圆周伸长率应限制在下列范围内：对于碳素钢、Q345R，外圆周伸长率≤3%；对于高强度低合金钢，外圆周伸长率≤2.5%。

板料经多次小变形量的冷弯卷后，其各次伸长量的总和也不得超过上述允许值，否则应进行消除冷卷变形影响的热处理，或采用热卷成型工艺。

筒节卷制工作通常是在卷板机上进行的。常用的卷板机可分为三辊卷板机和四辊卷板机两类，见图 9-6、图 9-7。由于四辊卷板机设备庞杂，投资费用较高，近年来，逐渐有被新型的三辊卷板机代替的趋势。

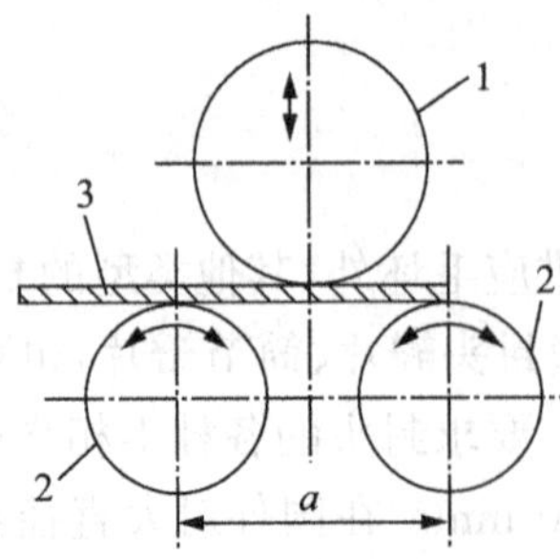

图 9-6 三辊卷板机的工作原理

1—上辊；2—下辊；3—钢板

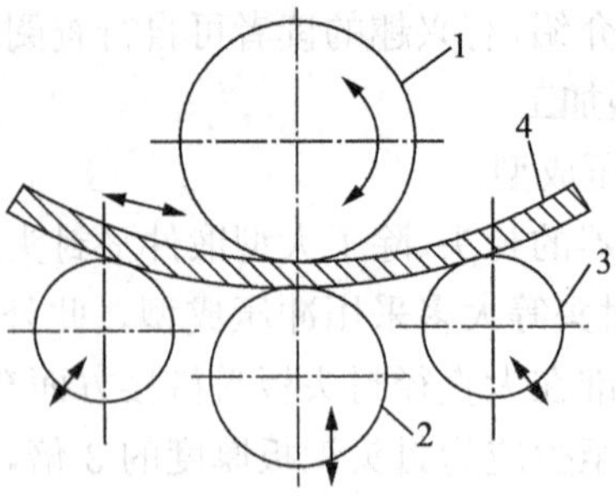

图 9-7 四辊卷板机的工作原理

1—上辊；2—下辊；3—侧辊；4—钢板

钢板厚度或卷制变形量在设备允许的范围内，采用冷卷最为适宜。而对于超过设备冷卷能力的厚钢板，在卷制时必须加热至其锻造温度，使钢板具有良好塑性以便于卷制，即采用热卷成型。

(3) 旋压成型

大型封头的整体冲压有很多弊端。需要吨位大、工作台面宽的大型水压机，大型模具的生产制造周期长，耗费材料多，造价高。即使采用分片冲压，也由于瓣片组焊工作量大，既费时间，质量也不易保证。而且大型封头往往是单件生产，采用冲压法制造，成本很高。因此，大型封头或薄壁封头适宜用旋压法制造。

旋压法与冲压法相比，有下列优点：

① 从设备上讲，制造同样大小的封头，水压机比旋压机约重 2.5 倍；

② 旋压所需的模具比冲压所需的模具简单、成本低；

③ 旋压法不受模具限制，可以制造不同尺寸的封头和其他回转体工件。冲压大直径薄壁封头时的起皱问题及翻边问题，采用旋压法均可解决。

总的来讲，采用旋压法还是冲压法制造封头主要取决于两个因素：一是生产批量问题，单件、小批生产以旋压法较为经济，成批生产以采用冲压法为宜；二是尺寸问题，薄壁大直径封头采用旋压法较为合适，厚壁小直径封头用冲压法较为适宜。

(4) 爆炸成型

爆炸成型是一种高能成型工艺。它是利用炸药爆炸时所产生的高温高压气体，通过介质的传递，在极短的时间内(通常在 0.001s 内)产生巨大的冲击波施加于毛坯钢板上，使之产生塑性变形，从而获得设计上所要求的几何形状和尺寸。

爆炸成型具有以下特点

① 质量好　可以保证工件达到所要求的几何尺寸，表面光洁，壁厚减薄现象不严重，工件经退火处理后，力学性能可进一步得到改善。

② 设备简单　不需要大型的复杂设备。

③ 操作方便、生产率高、成本低　对于成批生产的封头尤为显著。

(5) 弯制成型

弯制成型主要针对筒体、型材和管材。

大型厚壁容器的筒节成型也可以在压弯机上进行弯制。即将筒节分成两个瓦片下料，经压弯成型后将直边部分割去。压弯工作在两个支点间进行，由上模的冲程决定弯曲半径的大小，而此冲程可由电子仪器控制并显示，工件由压弯机一侧送入，每次送进 150～300 mm，直至达到钢板中心为止，然后调头将钢板另一端送入压弯机，直至未压弯的一半全部压弯。压弯速度可达760 mm/min，大型薄壁压力容器由于规格尺寸大，刚性差，通常都需要在壳壁内外部位用型材来进行支撑、加固，型材有角钢、槽钢、工字钢、T型钢及扁钢，将这些型材在弯曲机上弯制成圈状零件，弯制过程可分别在冷态或热态下完成，热态煨弯需配置6～8 m长的加热炉，绝大部分工厂的弯制设备都是以技术革新方式自制的，既经济又实用，且大大减轻了工人的劳动强度，某些三辊卷板机也可用来弯卷多种规格的型材。

弯管及弯制管接头(又称管子弯头)作为石油化工设备中的承压元件，应用十分普遍。管子弯曲时，在弯管内侧的管壁上产生压应力，而外侧管壁上为拉应力。在这些应力的作用下，管子弯曲横截面会成为椭圆形，外侧管壁减薄，内侧管壁增厚，有时会出现波浪形皱折。管子截面变形大小与相对弯曲半径 R_x 及相对壁厚 t_x 值有关：

$$\left.\begin{aligned} R_x &= R/D \\ t_x &= t/D \end{aligned}\right\} \tag{9-6}$$

式中 R——管子中心处弯曲半径；

D——管子外径；

t——管子壁厚。

R_x 及 t_x 值越小，变形越剧烈。在极限情况下，外壁破裂或内壁将失稳起皱。

4. 装配

(1) 筒节纵缝装配

筒节在制造过程中，至少有一条纵缝是在卷制成型后组焊的，由于纵缝的组装没有积累误差，组装质量较易控制，但对于壁厚为20～45 mm、直径为1 000～6 000 mm的筒节，若弯曲过程控制不好，就会产生如图9-8所示的偏差，从而给组装带来麻烦。

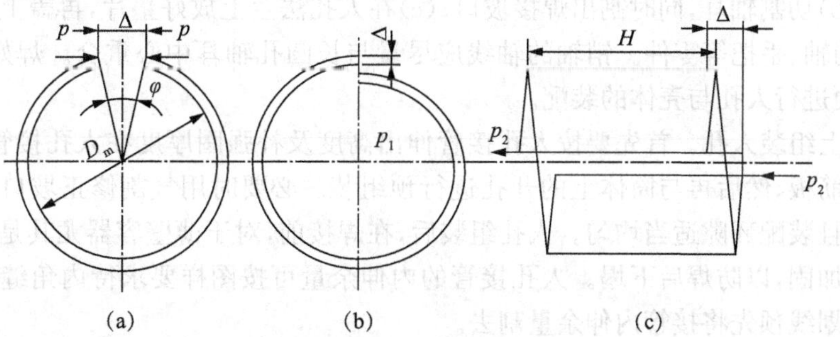

图9-8 卷板偏差

(2) 壳体环缝的组装

环焊缝的组装比纵焊缝困难，一方面由于制造误差，每个筒节和封头的圆周长度往往不同，即直径大小有偏差；另一方面，筒节和封头往往有一定的圆度误差。此外组装时还必须控制环缝的间隙，以满足容器最终的总体尺寸要求。由于环缝组装复杂性高和需要大的工作量，因此，对机械化组装设备的需求是很迫切的。图9-9是国内目前常用的筒节环缝组装设备。小车式滚轮座可以上下、前后活动，能调节到合适的位置，以便与置于固定轮座上的筒节组对。然后用几块长条预焊搭板焊上，搭板数量应尽量少。组对中可用撑圆器、间调节器简式万能夹具和单缸油压顶圆器等辅助具和有关量具来矫正、对中、对齐。

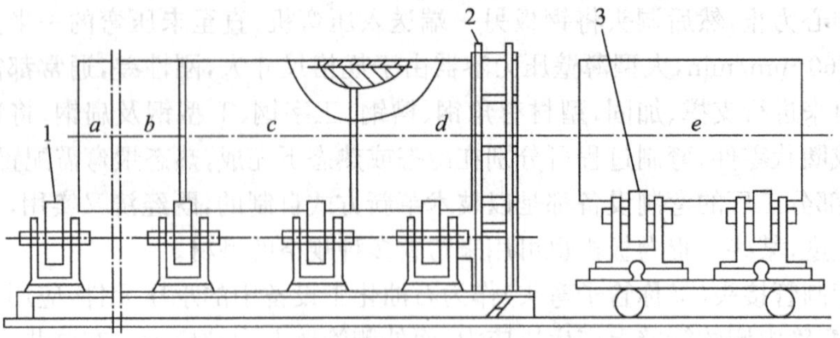

图 9-9　筒节环缝组装设备

1—滚轮座；2—辅助组对工具；3—小车式滚轮座

(3) 人孔、接管、支座等零部件与壳体的组装

在筒体组装、焊接、无损检测等工序完成后，做总体尺寸检验，并找出筒体两端的四条中心线(按筒节下料展开的样冲标记)，并核查是否等分，然后检查筒体两端中心线是否扭曲。

① 人孔的装配

人孔接管与法兰的装配。人孔法兰有两种类型，一为平焊法兰，此时只需控制接管与法兰的垂直度偏差不大于1/100且不大于3 mm即可，如为锻制对焊法兰，则应控制对接环间隙均匀。需要特别强调的是严禁将法兰密封面直接与地面或装配平台接触，以避免弄伤密封面，国外通常的做法是法兰与接管的装配、焊接都在小型变位器上进行。法兰不会被电弧击伤，焊接过程在最佳位置下完成，质量容易保证。

人孔盲板、轴耳的组装。人孔盲板、轴与轴耳必须在人孔法兰上先行预组装。组装过程如下：(a)先按人孔盲板外圆放样，划出轴耳切割位置线，也可以按放样制作切割样板，按样板进行划线；(b)切割轴耳，同时割出焊接坡口；(c)在人孔法兰上放好垫片，再盖上盲板，然后再组装轴耳、销轴、手把等零件。销轴的轴线应尽量与长圆孔轴耳中心重合。焊好轴耳后再卸下盲板，以便进行人孔与壳体的装配。

在壳体上组装人孔。首先要按人孔接管伸出高度及补强圈厚度在人孔接管的四条心线上点焊定位筋板，然后再与筒体上的开孔进行预组装。必要时用气割修正坡口处孔径，使接管顺利装入且装配环隙适当均匀。人孔组装后，在焊接前，对于薄壁容器尤其是塔器，内部预先采取支撑加固，以防焊后下塌。人孔接管的内伸余量可按图样要求待内角缝焊好后割去，也可用样板划线预先将接管内伸余量割去。

分段发运的大容器，当人孔靠近分段处500 mm范围以内时，可只将人孔装配点焊，不必焊好，以利于现场环缝的组装。

② 接管的装配

接管法兰与壳体组装前应做好如下工作：(a)接管与法兰的装配焊接，应控制法兰平面相对接管轴线垂直度偏差不大于1/100且不大于3 mm。装配点焊时应防止法兰密封面碰伤，最好在焊接变位器上进行。(b)按法兰螺栓孔中要求，划出接管中心线及伸出高度位置线，并点焊定位板。接管伸出高度误差不大于±5 mm。(c)预装接管，并对壳体所开管孔坡口进行气割修正及打磨，使坡口完全符合技术要求，环隙均匀。

③ 支座的装配

压力容器的安放或安装都要通过各种支座与基础平面接触。支座作为部件，其本身的制造质量，及其与容器壳壁的装配、焊接质量的好坏，将直接影响到压力容器运行的平稳性与操作的安全性。此外，支座与容器壳壁的装配通常都处在该容器的总装阶段，因而将直接影响到容器的管口方位、标高、轴线倾斜度等质量要素。因此，对支座的制作与装配全过程必须予以足够重视。按现行的行业标准，规定有四种类型的支座：鞍式支座、腿式支座、支承式支座及耳式支座。

各类支座有其不同的适用场合、制造与装配质量要求。安装过程及方法也各不相同。但有些要求是共同的：(a)支座底板应保持在同一平面内；(b)底板螺栓孔距离的误差应予以严格控制；(c)支座底平面不允许翘曲、倾斜。

9.1.3 焊接

由于压力容器是承压设备，在各种介质和环境条件下工作，所以一旦发生事故其破坏性往往是十分严重的。为了保证压力容器的安全，我国制定了许多专项法规、标准，对压力容器的设计、制造、安装、使用、检验、维修等方面进行了全面的强制性规定，压力容器焊接结构的设计、制造，除了满足以上所提到的基本准则和基本原则外，还必须满足相关法规、标准的规定。GB/T 150.1～150.4—2024《压力容器》是目前压力容器设计、制造与检验的综合性国家标准，标准对压力容器的焊接接头形式和结构特点做了明确的规定，在接头设计、制造、检验时必须遵循。

容器受压元件之间的焊接接头分为A、B、C、D四类；非受压元件与受压元件之间的焊接接头为E类，如图9-10所示。此分类顺序并不是按其重要性或受力高低排列的，仅是各类别符号而已，例如D类焊接接头受力状态的复杂性远远大于C类焊接接头。

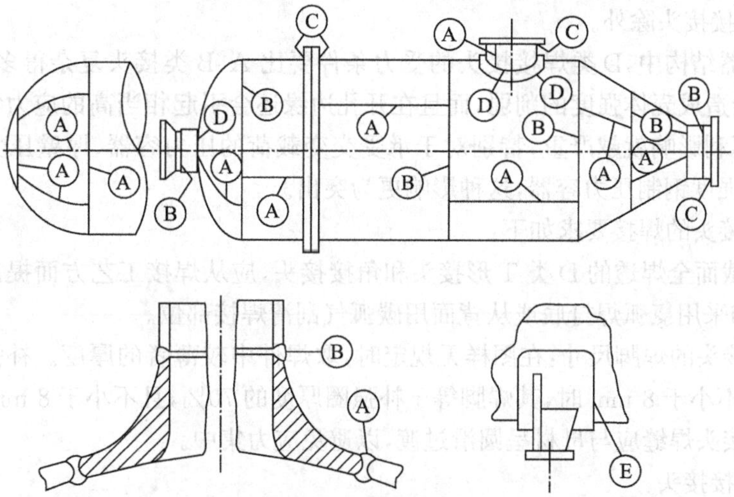

图9-10 容器焊接接头分类示意图

1. A、B类焊接接头

圆筒部分（包括接管）和锥壳部分的纵向接头（多层包扎容器层板层纵向接头除外）、球形封头与圆筒连接的环向接头、各类凸形封头和平封头中的所有拼接接头以及嵌入式的接管或凸缘与壳体对接连接的接头，均属A类焊接接头。

壳体部分的环向接头（包括多层包扎容器层板层环向接头）、锥形封头小端与接管连接的接头、长颈法兰与壳体或接管连接的接头、平盖或管板与圆筒对接连接的接头，以及接管间的对接环向接头，均属B类焊接接头，已规定为A类的焊接接头除外。

A、B类焊接接头的焊接结构应采用全焊透的双面对接焊接接头形式。如因结构尺寸的限制，只能从单面焊接时，也可采用单面开坡口的接头形式，但必须保证形成相当于双面焊的全焊透对接形式。为此，或采用氩弧焊打底焊接工艺形成全焊透封底焊道；或在焊缝背面加临时衬垫或固定衬垫，采用经评定合格的焊接工艺保证根部焊道或坡口两侧完全熔合，临时衬垫可选用耐高温的陶瓷衬垫或玻璃纤维衬垫，也可用薄钢板作衬垫，但衬垫材料不应对焊缝金属产生有害的渗合金或污染。

2. C类焊接接头

球冠形封头、平盖、管板与圆筒非对接连接的接头，法兰与壳体或接管连接的接头，内封头与圆筒的搭接接头，以及多层包扎容器层板层纵向接头，均属于C类焊接接头，但依规定为A、B类的焊接接头除外。

C类焊接接头的焊接结构特点：

(1) 要求全焊透的C类接头，双面焊时背面必须清根；单面焊时，根部应采用氩弧焊打底工艺或背面加垫方式。

(2) 为减小角焊缝焊趾部位的应力集中，角焊缝表面可按要求加工成圆角，做到焊缝与母材圆滑过渡。

(3) 角焊缝焊角高度，在图样无规定时，取焊件中较薄者的厚度。

3. D类焊接接头

接管(包括人孔圆筒)、凸缘、补强圈等与壳体连接的接头，均属D类焊接接头，但规定为A、B、C类的焊接接头除外。

在压力容器结构中，D类焊接接头的受力条件要比A、B类接头复杂得多。壳体上的接管开孔，不但会造成壳体强度的削弱，而且在开孔边缘还会引起相当高的应力集中，且开孔直径越大，这种不利影响就越严重，特别对于承受交变载荷的压力容器、厚壁压力容器、低温压力容器以及高强度钢制压力容器，这种影响更为突出。

D类焊接接头的焊接要求如下：

(1) 对于截面全焊透的D类T形接头和角接接头，应从焊接工艺方面提出要求，以保证接头全焊透，如采用氯弧焊打底或从背面用碳弧气刮清焊接部位。

(2) D类接头的焊脚尺寸：在图样无规定时，取焊件中较薄者的厚度。补强圈的焊脚：当补强圈的厚度不小于8 mm时，其焊脚等于补强圈厚度的70%，且不小于8 mm。

(3) D类接头焊缝应与母材呈圆滑过渡，以避免应力集中。

4. E类焊接接头

GB/T 150.1—2024中规定，非受压元件与受压元件的连接接头为E类焊接接头。E类焊接头一般应采取连续焊，根据具体情况可采用角焊缝、部分焊透、全焊透等结构形式。

9.1.4 热处理

1. 恢复性能热处理

当成型件的变形率超过要求时，应于成型后进行退火或固溶处理恢复材料的性能：采用钢板冷成型的受压元件，如变形率超过表9-2的范围，且符合(1)～(5)中任一条件者，应于成型后进行热处理。

(1) 注明盛装毒性为极度或高度危害介质的容器；

(2) 图样注明有应力腐蚀的容器；

(3) 对碳钢、低合金钢，成型前厚度大于16 mm者；

(4) 对碳钢、低合金钢，成型后减薄量大于10%者；

(5) 对碳钢、低合金钢，材料要求做冲击试验者。

表 9-2　冷成型变形率控制指标

材料		变形率
奥氏体不锈钢	设计温度≥-100℃	15%
	设计温度 <-100℃	10%
碳钢、低合金钢及其他材料		5%

2. 焊后热处理

(a) 焊后热处理的适用范围

容器及其受压元件符合下列条件之一者，应进行焊后热处理，焊后热处理应包括受压元件与非受压元件的连接焊缝。

(1) A、B类焊接接头符合以下条件者：①碳钢、Q345R、Q370R、07MnMoVR、12MnNiVR 及配套锻件的焊接接头厚度大于 32 mm；② 18MnMoNb、13MnNiMoR、15CrMoR、14CrMoR、12Cr2Mo1R、12Cr2Mo1VR 及其配套锻件的所有 A 类和 B 类焊接；③S11306、S11348 铁素体型不锈钢及其配套锻件的焊接接头厚度大于 10 mm 者(若焊前预热 230℃以上时，厚度大于 38 mm)。

(2) 有应力腐蚀倾向的容器。

(3) 用于盛装毒性为极度或高度危害介质的容器。

(4) 采用除 06Ni9DR 之外的碳素钢或低合金钢材料制造的焊接接头厚度大于 16 mm 的低温容器。

(5) 采用 06Ni9DR 材料制造的焊接接头厚度大于 50 mm 的低温容器。

(6) 热套容器圆筒套合后，应做消除套合应力热处理。此工序允许和焊后热处理合并进行。

(7) 当有耐应力腐蚀要求时，冷弯 U 形管的弯管段及至少 150 mm 的直管段应进行热处理。

(8) 除不锈钢外，拼接后管板应做消除应力热处理。

(9) 厚度大于 28 mm(若焊前预热 100℃以上时，厚度大于 32 mm)的 15MnVR 钢制球壳及任意厚度的其他低合金钢制球壳，应进行焊后整体热处理。

(b) 焊后热处理的要求

(1) 制造单位应按设计图样和标准的要求在热处理前编制热处理工艺，提出热处理的工艺要求。

(2) 不得使用燃煤炉进行焊后热处理。

(3) 热处理装置(炉)应配有自动记录温度曲线的测温仪表，并能自动绘制热处理的时间与工件壁温关系曲线。

(4) 热电偶布置情况(数量、部位)及布置电偶要求应符合技术文件的要求。

(5) 焊后热处理应优先采用在炉内整体加热的方法进行；当无法整体加热时，允许在炉内分段进行加热。分段热处理时，其重复加热长度应不小于 1 500 mm，炉外部分应采取保温措施，使温度梯度不致影响材料的组织和性能。

(6) B、C、D、E 类焊接接头，球形封头与圆筒相连的 A 类焊接接头以及缺陷焊补部位，允许采用局部热处理方法。局部热处理时，焊缝每侧加热宽度不小于钢材厚度的 2 倍；接管与壳体相焊时，垂直于焊缝方向上的加热宽度不得小于钢材厚度的 6 倍。靠近加热区的部位应采取保温措施，使温度梯度不致影响材料的组织和性能。

(7) 球罐热处理前应在支柱底板下设置移动设施；热处理过程中，应监测支柱底板位移并按计算位移值及时调整柱脚位移。一般温度每变化 100℃应调整一次。热处理后，应测量并调整支柱垂直度，其允许偏差应符合相关要求。

(c) 焊后热处理的操作

(1) 碳钢、低合金钢的焊后热处理操作应符合如下规定：①焊件进炉时炉内温度不得高于 400℃；②焊件升温至 400℃后，加热区升温速度不得超过 5 000/δ_s℃/h (δ_s 为焊接接头厚度定义中的工件钢材厚度，mm)，且不得超过 200℃/h，最小可为 50℃/h；③升温时，加热区内任意 5 000 mm 长度内的温差不得大于 120℃；④保温时，加热区内最高与最低温度之差不宜超过 65℃；⑤升温及保温时应控制加热区气氛，防止焊件表面过度氧化；⑥炉温高于 400℃时，加热区降温速度不得超过 6 500/δ_s℃/h，且不得超过 260℃/h，最小可为 50℃/h；⑦焊件出炉时，炉温不得高于 400℃，出炉后应在静止空气中继续冷却。

(2) 对 S11306、S11348 铁素体型不锈钢的焊后热处理，当温度高于 650℃时，冷却速度不得大于 56℃/h；当温度低于 650℃时，应快速冷却，其余操作按(1)进行。

(3) 当需要对奥氏体型不锈钢、奥氏体-铁素体型不锈钢进行焊后热处理时，应按设计图样或设计文件规定进行。

3. 改善材料力学性能热处理

改善材料力学性能的热处理，应根据设计图样要求所制定的热处理工艺进行，母材的热处理试板应与容器(或受压元件)同炉热处理。

4. 其他热处理

当要求材料的使用热处理状态与供货热处理状态一致时，在制造过程中不得破坏供货时的热处理状态，否则应重新进行热处理。

5. 热处理前后的表面处理

有防腐要求的不锈钢及复合钢板制容器的表面，该类材料零部件按设计图样要求进行热处理后，需做酸洗、钝化处理。

9.2 压力容器检验

9.2.1 检验的分类及标准体系

1. 压力容器检验的分类

压力容器的检验检测按照压力容器的生命周期可分为投用前的检验检测和使用过程中的检验检测，使用过程中的检验检测也称为在役检验。随着用户对压力容器安全运行重视程度的提高，各种类型的检验检测方法应运而生。比如在投用前的检验，有生产厂家的质量检验、质检机构的监督检验、第三方的监理检验(也称监造)以及用户的验收检验等，其中用户监造和验收检验在近年来逐渐向规范化和常态化的方向发展。

在役检验则包括定期检验和在线检验两大方面，其中在线检验近年来发展很快，用户的重视程度也越来越高。近年来基于风险的检验(RBI)逐渐被越来越多的用户接受，需要强调说明的是，RBI 并不是一种检验类型，它是一种检验理论，可以应用于以上提到的所有检验检测方法的选择。

(1) 投用前的检验

压力容器投用前的检验包括制造厂家在产品生产过程中进行的自我检验，质量技术监督局委托质检机构进行的监督检验，用户委托第三方的监理机构进行的监理检验（监造）和用户的验收检验。其中用户的验收检验20世纪80年代在我国还比较普遍，后来由于国家对压力容器管理水平的提高，验收检验逐渐被用户放弃。近年来由于压力容器的失效后果使得用户越来越难以承受，并且压力容器采购阶段的低价中标现象带来的质量普遍下降，用户的验收检验又逐渐被恢复。

① 制造商检验

压力容器制造厂必须对自己所生产的产品进行检验，这是压力容器全生命周期中的第一道检验，也是压力容器最重要的检验类型之一，是不可缺省的。在各种压力容器的产品标准中都规定了相应容器种类的最基本的检验方法和合格标准，检验内容包括材料的复验、焊接工艺评定，外观和几何尺寸检查，无损检测，热处理效果检验，耐压试验和泄漏检测等。压力容器用户还会根据自己的使用条件和风险程度提出高于产品标准的检测方法及合格标准，并写入供货合同当中。

但是制造商受条件所限，考虑到生产成本的问题，有可能在生产过程中选择的检验检测方法不能满足产品标准的要求。许多质量品牌意识不强的制造厂还存在弄虚作假的现象。这对压力容器产品的运行安全造成严重的威胁，因此各个国家的政府都会规定对压力容器的生产实施监督检验。

② 压力容器产品安全性能监督检验

压力容器产品安全性能监督检验俗称压力容器制造监检，简称监检，是根据《特种设备安全法》和国家质量监督检验检疫总局第22号令《锅炉压力容器制造监督管理办法》的规定而实施的压力容器强制性检验。目的是监督压力容器制造厂家的质量管理和产品质量，确保压力容器的安全性能。监检由厂家所在地的省级质量技术监督局的特种设备安全监察机构授权给有相应资格的检验机构承担。具体要求在《锅炉压力容器产品安全性能监督检验规则》中明确规定，包括图样审查，材料检验，焊接、外观和几何尺寸的无损检测，耐压试验，安全附件，泄漏检测，出厂文件，产品铭牌等。全部监检工作完成后，由监检机构出具《监检证书》。

③ 压力容器的第三方监理（监造）

压力容器的第三方监理也称压力容器监造，是压力容器用户委托第三方专业监理对压力容器的制造过程进行监督检验。监造是对压力容器监检的良好补充，它在用户和制造厂之间起到了很好的沟通作用，在全面保证压力容器生产质量及生产进度方面表现出显著的效果。近年来监造市场飞速发展，监造工作日趋专业化、规范化和标准化。与检验不同，监造工作具有以下几个特点。

(a) 监造工作直接向用户负责，是用户委托行为。

(b) 监造人员对压力容器的质量进行全面监督，并不是仅仅按照法规的要求对相关的安全性能进行监督。

(c) 监造人员可及时将制造过程中出现的问题向用户汇报，有利于用户及时采取措施。

(d) 监造人员同时对压力容器的生产进度进行监督。

(e) 压力容器制造中用户要求的特殊检测方法不会因为缺乏相应的标准而被忽视。

④ 压力容器的验收检验

近年来，压力容器的造价越来越高，使用压力容器的装置规模也越来越大，压力容器的事故风险也越来越难以承受。同时随着用户安全意识的不断强化，一些用户增加了验收检验这一环节，并且大多委托第三方检验机构进行验收检验，一般称作入场检验，验收检验费用相对较低，远低于采购中的招标差价，因此验收检验使用得当在经济上是非常合算的。验收检验增加了一道质量把关，效果非常显著。

任何形式的检验实施起来都是有成本的。用户可根据压力容器的使用风险和自身的经济承受能力，自主选择是否需要增加监理检验和验收检验。当然，选择的检验越多，发生事故的概率越小。

(2) 在役检验

压力容器投入使用之后所进行的检验检测统称为在役检验。在役检验主要包括定期检验和在线检验。定期检验，是指检验机构按照一定的时间周期，在压力容器停机时，根据法规规定对在用压力容器的安全状况进行的验证活动。其目的是针对压力容器的失效模式和损伤模式，检验并处理使用中出现的缺陷，保证压力容器的安全使用。定期检验是《特种设备安全法》中规定的检验，属法定检验。而在线检验是压力容器运行过程中实施的检验检测工作，是由压力容器用户自己选择和决定的。

① 定期检验

压力容器的定期检验属于法定检验。压力容器进行定期检验后，检验机构给出压力容器的安全状况等级和下次检验日期，这是特种设备监督部门的主要监督依据。在定期检验中，检验机构必须掌握压力容器的结构特点和使用特点，否则会造成漏检或过检。表 9－3 中列出了所有类型压力容器的定期检验周期要求。

表 9－3　压力容器定期检验周期

容器类别		检验周期/年	依据法规
压力容器	首次	3	TSG R7001—2023《压力容器定期检验规则》
	1、2 级	6	
	3 级	3～6	
铁路罐车	1、2 级	4	
	3 级	2	
汽车槽车	1、2 级	5	
	3 级	3	
罐式集装箱	1、2 级	5	
	3 级	2.5	
医用氧舱		≤3	
长管拖车	首次	3	
	A 组介质①	5	
	B 组介质②	6	

注：① 天然气(煤层气)、氢气。

② 氮气、氦气、氩气、氖气、空气。

② 压力容器的在线检验

压力容器运行过程中实施的所有检验检测统称为在线检验，它是压力容器用户的一种自觉行为。在线检验的种类很多，由于压力容器用户安全意识的提高以及用户对装置长周期运行的要求，近年来在线检验发展很快。但是在线检验还没有像定期检验那样形成独立的理论体系，也就是说目前压力容器的在线检验还没有形成完整的检验理论体系。

(3) 基于风险的检验(RBI)

压力容器检验的目的是降低风险，对于一台压力容器来说，计划采用的检验程序是否降低风险所必须的，检验程序能否起到降低风险的作用。针对这两个问题，国际上许多机构进行了大量的研究和探索，提出了基于风险的检验的概念，这一概念一经提出，立即受到企业用户的欢迎，并得到了广泛应用。

基于风险的检验(risk-based inspection)是由一个工业资助团体在1993年5月发起的，该资助团体由美国石油学会(API)组织和管理。2000年美国石油学会发行公开出版物API 581《Risk-Based Inspection》。书中将风险定义为失效可能性与失效后果的乘积。

图9-11是API 581定义的风险矩阵，其纵轴代表失效可能性，依据失效可能性的大小分为1～5级；横轴代表失效后果，依据后果的大小分为A～E级。

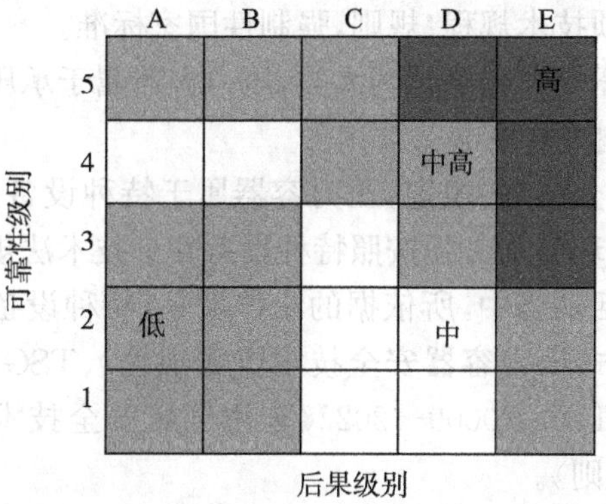

图9-11　RBI风险矩阵

失效后果由失效后可能泄漏的介质存量及介质的性质计算得来，它主要考虑以下4个方面(在API 581中称为4种情形)：可燃事件(热辐射和爆炸冲击波超压)；毒性泄放；环境污染；营业中断。

对于失效可能性，API 581总结了石油化工设备中的失效机理，并将其划分为以下5个模块：减薄技术模块(thinning technical module)；应力腐蚀开裂技术模块(stress corrosion cracking technical module)；机械疲劳(仅管道)技术模块［mechanical fatigue(piping only) technical module)；设备衬里技术模块(equipment linings technical module)；外部损伤技术模块(external damage technical module)。

各种失效可能性的总和即为总的失效可能性，各种失效情形的后果总和即为总失效后果，总失效可能性与总失效后果的乘积即为风险。这样的分析是针对每一筛选的设备项的，在API 581中，设备项可以是一台设备、一条管道，或者是一台设备中的某一部分(如换热器中的管程和壳程)。

在检验程序中，待检设备部件根据其风险进行评级。几乎在每一种情形中，一旦风险被识别，就会有降低风险的替代机会。了解设备风险的组成，就可通过采取相应的检验手段，包括在线监测等方法降低设备的失效可能性，还可通过设置缓解设施，如消防系统、隔离系统等降低失效后果。

压力容器的检验可降低其失效可能性，针对每一种失效机理，API 581 将检验方法按效果划分为高度有效、正常有效、基本有效、效果差和无效 5 个有效性等级，并针对每一种失效机理规定了每种有效性的内容。需要注意的是，对于微孔的破坏类型没有最高效果，同时也没有哪种检验技术可以对所有破坏类型都能达到最高的效果。

2. 我国特种设备的法规标准体系

(1) 特种设备法规标准体系

经过近 30 年的发展与探索，我国已初步形成了比较完备的特种设备五层结构法规标准体系，特种设备法规标准体系框架为“法律—行政法规—部门规章—安全技术规范—引用标准”5 个层次。

法律——特种设备安全法。

行政法规——特种设备地方性法规。

行政规章——总局令、特种设备地方政府规章。

安全技术规范——各项技术规程、规则，强制性国家标准。

我国特种设备分为承压类和机电类两大类，压力容器属于承压类特种设备。

(2) 压力容器检验检测法规标准

根据我国《特种设备安全法》的规定，压力容器属于特种设备，其设计、制造、安装、改造、维修、使用和检验检测七个环节都必须按照特种设备安全技术法规和相应的标准进行。

在压力容器检验检测活动当中，所依据的法律就是《特种设备安全法》，安全技术规范主要有：TSG 21—2016《固定式压力容器安全技术监察规程》、TSG R0005—2022《移动式压力容器安全技术监察规程》、TSG R0009—2022《车用气瓶安全技术监察规程》、TSG R7001—2023《压力容器定期检验规则》。

我国压力容器技术标准有国家标准(GB)和行业标准，行业标准常用的有机械行业标准(JB)、能源行业标准(NB)、化工行业标准(HG)、石油化工行标准(SH)、石油天然气行业标准(SY)等。这些标准规定了压力容器设计制造、材料、检验试验等几个方面的最低要求。与检验有关的标准主要有：GB/T 19624—2019《在用含缺陷压力容器安全评定》、NB/T 47013—2023《承压设备无损检测》、SY/T 6507—2010《压力容器检验规范在役检验、定级、修理及改造》、SY/T 6552—2011《石油工业在用压力容器检验》、SY/T 6653—2013《基于风险的检查(RBI)推荐作法》。

9.2.2 无损检测

1. 无损检测技术基础

(1) 无损检测技术的定义与方法

无损检测(NDT, nondestructive testing)可以广义地定义为：为了确定是否存在影响物体使用性能的缺陷或结构不连续，在不改变物体状态和性质的条件下所进行的各种检查测试、评价方法。

无损检测可简单地定义为：在不损坏试件的前提下，以物理或化学方法为手段，借助先进的技术和设备器材，对试件的内部及表面的结构、性质、状态进行检查和测试的方法。

2. 常用无损检测方法

无损检测方法很多，据美国国家宇航局调研分析，认为无损检测方法可分为六大类约70多种。近年来我国在检测技术方面的研究应用有很大发展，许多检测新技术得到了很好的研究应用。NB/T 47013(JB/T 4730)《承压设备无损检测》已经制定了12种检测方法及验收标准，分别是射线检测(NB/T 47013.2)、超声检测(NB/T 47013.3)、磁粉检测(NB/T 47013.4)、渗透检测(NB/T 47013.5)、涡流检测(NB/T 47013.6)、目视检测(NB/T 47013.7)、泄漏检测(NB/T 47013.8)、声发射检测(NB/T 47013.9)、衍射时差法超声检测(NB/T 47013.10)、X射线数字成像检测(NB/T 47013.11)、漏磁检测(NB/T 47013.12)和脉冲涡流检测(NB/T 47013.13)。

3. 无损检测的实施要求

(1) 无损检测比例

压力容器对接接头的无损检测比例一般分为全部(100%)和局部(大于或约等于20%)两种。碳钢和低合金钢材料一般属于体心立方晶格结构，具有低温脆性转变的特征，在低温时容易产生低温脆断和表面裂纹；而具有面心立方晶格结构的金属如铜、铝、镍和奥氏体不锈钢则没有这种低温脆性转变的效应，在低温下其塑性和韧性不会明显变化。因此从安全角度考虑，碳钢和低合金钢材料在低温情况下潜在危险性更大，因此碳钢和低合金钢制低温容器局部无损检测的比例应当大于或者等于50%。

设计压力大于或者等于1.6 MPa的第Ⅲ类压力容器、按照分析设计标准制造的压力容器、采用气压试验或者气液组合压力试验的压力容器、焊接接头系数取1.0的压力容器以及使用后无法进行内部检验的压力容器、标准抗拉强度下限值大于或等于540 MPa的低合金钢制压力容器以及设计和产品标准要求压力容器的A、B类对接接头应进行全部射线或超声无损检测。对标准抗拉强度下限值大于或者等于540 MPa的低合金钢压力容器应进行全部无损检测，而且当壁厚大于20 mm时，还应增加其他方法的局部检测，因为此类容器在制造过程中易出现裂纹，避免仅进行射线检测而可能出现的漏检。而双相不锈钢、超级奥氏体不锈钢、镍及镍基合金等压力容器，其焊接接头的力学性能是较为稳定的，不需要这样严格的无损检测要求。

凡符合下列条件之一的焊接接头，需按图样规定的方法，对其表面进行磁粉或渗透检测：

① 设计温度低于−40℃的低合金钢制低温压力容器上的焊接接头；

② 标准抗拉强度下限值大于或者等于540 MPa的低合金钢、铁素体型不锈钢、奥氏体铁素体型不锈钢制压力容器上的焊接接头；

③ 焊接接头厚度大于20 mm的奥氏体型不锈钢制压力容器上的焊接接头；

④ 焊接接头厚度大于16 mm的Cr-Mo低合金钢制压力容器上的除A、B类之外的焊接接头；

⑤ 堆焊表面、复合钢板的覆层焊接接头、异种钢焊接接头、具有再热裂纹倾向或者延迟裂纹倾向的焊接接头；

⑥ 要求局部射线或者超声检测的容器中先拼板后成型凸形封头上的所有拼接接头；

⑦ 设计图样和产品标准要求时。

(2) 无损检测时机

压力容器的焊接接头应当经过形状、尺寸及外观检查，合格后再进行无损检测：拼接封头应当在成型后进行无损检测，若成型前已经进行过无损检测，则成型后还应当对圆弧过渡区到直边段再进行无损检测，因为圆弧过渡区和直边段是加工中变形最大的部位，容易产生缺陷。由于延迟裂纹一般在焊后一段时间内产生，这段时间有可能持续几天或者更长时间，为了保证检测效果，检测时机原则上应当安排在延迟裂纹全部出现以后，因此在时间上要求至少焊后 24 小时进行检测，有再热裂纹倾向的材料应在热处理之后增加一次无损检测。

(3) 无损检测技术要求

射线检测应当按 NB/T 47013.2 的规定执行，要求进行全部无损检测的对接接头，射线检测技术等级不低于 AB 级，合格级别不低于Ⅱ级；要求进行局部无损检测的对接接头，射线检测技术等级不低于 AB 级，合格级别不低于Ⅲ级；角接接头、T 形接头，射线检测技术等级不低于 AB 级，合格级别不低于Ⅱ级。

超声检测应当按照 NB/T 47013.3 的规定执行，要求进行全部无损检测的对接接头，脉冲反射法超声检测技术等级不低于 B 级，合格级别为Ⅰ级；要求进行局部无损检测的对接接头，脉冲反射法超声检测技术等级不低于 B 级，合格级别不低于Ⅱ级；角接接头、T 形接头，脉冲反射法超声检测技术等级不低于 B 级，合格级别为Ⅰ级；采用衍射时差法超声检测的焊接接头，合格级别不低于Ⅱ级。

当采用射线检测和超声检测组合时，质量要求和合格级别按照各自执行的标准确定，并且均应当合格。

压力容器所有焊接接头的表面无损检测均应当按照 JB/T 4730 的规定执行，钢制压力容器进行磁粉或者渗透检测，合格级别为Ⅰ级；有色金属制压力容器进行渗透检测，合格级别为Ⅰ级。

公称直径大于或者等于 250 mm 的压力容器接管对接接头的无损检测方法、检测比例和合格级别与压力容器壳体主体焊接接头要求相同；公称直径小于 250 mm 时，其无损检测方法、检测比例和合格级别按照设计图样和产品标准的规定执行。

原材料和零部件的无损检测方法、检测比例和合格级别按照设计图样和产品标准的要求执行。

4. 材料、零部件的无损检测

材料、零部件在入场验收时主要核对材料质量证明书、外观、数量、规格等，一般不进行复验，也就不用进行无损检测。但对于设计要求进行无损检测，而原材料未进行相应的检测的情况下，应在入场验收时重新进行无损检测，检测方法、比例、合格指标等按产品标准或设计要求执行。原材料的无损检测主要指钢板和锻件的超声检测。

(1) 钢板超声检测

板材是制造板焊结构压力容器的主要材料，板材的质量直接影响压力容器的质量。钢板的质量与冶炼过程和轧制工艺有关，其外部缺陷主要有重皮、折叠、裂缝等，内部缺陷主要有分层、夹层、层状非金属夹杂物、白点(氢裂纹)等。由于钢锭头部在凝固时收缩，容易产生缩孔，在成材过程中如果未切除干净，轧成钢板后就会形成夹层或分层。如果钢锭中含有非金属夹杂物、金属氧化物、硫化物以及夹渣等缺陷，在轧制过程中也会形成夹层。白点是在轧制后发生的缺陷，它是由溶解在钢中的氢原子在非金属夹杂物交界处作为氢分子析出所致，一般在含 Mn、Ni、Cr 元素的合金钢板中存在白点缺陷。上述几种缺陷的延伸方向与轧制方向一致，分层与夹层大都与钢板表面平行或基本平行，故用超声波直探头在轧制面上探测最为有效。

① 中厚板的超声波检测。板材的检测方法以板的厚度来区分，对于压力容器用薄板（<6 mm），宜采用横波进行检测。中厚板（6～60 mm）和厚板（>60 mm）则采用纵波垂直检测。中厚板材检测常用方法有：单探头直接接触多次反射波法；单探头直接接触一次或二次反射波法；双晶探头直接接触法和间隙法；单探头水浸法等。钢板检测频率一般选用 2～5 MHz，探头直径 10～30 mm，按照 NB/T 47013 标准中规定，试采用 45 mm 平底孔，不同钢板范围选用的试块厚度和孔深也不同，扫查方式为垂直于压延方向，以 100 mm 同距平行线移动，发现缺陷，测定缺陷面积有下列 3 种情况：无底波，只有缺陷波的多次反射；缺陷波和底波同时存在；无底波，只有多个紊乱的缺陷波。

② 复合钢板的超声检测。复合板由基层和复层材料组合而成，组合方式有轧制、焊接和爆炸接合 3 种。复层材料一般使用不锈钢、钛、铜合金等材料，以提高材质的耐腐蚀或耐磨性能。基层材料一般采用碳钢或低合金钢，以提高材质的强度。复合板材中的缺陷主要是基层和复层交界面上的贴合不良或脱层。复合钢板超声检测主要检查有无脱层。由于基层和复层交界面上贴合不良或脱层是与板面平行的，所以用直探头纵波检测最为有效。探测频率一般在 2～5 MHz，探头直径 10～30 mm。小的可以选在复层面，也可选在基层面，采用垂直检测法。检测面选在复层时，用充水探头可以获得较好的检测效果。对于用不锈钢作复合材料的复合钢板，由于基层与复层材料的声阻抗相差甚微，如果结合良好，基本上没有界面回波。检测灵敏度是把完好区的底波调到荧光屏满幅度的 50%以上，以 225 mm 垂直格子线或以垂直于钢板主轴线的间距为 100 mm 平行线、亦可沿平行于钢板主轴线间距为 75 mm 的平行线进行扫查，并在钢板所有边缘 50 mm 内进行全面扫查，发现缺陷时，在其周围探测确定缺陷面积，缺陷评定等级按 NB/T 47013 标准规定，美国 ASTM A578《特殊用途的普通钢板和复合钢板直射波超声检验标准规范》的验收标准为："当底波完全消失，并有复合层和基层的复合面回波时，说明未结合""未结合面积的直径大于 3 英寸时，应予拒收"。

(2) 锻件超声检测

压力容器锻件主要用于制造顶盖、底盖、封头和筒体。Ⅲ级以上锻件均要求进行超声检测，锻件原材料中常见的缺陷有缩孔、疏松、夹杂物、裂纹。加工过程中的缺陷主要有裂纹、白点、折叠；热处理缺陷主要有裂缝。

锻件的检测应按 NB/T 47013 标准规定，将压力容器锻件按形状分为六种，即筒形锻件、环形锻件、饼形锻件、碗形锻件、条形锻件及长颈锻件。探头频率主要为 2.5 MHz，晶片采用 ϕ20 mm 的硬保护膜直探头，各种锻件规定了主探测面，检测灵敏度用大平底计算法确定，检测时记录单个缺陷，密集缺陷和由缺陷引起底波降低量，并将这 3 种情况分为 5 个等级，对各种锻件在 NB/T 47008《承压设备用碳素钢和低合金钢锻件》中规定了验收级别。对内外径比大于或等于 80%的环形和筒形锻件，还规定了横波无损检测方法。

(3) 管材的超声检测

需进行超声检测的管材，主要是指在高温、高压状态下工作的管材以及在特殊情况下应用的特殊类型的管材。管材有无缝钢管、电阻焊接管、大口径厚壁管等。压力容器使用无缝钢管最多。管材中存在缺陷随原材料中的缺陷不同和制造工艺不同而不同。常见的缺陷有裂纹、夹层、夹渣、重皮等，大口径管子中存在的缺陷与锻钢件类似。

小口径管的检测。小口径管一般采用水浸聚焦，以折射横波进行检测，应预先按钢管纯横波检测条件和保证内壁探测到的条件选定偏心距，聚焦超声波束的焦点应落在管心上，由此可算出焦距和透镜曲率半径。检测时采用同材质、同规格的对比试样校验灵敏度，其人工槽多为尖角槽，也有矩形槽和U形槽。检测时，若反射信号超过对比试样槽上的反射信号，则管子的缺陷应判为不合格，反之为合格。

厚壁管的检测。当壁厚 t 和外径 D 的比值 $t/D>0.23$ 时，横波波束就扫不到内壁缺陷，这时可用波形转换来探测内壁缺陷，即折射纵波在管子外壁上发生波形转换，产生反射横波，用来探测厚壁管内壁缺陷。

大口径焊接管的检测。这是一种有曲率的平板对接焊缝，有曲率焊缝的定位、定量均需特别考虑，当曲率半径 R 大于 125 mm、小于 250 mm 时，探头应与工件曲面吻合，可用直接接触法，但探测条件和检测需采用特定的方法，当工件曲率半径 R 大于 250 mm，声程校正系数 μ（μ=筒体检测时的半声程长度/平板检测时的半声程长度）大于 1.1 时，需考虑定位修正，此时探测条件可与平面斜探头相同。当工件曲率半径 R 大于 250 mm，且 μ 小于 1.1 时，按 JB/T 4730 标准规定，可完全按平板对接焊缝处理。

9.2.3 耐压试验与泄漏试验

1. 耐压试验

1) 耐压试验的目的及作用

耐压试验是压力容器检验的重要手段之一。压力容器的耐压试验即通常所说的液压试验和气压试验，是一种验证性的综合检验。TSG R7001—2013《压力容器定期检验规则》第十三条规定："定期检验过程中，使用单位或者检验机构对压力容器的安全状况有怀疑时，应当进行耐压试验。耐压试验的试验参数[试验压力、温度等以本次定期检验确定的允许(监控)使用参数为基础计算]、准备工作、安全防护、试验介质、试验过程、合格要求等按照有关安全技术规范的规定执行。耐压试验由使用单位负责实施，检验机构负责检验。"

在压力容器定期检验中，耐压试验作为必要时进行检验的一个项目。其目的是：(1)用超压试验全面考核容器的整体强度；(2)检验焊接接头的致密性和密封元件的严密性。容器使用中影响设备整体强度的损伤模式是均匀腐蚀、材质劣化，这两类问题可以通过壁厚测量、硬度测定、金相检验、化学成分分析来检验评价，必要时才可能使用耐压试验评价。

耐压试验是在用压力容器定期检验的重要项目，容器长期使用后，其状况可能会发生变化，如材质劣化、壁厚减薄、原有缺陷扩展或新缺陷产生等，此时需要判断压力容器在工艺要求的工作压力下运行是否安全。虽然在容器定期检验中所进行的各项检验结果可以作为判断依据，但有时会受到许多因素限制，检验不能充分进行，同时还有可能会出现漏检现象使安全隐患不能查出，通过耐压试验使容器存在的某些缺陷隐患因过载而暴露，在试验压力下产生明显的变形或破裂，从而避免恶性事故发生。

耐压试验还可以改变压力容器的应力分布，改善缺陷处的应力状况，由于结构或工艺方面的原因，压力容器局部区域存在较大的残余拉伸应力，成为使用中的危险隐患，通过耐压试验使残余应力与试验载荷应力相叠加，可能导致材料局部屈服而产生应力再分布，从而减少或消除原有残余应力。

对于有微小的允许存在的裂纹之类的缺陷，耐压试验时，裂纹尖端发生微量塑性变形。

在工作应力下，裂纹尖端将处于压应力状态。因此，耐压试验对微小裂纹的扩展能起到钝化作用，这是有好处的。

当压力容器或其零件的强度难以准确计算时，还可以采用耐压试验来确定最高许用工作压力。

2）试验介质

压力容器耐压试验压力要比容器实际工作压力高，因此，容器在试验压力下发生破裂的可能性也大。为了防止压力容器在耐压试验时破裂造成严重事故，除了采取其他防护措施外，最重要的是采用卸压时释放能量较小的介质作为试验介质。

GB 150 规定："液压试验的试验液体一般采用水，试验合格后应立即将水排净吹干。无法完全排净吹干时，对奥氏体钢制压力容器，应控制水中的氯离子含量不超过 25 mg/L，需要时也可采用不会导致危险的其他试验液体，但试验时液体的温度应低于其闪点或沸点，并有可靠的安全措施。"当由于结构或支承原因，不能向压力容器内安全充灌液体进行耐压试验以及运行条件不允许残留试验液体的压力容器，可按图纸规定采用气压试验或气液组合压力试验。试验所用气体应为干燥、洁净的空气、氮气或其他惰性气体，试验用液体与液压试验的规定相同。气压试验和气液组合压力试验应有安全措施，试验单位的安全管理部门应当派人进行现场监督。

《固定式压力容器安全技术监察规程》规定："凡在试验时不会导致发生危险的液体，在低于其沸点的温度下，都可用作液压试验介质。当采用可燃性液体进行液压试验时，试验温度应当低于可燃液体闪点，试验场地附近不得有火源，并且配备合适的消防器材。以水为介质进行液压试验时，水质应当符合设计图样和本规程引用标准的要求。由于结构或者支承原因，不能向压力容器内充灌液体，以及运行条件不允许残留试验液体的压力容器，可按照设计图样规定采用气压实验，试验所用气体应当为干燥洁净的空气、氮气或者其他惰性气体。"

3）试验温度

耐压试验温度的确定应考虑两个因素：一方面，由于在压力容器上广泛使用的金属材料存在一个无延性转变温度（也叫无塑性转变温度），低于该温度材料韧性会急剧下降，因此必须保证耐压试验时器壁温度高于金属材料的无延性转变温度，此温度点对确定高温容器的试验温度下限尤为重要，这是由于高温容器的材料一般关注高温机械性能而忽略了低温下的低应力脆性，低应力脆性破坏是结构存在一定裂缝缺陷，在一定的应力条件和温度下发生的，当名义应力降低到一定程度后，无论在多低的温度下都不会发生脆性破坏，当温度升高到一定程度后，无论多大的裂纹都不会再扩展，而是被阻止。无延性转变温度是材料在破裂前没有变形（实际上是有少量变形）的最高温度，低于此温度，塑性裂缝很容易通过弹性载荷区域传播，即所谓的"全塑性破坏"。另一方面耐压试验温度过高或过低都会影响观察。当温度值过低时，在容器外壁表面易结存空气中的水分（结露），甚至冻结，影响观察；温度过高，当少量液体泄漏时将会很快蒸发，不易被观察到。

GB 150 规定："Q345R、Q370R、07MnMoVR 制压力容器进行液压试验时，液体温度不得低于 5℃；其他碳钢和低合金钢制压力容器进行液压试验时，液体温度不得低于 15℃；低温容器液压试验的液体温度应不低于壳体材料和焊接接头的冲击试验温度（取较高者）加 20℃，如果由于板厚等因素造成材料无塑性转变温度升高，则需相应提高液体温度，当有试验数据支持时，可使用较低温度液体进行试验，但试验时应保证试验温度（容器器壁金属温度）比容器器壁金属无塑性转变温度至少高30℃。”气压试验和气液组合压力试验时的试验温度亦按如上要求执行。

《固定式压力容器安全技术监察规程》规定：“液压和气压试验时，试验温度（容器器壁金属温度）应当比容器器壁金属无延性转变温度高30℃，或者按照本规程引用标准的规定执行，如果由于板厚等因素造成材料无延性转变温度升高，则需相应提高试验温度。”

4）试验压力

耐压试验的压力与压力容器最高工作压力（设计压力）的比值，在各类标准中的规定不完全相同，这主要与它所采用的设计安全系数有关。

（1）GB 150规定耐压试验压力最低应满足如下要求。

① 内压容器

（a）液压实验

$$p_T = 1.25p\frac{[\sigma]}{[\sigma]^t} \tag{9-7}$$

（b）气压试验和气液组合压力试验

$$p_T = 1.1p\frac{[\sigma]}{[\sigma]^t} \tag{9-8}$$

式中 p_T——试验压力最低值，MPa；

p——设计压力，MPa；

$[\sigma]$——容器元件材料在耐压试验温度下的许用应力，MPa；

$[\sigma]^t$——容器元件材料在设计温度下的许用应力，MPa。

容器铭牌上规定有最高工作压力时，公式中应以最高允许工作压力代替设计压力 p；容器各主要受压元件，如圆筒、封头、接管、设备法兰（或人手孔法兰）及其紧固件等所用材料不同时，应取各元件材料$[\sigma]/[\sigma]^t$比值中的较小者；$[\sigma]^t$不应低于材料受抗拉强度和屈服强度控制的许用应力最小值。

对于立式容器，如果采用卧置方式进行液压试验，试验压力应计入立置试验时的液柱静压力；工作条件下内装介质的液柱静压力大于液压试验的液柱静压力时，应适当考虑相应增加试验压力。

② 外压容器

（a）液压试验

$$p_T = 1.25p \tag{9-9}$$

（b）气压试验和气液组合压力试验

$$p_T = 1.1p \tag{9-10}$$

（2）《固定式压力容器安全技术监察规程》规定耐压试验压力应符合设计图样要求，且不小于下面公式的计算值。

$$p_T = \eta p\frac{[\sigma]}{[\sigma]^t} \tag{9-11}$$

式中 p_T——耐压试验压力，MPa；

η——耐压试验压力系数，按表9-4选用；

p——压力容器的设计压力或者压力容器铭牌上规定的最高允许工作压力（对在用压力容器为定期检验确定的允许/监控使用压力），MPa；

$[\sigma]$——试验温度下的许用应力(或者设计应力强度),MPa;

$[\sigma]^t$——设计温度下的许用应力(或者设计应力强度),MPa。

表 9-4　耐压试验压力系数 η(《固容规》)

压力容器的材料	压力系数 η	
	液(水)压	气压、气液组合
钢和有色金属	1.25	1.10
铸铁	2.00	/

压力容器各元件(圆筒、封头、接管、法兰等)所用材料不同时,计算耐压试验压力应取各元件材料$[\sigma]/[\sigma]^t$比值中的最小者。

(3)《移动式压力容器安全技术监察规程》(以下简称《移动容规》)规定耐压试验压力应符合设计图样的要求,且不小于下面公式的计算值。

$$p_T = \eta p \frac{[\sigma]}{[\sigma]^t} \tag{9-12}$$

式中　p_T——耐压试验压力,MPa;

η——耐压试验压力系数,按表 9-5 选用;

p——罐体的设计压力或者罐体铭牌上规定的最高允许工作压力,MPa;

$[\sigma]$——试验温度下的许用应力(或者设计应力强度),MPa;

$[\sigma]^t$——设计温度下的许用应力(或者设计应力强度),MPa。

表 9-5　耐压试验压力系数 η(《移动容规》)

罐体材料	耐压试验压力系数 η	
	液(水)压	气压、气液组合
钢或者铝及铝合金	1.30	1.15

罐体各受压元件(筒体、封头、接管、法兰等)所用材料不同时,计算耐压试验压力应取各元件材料中$[\sigma]/[\sigma]^t$比值最小者。

(4) 石墨制压力容器应按设计压力的 1.25 倍或图样规定进行耐压试验。玻璃钢制压力容器在环境温度下进行水压渗透性能试验时,试验压力为设计压力的 1.5 倍;采用气压实验时应为设计压力的 1.25 倍。

5) 试验程序要求

(1) 液压试验程序和要求

① 试验前应检查容器的结构是否满足灌满液体介质后的承载要求,立式容器以卧置方式进行试验时,还应妥善考虑支承的部位和扁塌变形等问题。

② 液压试验时,应由容器下部一接管口往容器内注液体,并在容器顶部装设排气阀直至容器内部充满试验液体,气体已全部排净为止,此时应暂停数分钟,使容器内的气泡有充足的时间逸出,然后关闭顶部排气阀,待容器壁温与介质温度相同后,才能进行试压。

③ GB 150 规定,试验时应先缓慢升压至规定试验压力的 10%,保压 5 min,并且对所有焊接接头和连接部位进行初次检查;确认无泄漏后再继续升压至规定试验压力的 50%,如无异常现象,其后按规定试验压力的 10%逐级升压,直到试验压力,保压 10 min 然后降至设计

压力。保压足够时间进行检查，检查期间压力应保持不变，《固容规》和《移动容规》规定，当压力容器器壁金属温度与液体温度接近时，才能缓慢升压至设计压力，确认无泄漏后继续升压到规定的试验压力，保压足够时间；然后降至设计压力，保压足够时间进行检查，检查期间压力应当保持不变。

④ 球罐试验前应完成基础的二次灌浆，并达到强度要求，支柱拉杆应放松至自由状态，试验过程中应注意观察各支柱沉降是否均匀，试验时应记录基础沉降量和回弹数值，塔器容器和球罐的试验压力应以其顶部压力表的指示为准。

⑤ 耐压试验完毕后，先缓慢降压至常压，然后将顶部排气阀和放液阀打开进行排液处理，液体排净后再根据要求进行通风干燥，在用压力容器液压试验完毕后，其试验用液体的处置，以及对内表面的专门处理，应在使用单位的管理制度中予以规定。

⑥ 耐压试验合格标准为：液压试验过程中容器无渗漏，无可见的变形和异常声响。

(2) 气压试验程序和要求

由于结构或支承原因，不能向压力容器内安全充灌液体，以及运行条件不允许残留试验液体的容器，可按设计图样规定采用气压试验。试验前必须对容器的主要焊缝进行 100%无损探伤检查，并且应全面核查容器的有关技术资料和检验报告，制订和落实试验时的安全防护措施，经批准和安全措施合格后方可进行试验。气压试验时，试验单位的安全部门应进行现场监督

气压试验所用气体，应为干燥、洁净的空气、氮气或其他惰性气体。具有易燃介质的在用压力容器，必须进行彻底的清洗和置换，否则严禁用空气作为试验介质。

气压试验时，应先缓慢升压至规定试验压力的 10%，保持 5～10 min，并对所有焊缝和连接部位进行初次检查；如无泄漏可继续升压到规定试验压力的 50%，如无异常现象，其后再按规定试验压力的 10%逐级升压，直到试验压力，应根据容积大小保压 10～30 min，然后降至设计压力，保压进行检查，其保压时间不少于 30 min。

检查期间压力应保持不变，不得采用连续加压来维持试验压力不变。不得在压力下紧固螺栓。经肥皂液或其他检漏液检查无漏气、无可见的异常变形即为合格。

(3) 残余变形的测量方法

对于内壁弹性性能要求较高的压力容器(如内壁有配合要求的容器)，使用要求较高的容器，特别是不能进入内部检查的高压容器、超高压容器等，在耐压试验时往往需要进行残余变形测定。测定残余变形的目的是判定试验时容器壁的一次总体薄膜应力是否处于弹性范围内。测量方法主要有以下几种：

① 直径变形测量法。圆筒形压力容器在内压作用下，器壁上的周向应力比轴向应力大得多，因此如果产生残余变形，一般都在周向，即表现为容器直径成比例增大。采用内径千分尺或者其他量具测量容器在耐压试验前、后的内径，可以算出容器的直径相对残余变形。测量时，应在同一横截面选取 3～4 个测量点，较长的容器还应多选择几个截面进行测量，耐压试验前后必须在同一点上测量，此种测量方法简单，但误差较大。

② 电阻应变测量法。此法是将容器的变形转换为电阻丝的变形，通过测量电阻丝变形后的电阻值来确定其变形。这种方法的测量精度高，不受环境影响，且可测量容器局部的变形情况，但技术复杂，成本较高。

③ 容积变形测量法。此种方法适用于容积较小的容器，特别是气瓶的检验，常用的有内

测法和外测法两种。

在压力容器进行水压试验时测定其残余变形，然后按下式计算出容器的残余变形率。

$$\varepsilon = \frac{\Delta V'}{\Delta V} \times 100\% \qquad (9-13)$$

式中 ε——水压试验容积残余变形率，%；

$\Delta V'$——容积的残余变形值，mL；

ΔV——容积的全变形值，mL。

(a) 内测法。水压试验容积残余变形多采用内测法测定，然后通过计算求出其残余变形率，内测法求取水压试验容积残余变形率的原理见图9-12。

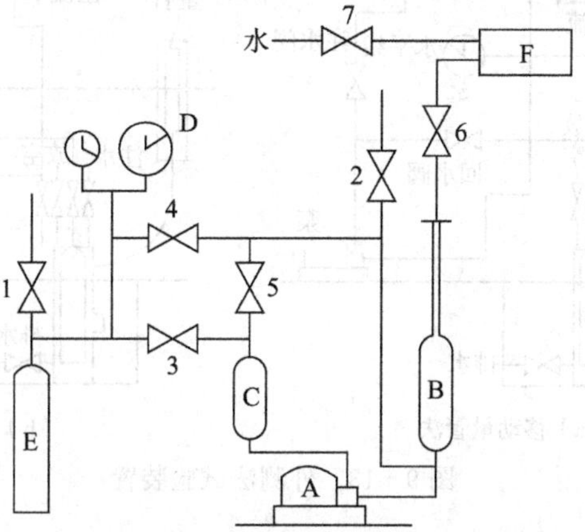

图9-12 内测法原理

A—试压泵；B—量管；C—缓冲器；D—压力表；E—受试气瓶；F—水箱；1～7—阀门

容器充水后停留一段时间让水中气体充分逸出，试压系统管路也不应窝藏气体，水温一般维持在5~40℃，然后调整量筒水位到零刻度，容器连接试压泵后，按耐压试验程序升压到试验压力，试压泵将量筒中或计量系统中的水压入容器内。在水压试验检查后，将容器及试压系统压力泄到常压，但是筒中水位已恢复不到零刻度，这部分水量差值就是水压试验时所产生的容积残余变形值，可直接由量筒读数求得。但容器的全变形值必须通过计算，计算方法如下：

$$\Delta V = \frac{A - B - V p_T \beta_t}{1 + p_T \beta_t} \qquad (9-14)$$

式中 A——试验时总压入水量实测值，mL；

B——试验管路在试验温度和试验压力下的压入水量，mL；

V——容器的实际容积，mL；

p_T——水压试验压力，MPa；

β_t——试验温度和压力下水的等温压缩系数。

式中，管路压入水量B由实验求得，当管路确定后，在5～40℃范围内任意水温下加压实测均可，实测值扣除管路容积后即为B值，如果同一管路用于不同试验压力，应按不同的水压试验压力分别测定。管路如果变动，也应重新测定。

容器的实际容积应在水压试验前实际测定。从设备档案中查得的容器容积是不可靠的，因为腐蚀及内件变更都将使容器的容积改变，水在不同温度和压力下的压缩系数也是不同的。

(b) 外测法。又称“浸水法”，是将容器浸入特制的密闭水槽中进行试验，在试验压力下测量容器由于膨胀而从水槽中排出的水量，即为该容器的容积全变形值 ΔV。再测量泄压后的回水剩余量，即为该容器的容积残余变形值 $\Delta V'$。通过公式可计算出该容器的容积残余变形率 ε。此种方法不受试验系统中残留气体的影响，不必考虑水的压缩量，因此计算方便，误差易校正，准确性高，但操作复杂，不易发现容器泄漏。外测法实验装置分为移动量管法、固定量管法和称量法三种类型，见图 9-13。

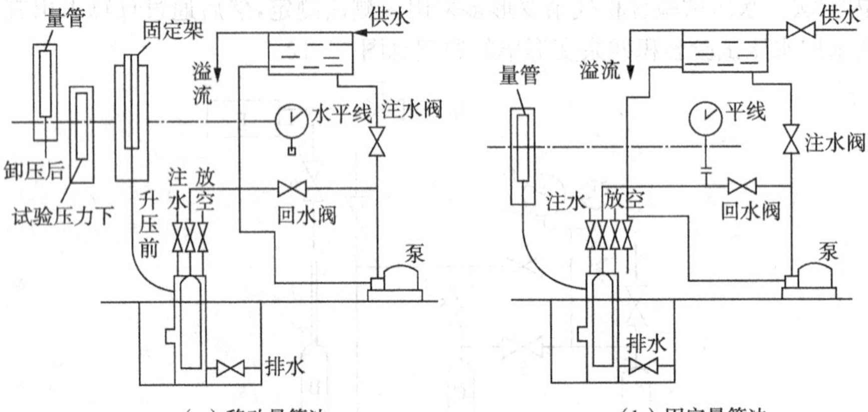

(a) 移动量管法　　(b) 固定量管法

图 9-13　外测法试验装置

2. 泄漏试验

TSG R7001—2013《压力容器定期检验规则》第三十四条规定如下。

对于介质毒性程度为极度、高度危害，或者设计上不允许有微量泄漏的压力容器，应当进行泄漏试验，泄漏试验包括气密性试验和氨、卤素、氦检漏试验。试验方法的选择，按照压力容器设计图样的要求执行。

泄漏试验由使用单位负责实施，检验机构负责检验。

泄漏试验按照以下要求进行：

(1) 气密性试验，气密性试验压力为本次定期检验确定的允许(监控)使用压力，其准备工作、安全防护、试验温度、试验介质、试验过程、合格要求等按照有关安全技术规范的规定执行；如果本次定期检验需要进行气压试验，则气密性试验可以和气压试验合并进行；对大型成套装置中的压力容器，可以用系统密封试验代替气密性试验。

(2) 氨、卤素、氦检漏试验，按照设计图样或者相应试验标准的要求执行。

随着压力容器技术的进步及使用介质范围的扩大，原来的气密性试验已不能满足实际的安全需要，因此对泄漏试验提出了更高的要求。关于泄漏试验的标准也相应出台，NB/T 47013.8—2023 (JB/T 4730.8)《承压设备无损检测 第 8 部分：泄漏检测》中对泄漏试验中采用的一些泄漏检测方法做出了规定。

泄漏试验是对设备焊缝，法兰密封性能、接管密封性能等进行的一项致密性检查，对于介质毒性程度为极度、高度危害的压力容器来说，泄漏试验是一道安全屏障；对于一些不能泄漏介质的容器来说泄漏试验是功能的保证手段之一。

1) 气密性试验

气密性试验是泄漏试验的一种试验方法，在 NB/T 47013.8—2023 (JB/T 4730.8)中定义为气泡泄漏检测—直接加压技术。由于其技术简单、操作方便，大多数情况下成本不高，因此在压力容器检验中比较常用。

(1) 气密性试验应在耐压试验合格后进行，试验时应将安全附件装配齐全，压力表应经计量检定合格并在有效期内。安全阀应经校验合格。

(2) 气密性试验压力一般为设计压力，在用压力容器可采用最高允许工作压力。

(3) 气密性试验用气体除另有规定外，通常是空气，但也可采用惰性气体。

(4) 气密性试验时压力应缓慢上升，达到规定压力后保压足够长时间，对所有焊接接头和连接部位用肥皂液进行检查。小型容器可直接浸入水中进行检查，对于多层包扎压力容器进行气密性试验时，应对各层板的检漏孔进行检查。

(5) 气密性试验以无泄漏为合格，如有泄漏，应在修补后重新进行试验。

2) 氨检漏试验

氨检漏试验是泄漏试验的一种试验方法，在 NB/T 47013.8—2023 (JB/T 4730.8)中定义为氨泄漏检测技术。氨检漏试验是利用氨的渗透性来检测充氨工件泄漏的方法，具有较高的灵敏度，并能确定泄漏的位置。

由于氨气有毒，实验人员和现场应切实做好防毒和隔离操作的工作。采用 100%氨及 10%～30%(体积)氨的氨检漏试验方法时，应在容器液压试验后进行，焊缝表面及两侧的油污等杂物应处理干净。

3) 氦检漏试验

氦检漏试验是泄漏试验的一种试验方法，在 NB/T 47013.8—2023(JB/T 4730.8)中给出了氦质谱仪检测——吸枪技术、氦质谱仪检测——示踪探头技术和氦质谱仪检测——护罩技术等 3 个技术规范。氦泄漏试验方法按充氦部位的不同，有嗅吸探头检测、示踪探头检测、护罩检测等 3 种方法。

吸枪技术也称嗅吸探头检测，用于检测容器内部充氦增压，用高灵敏度的氦质谱检漏仪在容器外部检测漏出氦气，嗅吸探头检测主要用于泄漏探测或泄漏定位，属于一种半定量技术，不能作定量用。

示踪探头检测用于容器内部抽空或抽真空，外部施氦，高灵敏度的氦质谱检漏仪检出流入容器内部的氦气流。示踪探头检测主要用于泄漏探测和泄漏定位，属于一种半定量技术，不能作定量用。

护罩检测用于容器内部抽空或抽真空，待检部位用护罩封闭，护罩内施氦，高灵敏度的氦质谱检漏仪检出流入容器内部的氦气流。护罩检测主要用于泄漏探测，并能测出总的氦气流量，属于一种定量技术。

4) 卤素检漏试验

卤素检漏试验是泄漏试验的一种试验方法，在 NB/T 47013.8—2023 (JB/T 4730.8)中称为卤素二极管检漏检测技术。适用于采用卤素(包括氟、氯、溴、碘)对压力容器、两腔及多腔压力容器在压力较低侧定性检测容器的泄漏。卤素检漏试验应在耐压试验之前进行，在卤素检漏试验前，建议先利用空气等进行一次简单的预检测，以检出和消除一些大的泄漏。

9.2.4 衍射时差法(TOFD)超声检测

衍射时差法超声检测技术(Time of Flight Diffraction Technique,简称TOFD)是依靠超声波与缺陷尖端或端部相互作用后发出的衍射波来检测缺陷,并对缺陷进行定位、定量的一种无损检测技术。

TOFD检测技术需要专用的扫查装置,扫查装置带位置传感器,在实施扫查的过程中实时成像(A扫描、D或B扫描),检测的数据可保存,通过专用的数据分析处理软件可进行质量评判,TOFD检测技术采用全波射频RF信号记录和TOFD图像显示,故对缺陷评价时可利用的信息量大,检测结果更加直观,结果分析更加科学。

TOFD检测技术在检测精度、可靠性、降低成本、提高效率、环境保护等各个方面表现均十分优异。与传统的超声检测方法相比,具有检出能力强、精度高、检测方便、成像直观等优点,有常规波幅法检测不具备的长处。TOFD可根据被检材料的几何尺寸充分利用直通波的相位和缺陷端部的时间差信息,来对缺陷进行测深定高。

TOFD技术与常规超声技术的比较见表9-6。

表9-6 TOFD技术与常规超声技术的比较

比较项目	TOFD技术	常规超声技术
采集信号	衍射波	反射波
定量方法	信号时差	信号波幅
探头材料	复合压电材料	普通压电材料
应用波形	纵波	横波
波束形状	大扩散角	小扩散角
探头布置	双探头	单探头
基本扫查方式	平行焊缝移动	锯齿形扫查
测量精度	数字量精密测量	模拟量粗略测量
信号记录	探头位置和缺陷信号关联的全过程信息记录	零散信号记录
显示方式	包含大量信息的图形显示	单个波形显示
检测结果评定	缺陷高度/长度	缺陷长度

1. TOFD技术的原理

TOFD技术采用双探头配置,一般情况下将一对或多对纵波探头(机械固定于扫查装置)分置于焊缝的两侧,平行或垂直于焊缝运行来实现对焊缝缺陷的检测。TOFD检测原理见图9-14。

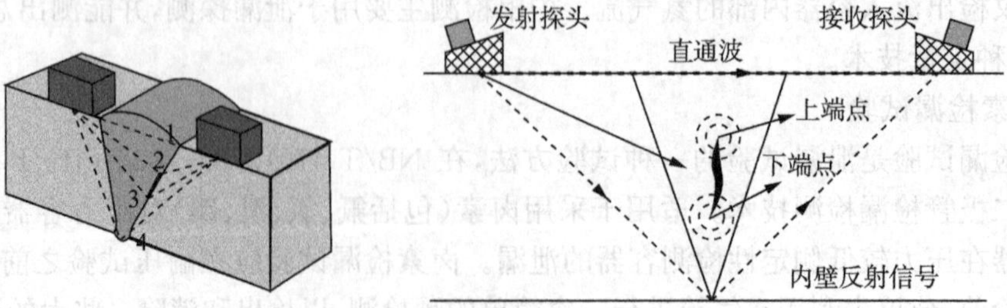

图9-14 TOFD检测原理

双探头系统是 TOFD 技术的基本配置和特征，可以实现以下检测目的：可避免镜面反射信号掩盖衍射波信号，从而在任何情况下都能很好地接收端点衍射波信号；测定反射体的准确位置和深度；易于实现大范围扫查，快速接收大量信号。

对于常用的脉冲反射法探伤来说，大多数情况下使用的超声脉冲都是横波。通过特殊的设计使探头只发射横波而没有纵波，这就避免了工件中存在两种波而导致回波信号难以识别的问题。在 TOFD 检测中一般不使用横波而选择使用纵波，其主要目的也是避免回波信号难以识别的困难。在各种波中，不同模式的声波以不同的声速传播，纵波的传播速度最快，接近横波的两倍，所以纵波能够在最短的时间内到达接收探头。而且使用纵波并利用纵波的波速来计算缺陷的深度所得到的结果也是唯一的。但是如果使用横波检测，并根据横波波速来计算缺陷的位置则结果可能不是唯一的。任意一种波都可以通过折射或衍射转换成为其他类型的波。如果一束横波通过端点衍射后产生纵波，那么纵波信号将先于横波到达接收探头，这时采用横波的波速计算就会得到错误的缺陷位置。

TOFD 的 A 扫描信号通常包括以下几种波：

(1) 直通波。直通波为两个探头之间沿工件表面直线传播的纵波，表示两个探头之间的最短路径，即使探头之间的金属表面弯曲，它依然在两探头之间直线传播。当探头间距较大时，直通波可能非常微弱，甚至不能识别。由于 TOFD 信号在近表面区有较大的压缩，因此这些区域的一些有用信号可能隐藏在直通波下，直通波的频率比声束中心的频率低。

(2) 缺陷衍射波。若被测工件中存在一个裂纹缺陷，则超声波在缺陷上部和下部尖端都产生衍射信号，这两个信号在直通波之后、底面反射波之前出现，而且信号强度一般比直通波要强，比底面回波弱。若缺陷高度较小，则这两个信号可能会发生重叠，为了能很好地辨别这两个信号，通常采取减小信号周期的方法。

(3) 底面反射波。底面反射波的传播距离较大，所以在直通波和缺陷衍射波之后出现。

(4) 波形转换信号以及底面横波信号。TOFD 检测中，对这些信号一般不做定量和评价，但这些信号可以对评价缺陷性质有一定的帮助。

图 9－15 是无缺陷工件 TOFD 检测情况，A 扫描图中只有直通波和底面反射波信号波形。当波束从高阻抗介质中入射到低阻抗介质(例如，从钢中入射到钢/水界面或钢/水界面反射到钢中，在经过界面反射后变成以负向周期开始传播、在碰到界面之前是以正向周期开始传播)时，在界面反射的信号相位改变 180°，波速在碰到界面之前是以正向周期开始传播的，在经过界面反射后变成以负向周期开始传播。

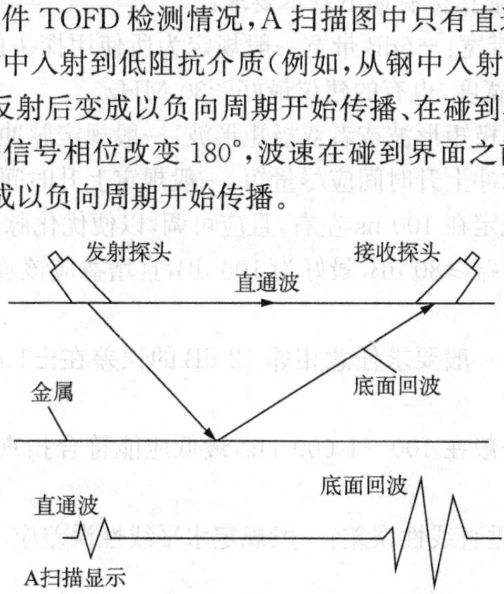

图 9－15　无缺陷工件 TOFD 检测情况

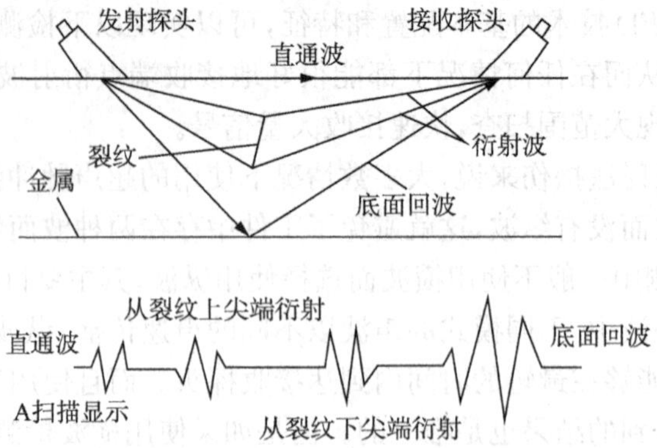

图 9-16 有缺陷工件 TOFD 检测情况

图 9-16 是有缺陷工件 TOFD 检测情况，A 扫描信号中直通波，缺陷上、下尖端信号和底面反射波的波形图。上尖端信号就像底面反射信号一样，相位变化了 180°。缺陷下尖端的衍射信号相位不发生改变，可以解释为波束只是在缺陷底部环绕，没有发生界面反射，如果上尖端信号相位从负向周期开始，与底面反射信号相同，那么下尖端信号就是从正向周期开始，其相位与直通波信号相同。

2. TOFD 检测仪器

TOFD 检测仪器是一种由计算机控制的能够满足 TOFD 检测工艺过程特殊要求的数字化超声波检测仪，主要用来实现以下功能：发射超声波和接收放大回波信号，采集和保存超声 A 扫描信号波形和相关的数据，按照要求设置和校验检测参数，显示信号波形和扫描图像，分析处理数据，输出检测报告。

典型的 TOFD 检测仪器可以分为模拟和数字两个部分，包括脉冲发射电路、信号接收放大器、模/数转换电路、数字逻辑控制电路、接口电路、探头位置传感器等 6 个单元和计算机终端。

TOFD 检测仪器的性能指标有如下基本要求：

(1) 接收放大电路的带宽：-6dB 带宽一般规定为所使用探头的标称频率的 0.5～2 倍，或者规定大于探头的频带宽度，也有的建议最好≥30 MHz。

(2) 激发脉冲：采用单极矩形波或者双极矩形波，一般规定脉冲电压幅度为 100～400 V。

(3) 脉冲前沿：要求脉冲上升时间应尽量短，一般规定上升时间≤50 ns。

(4) 脉冲宽度：一般规定在 100 ns 左右，且应可调，以便优化脉冲幅度和持续时间。

(5) 增益：一般规定增益≥80 dB，最好为 100 dB，且增益应该连续可调，一般要求步进≤1 dB。

(6) 放大器线性误差：一般要求任意相邻 12 dB 的误差在±1 dB 以内，最大累计误差不超过 1 dB。

(7) 脉冲重复频率：一般在 100～1 000 Hz，最低应能符合扫查速度和数据采集要求，最高不会产生幻像波。

(8) 水平线性误差和垂直线性误差：一般规定水平线性误差应小于 1%，垂直线性误差小于 5%。

(9) 波形显示方式：应提供射频波显示和检波（全检、负或正半波检波）显示。

(10) 时间闸门:应提供可调节的有足够长度的闸门,闸门起点相对于发射脉冲至少应在 0～200 μs 间可调节,其宽度至少在 5～100 μs 间可调节。

(11) 数字采样频率:规定采样频率至少≥4 倍探头标称频率,若需对原始数据进行数字信号处理,采样率应提高到探头频率的 8 倍。也有规定一般不小于 20 MHz,最好 60 MHz 以上。

(12) 图像灰度等级:至少 64 级,最好 256 级以上。

(13) 次线性扫查长度:一般要求达到 2 000 mm。

(14) 扫查增量:仪器的数据采集应和扫查装置的移动同步,要求扫查增量应满足检测工艺要求,最小≤0.5 m。

(15) 编码器:应能保证各 A 扫描信号的位置准确性,编码器增量误差≤0.5 mm。

(16) 记录:应使用基于计算机的自动数据记录系统。能记录整个扫描过程的原始数据,能进行归查记录的恢复和回放扫查时候记录的 A 扫描波形,能将所有的 A 扫描信号和 TOFD 扫查图像保存于磁盘等永久介质,并能提供输出拷贝等功能。

(17) 软件功能:应包括 TOFD 显示的深度或时基线性化算法,配备十字光标和弧形光标,以测量衍射体深度和高度;应具有局部放大功能,信号平均功能,直通波(底面反射波)拉直和去除直通波(底面反射波)功能;应具有在线分析和离线分析的功能。

TOFD 检测系统包括硬件和软件系统。硬件系统主要包括主机、TOFD 检测扫查器、TOFD 检测探头、TOFD 检测校准试块。一般可以认为扫查器、探头和试块都是 TOFD 检测仪器的功能延伸,试块用来校准仪器、探头和扫查器的参数,探头负责将仪器的发射电脉冲转换成超声波进入检测工作,并将接收到的超声信号传给检测仪器。

3. TOFD 技术的特点及应用

(1) 技术优势

TOFD 技术和常规内部埋藏缺陷检测技术(如 UT、RT)相比,主要有如下的优势:

① TOFD 技术的可靠性很高。TOFD 技术利用衍射波检测缺陷,检测灵敏度很高。缺陷衍射信号与角度无关,检测可靠性和精确度不受角度影响,缺陷定量定位是根据衍射信号传播时差确定的,一次扫查可检出各个方向上的缺陷。

② TOFD 技术的定量精度高。一般来说,TOFD 技术对裂纹在深度和高度的测量精度可以达到:高度扩展监测的测量精度可高达 0.1 mm;长度的测量精度可达到 5.0 mm(受缺陷特征、测量工具误差等因素影响)。

③ TOFD 检测简便快捷,检测效率高。TOFD 检测系统配有自动或半自动扫查装置,根据检测对象设置一组或多组探头,检测效率比 RT、手工 UT 高很多,方便用于现场检测。

④ TOFD 仪器能全过程记录信号,长久保存数据,能高速进行大批量信号处理。

TOFD 采用数字化记录方式,检测数据具有以下优点:

(a) TOFD 记录的是每个检测点的完整的未经修正的原始的数字化 A 扫描信号;

(b) 可永久记录所有数据信号,包括检测参数、校准方式等;

(c) 可对采集的数据进行处理,提高灵敏度、信噪比,易于识别缺陷;

(d) 可对原始的检测数据再分析,使用多样的可视化显示。

(2) 技术局限

TOFD 技术虽然有很多优势,但每种检测方法都有其局限性,TOFD 技术也不例外。

TOFD技术的局限性主要有如下几点。

① 工件上、下表面存在盲区。

② 难以准确判断缺陷性质。

(a) TOFD图像识别和判读比较难,数据分析需要丰富的经验。

(b) 对粗晶材料(奥氏体焊缝)检测比较困难,其信噪比较低。

(c) 复杂几何形状的工件检测比较困难。

(d) 点状缺陷的尺寸测量不够准确。

(e) 横向缺陷检测比较困难。

(3) TOFD技术的应用

TOFD检测技术受检测原理和工作方法的影响,检测适用的范围是有限的,从材料、结构、厚度等方面都受到了很大的限制。而要解决实际问题,发挥TOFD技术检测灵敏度高、缺陷检出率高的优势,需要在检测工艺方法、扫查装置形式及结构、探头类型配置等方面进行大量的研究试验工作,形成通用、可靠的工艺方法,最大限度利用好TOFD检测技术。

TOFD技术融合了普通超声波检测和射线检测的优点,既可以检测较大厚度的焊缝,也可以得到比较直观的检测结果。TOFD检测技术比常规脉冲回波超声检测具有更高的缺陷检出率和定量精度,但任何一种检测技术都不可能完全替代另外一种技术。TOFD技术必须与其他检测技术相互配合,才能完成检测任务。例如,将TOFD技术和相控阵超声技术或超声脉冲技术结合起来,形成TOFD+PA(PE)的检测组合(每种方法实时记录数据),不但可以解决TOFD检测盲区的问题,还可以为缺陷的位置参数、反射特点等提供更为丰富的信息,在缺陷检出率,缺陷定量、定性等方面取得准确的判据。

习 题 九

1. 压力容器在开始制造之前,需要做哪些准备工作?
2. 火焰切割的原理是什么,它有什么特点?
3. 压力容器常见的成型加工方式有哪些?各有什么特点?
4. 在GB 150标准中,对压力容器的焊接接头是怎么分类的?
5. 焊后热处理的适用范围是什么?
6. 压力容器有哪些常用的无损检测方法?
7. 耐压试验的目的及作用是什么?
8. 压力容器在什么情况下需要进行泄漏试验,有哪些试验方法?
9. 论述衍射时差法(TOFD)超声检测的技术原理。

附 录

附录A 高合金钢螺柱许用应力

钢号	钢板标准	使用状态	螺柱规格/mm	室温强度指标		在下列温度(℃)下的许用应力/MPa															
				R_m/MPa	R_{eL}/MPa	≤20	100	150	200	250	300	350	400	425	450	475	500	525	550	575	600
S42020(2Cr13)	GB/T 1220	调质	≤22	640	440	126	117	111	106	103	100	97	91								
			M24－M27	640	440	147	137	130	123	120	117	113	107								
S30408	GB/T 1220	固溶	≤22	520	205	128	107	97	90	84	79	77	74	71	69	66	58	42	27		
			M24－M48	526	205	137	114	103	96	90	85	82	79	76	74	71	62	42	27		
S31008	GB/T 1220	固溶	≤22	520	205	128	113	104	98	93	90	87	84	83	80	78	61	31	19	12	8
			M24－M48	520	205	137	121	111	105	99	94	93	90	88	85	83	61	31	19	12	5
S31608	GB/T 1220	固溶	≤22	520	205	128	109	101	93	87	82	79	77	76	75	73	68	50	30		
			M24－M48	520	205	137	117	107	99	93	87	84	82	81	79	78	73	50	30		
S32168	GB/T 1220	固溶	≤22	520	205	128	107	97	90	84	79	77	75	73	71	69	44	25	13		
			M24－M48	520	205	137	114	103	96	90	85	82	80	78	76	74	44	25	13		

附录B　压力容器材料许用应力

B1. 碳素钢和低合金钢钢板许用应力

钢号	钢板标准	使用状态	厚度/mm	室温强度指标		在下列温度(℃)下的许用应力/MPa																	注
				R_m/MPa	R_{eL}/MPa	≤20	100	150	200	250	300	350	400	425	450	475	500	525	550	575	600		
Q245R	GB/T 713	热轧，控轧，正火	3～16	400	245	148	147	140	131	117	108	98	91	85	61	41							
			>16～36	400	235	148	140	133	124	111	102	93	86	84	61	41							
			>36～60	400	225	148	133	127	119	107	98	89	82	80	61	41							
Q345R	GB/T 713	热轧，控轧，正火	3～16	510	345	189	189	189	183	167	153	143	125	93	66	43							
			>16～36	500	325	185	185	183	170	157	143	133	125	93	66	43							
			>36～60	490	315	181	181	173	160	147	133	123	117	93	66	43							

B2. 高合金钢钢板许用应用

钢号	钢板标准	厚度/mm	在下列温度(℃)下的许用应力/MPa																						注
			≤20	100	150	200	250	300	350	400	450	500	525	550	575	600	625	650	675	700	725	750	775	800	
S11306	GB/T 24511	1.5～25	137	126	123	120	119	117	112	109															
S30408	GB/T 24511	1.5～80	137	137	137	130	122	114	111	107	103	100	98	91	79	64	52	42	32	27					1
			137	114	103	96	90	85	82	79	76	74	73	71	67	62	52	42	32	27					
S31608	GB/T 24511	1.5～80	137	137	137	134	125	118	113	111	109	107	106	105	96	81	65	50	38	30					1
			137	117	107	99	93	87	84	82	81	79	78	78	76	73	65	50	38	30					
S31668	GB/T 24511	1.5～80	137	137	137	134	125	118	113	111	109	107													1
			137	117	107	99	93	87	84	82	81	79													
S31708	GB/T 24511	1.5～80	137	137	137	134	125	118	113	111	109	107	106	105	96	81	65	50	38	30					1
			137	117	107	99	93	87	84	82	81	79	78	78	76	73	65	50	38	30					
S39042	GB/T 24511	1.5～80	147	147	147	147	144	131	122																1
			147	137	127	117	107	97	90																

注 1：该行许用应力仅适用于允许产生微量永久变形的元件，在法兰或其他有数量永久变形就引起泄漏或故障的场合下不能采用。

B3. 碳素钢和低合金钢钢管许用应力

钢号	钢板标准	使用状态	厚度/mm	室温强度指标		在下列温度(℃)下的许用应力/MPa																注
				R_m/MPa	R_{eL}/MPa	≤20	100	150	200	250	300	350	400	425	450	475	500	525	550	575	600	
10	GB/T 8163	热轧	≤10	335	205	124	121	115	108	98	89	82	75	70	61	41						
20	GB/T 8163	热轧	≤10	410	245	152	147	140	131	117	108	98	88	83	61	41						
Q345D	GB/T 8163	正火	≤10	470	345	174	174	174	174	167	153	143	125	93	66	43						
16Mn	BG6479	正火	≤16	490	320	181	181	180	167	153	140	130	123	93	66	43						
			>16～40	490	310	181	181	173	160	147	133	123	117	93	66	43						
12CrMo	GB9948	正火加回火	≤16	410	205	137	121	115	108	101	95	88	82	80	79	77	74	50				
			>16～30	410	195	130	117	111	105	98	91	85	79	77	75	74	72	50				

B4. 高合金钢钢管许用应用

钢号	钢板标准	厚度/mm	在下列温度(℃)下的许用应力/MPa																						注
			≤20	100	150	200	250	300	350	400	450	500	525	550	575	600	625	650	675	700	725	750	775	800	
S30408	GB/T 14976	≤28	137	137	137	130	122	114	111	107	103	100	98	91	79	64	52	42	32	27					
			137	114	103	96	90	85	82	79	76	74	73	71	67	62	52	42	32	27					
S32168	GB/T 14976	≤28	137	137	137	130	122	114	111	108	105	103	101	83	58	44	33	25	18	13					
			137	114	103	96	90	85	82	80	78	76	75	74	58	44	33	25	18	13					
S31608	GB/T 14976	≤28	137	137	137	134	125	118	113	111	109	107	106	105	96	81	65	50	38	30					
			137	117	107	99	93	87	84	82	81	79	78	78	76	73	65	50	38	30					
S31708	GB/T 14976	≤28	137	137	137	134	125	118	113	111	109	107	106	105	96	81	65	50	38	30					
			137	117	107	99	93	87	84	82	81	79	78	78	76	73	65	50	38	30					
S31703	GB/T 14976	≤28	117	117	117	117	117	117	113	111	109														
			117	117	107	99	93	87	84	82	81														

注 1：该行许用应力仅适用于允许产生微量永久变形的元件，在法兰或其他有数量永久变形就引起泄漏或故障的场合下不能采用。

参考文献

[1] 中华人民共和国特种设备安全法. 北京：中国质检出版社，2013.
[2] 李世玉.压力容器设计工程师培训教程. 北京:新华出版社，2005.
[3] 盛水平. 压力容器设计理论与应用. 北京:化学工业出版社，2017.
[4] 郑津洋，董其伍，桑芝富. 过程设备设计. 4 版. 北京:化学工业出版社，2015.
[5] TSG 21—2016 固定式压力容器安全技术监察规程.
[6] TSG R0005—2022 移动式压力容器安全技术监察规程.
[7] GB/T 150.1～150.4 —2024 压力容器.
[8] GB/T 4732.1～4732.6—2024 压力容器分析设计.
[9] GB/T 34019—2017 超高压容器.
[10]《压力容器实用技术丛书》编写委员会. 压力容器材料及选用. 北京:化学工业出版社，2016.
[11] 兰州石油机械研究所. 压力容器用材料及热处理. 北京:化学工业出版社，2005.
[12] 潘红良. 过程设备机械基础. 上海:华东理工大学出版社，2006.
[13] 张志宇，段林峰，等. 化工腐蚀与防护. 北京:化学工业出版社，2011.
[14] 潘家祯. 压力容器材料实用手册—碳钢及合金钢. 北京:化学工业出版社，2000.
[15] 李维钺，李军. 中外钢铁牌号速查手册. 3 版. 北京:机械工业出版社，2010.
[16] 王志文，蔡仁良. 化工容器设计. 3 版. 北京:化学工业出版社，2010.
[17] 方书起，魏新利. 化工设备设计基础. 2 版. 北京:化学工业出版社，2015.
[18] 林玉娟. 压力容器设计基础. 北京:中国石化出版社，2016.
[19] 孙国刚. 压力容器及过程设备设计. 北京:中国石化出版社，2016.
[20] 王学生，惠虎. 化工设备设计. 2 版. 上海:华东理工大学出版社，2017.
[21] 喻九阳，徐建民. 压力容器与过程设备. 北京:化学工业出版社，2011.
[22] 戚国胜，段瑞. 压力容器工程师设计指南. 北京:中国石化出版社，2013.
[23] 陈凤棉. 压力容器安全技术. 北京:化学工业出版社，2004.
[24] NB/T 47042—2014 卧式容器.
[25] 王纪兵. 压力容器检验检测. 北京:化学工业出版社，2016.
[26] 王增新. 压力容器制造和修理. 2 版. 北京:化学工业出版社，2016.
[27] NB/T 47015—2023 压力容器焊接规程.
[28] NB/T 47013.1～47013.6—2023 承压设备无损检测.